JEUX
ET ENJEUX DU CLIMAT

Du même auteur

Haute Durance et Ubaye, Grenoble, Arthaud, 1947.
La neige, Paris, P.U.F. (coll. « *Que Sais-je ?* », n° 538), 1952.
Précis de Climatologie, Paris, Masson, 1961.
Ces montagnes qui flottent sur la mer, Grenoble, Arthaud (coll. *Sempervivum*), 1969.

PRATIQUES DE LA GÉOGRAPHIE

JEUX ET ENJEUX DU CLIMAT

par

Charles-Pierre Péguy

MASSON
Paris Milan Barcelone Mexico
1989

ISBN : 2-225-81558-5

MASSON S.A.	120, bd Saint-Germain, 75280 Paris Cedex 06
MASSON ITALIA EDITORI S.p.A.	Via Statuto 2, 20121 Milano
MASSON S.A.	Balmes 151, 08008 Barcelona
MASSON EDITORES	Dakota 383, Colonia Napoles 03810 Mexico DF

TABLE DES MATIÈRES

TABLE DES FIGURES

Ac prius ignotum ferro quam scindimus aequor
Ventos et varium coeli praediscere morem
Cura sit, ac patrios cultusque habitusque locorum
Et quid quaeque ferat regio, et quid quaeque recuset.

Virgile, Géorgiques, I., 50-53.

« Les disciplines font ensemble un nœud gardien, que seule le sabre d'un guerrier, qui voulait envahir l'Asie a tranché. Seul le Pouvoir découpe le Savoir. »

Michel Serres, Hermès V, Le Passage du Nord-Ouest (p. 154).

AVANT-PROPOS

S'il m'avait été donné de naître au Siècle des Lumières, j'eusse aimé donner pour titre à cet essai *De l'Inclémence des Cieux.*

Devant l'inondation ou la sécheresse, les blizzards des grandes plaines ou l'ouragan des tropiques, l'homme — une fois pansées ses premières plaies — présente un comportement curieux sur deux points.

L'un est sa prodigieuse capacité d'oubli. Qui se souvient — qui *sait*, aujourd'hui — que la sécheresse de 1921, bienvenue chez nous par la qualité des vendanges qu'elle permit, déchaîna la famine dans l'Europe de l'Est ; probablement douze fois plus de morts que le Sahel n'en comptera au cours des dix dernières années ?

L'autre est que les hommes de sciences auxquels on confie l'étude de ces calamités procèdent (du moins en un premier temps) à des mesures de grandeurs physiques qui se révèlent d'une totale inadéquation à traduire les réalités dont on a pâti.

Rappelez-vous 1970. Février. Paris, avec stupeur, compte les morts de Savoie : Val d'Isère, Lanslevillard, l'avalanche a frappé dans toutes les vallées. La Suisse, l'Autriche même nous disputent de tristes records. Pas étonnant, avec toute cette masse de neige...

Pas étonnant. Sauf que très exactement quatre ans plus tôt l'hiver 1965-1966 avait établi des records d'enneigement qui n'ont jamais été égalés. Et, pratiquement sans dommage. Certes, la fin de février 1970 battit bien des records — pour quelques jours. Mais au classement général de nos hivers alpins, 1966 reste bien le plus neigeux. Quelles avalanches firent alors la « une » de nos quotidiens ?

1976, juin. En Bretagne, en Normandie, en Poitou, des milliers de prés sont transformés en paillassons jaunis. Le maïs ? Production nulle. Ce qui veut dire que les paysans auront dû inscrire en pertes, dans leurs comptes d'exploitation, le coût des labours et des semailles. Des bêtes auront dû être envoyées à l'abattoir, bien au-delà des effectifs prévus. Une fois de plus, on se jettera sur les chiffres et une fois de plus, la faute en sera au Bon Dieu. Des départements entiers ont reçu du Ciel, en quatre mois consécutifs, le quart, voire le cinquième seulement de l'eau qu'ils « devaient » (*sic*) recevoir. Pas étonnant que les agriculteurs soient ruinés. L'opinion est mûre pour l'« impôt sécheresse ».

Pas étonnant. Sauf que l'Irlande a largement partagé les déboires d'une sécheresse qui s'est étendue à toute l'Europe océanique. Cet été - là le déficit — ou d'un terme plus exact, la déficience des pluies — y a été, du moins en valeurs relatives, largement aussi forte que dans bien des régions de chez nous. Mais les pluies n'y chutèrent pas en dessous du seuil qui eut fait de l'accident une catastrophe. Si la production de foin baissa en quantité, sa qualité se révéla exceptionnelle. Et ces diables d'Irlandais réussirent à en exporter. Au prix fort, évidemment. Curieux jeu que celui des « lois du hasard », familières au physicien, et des lois du marché, chères aux économistes.

A l'opposé, l'on m'objectera l'existence des jours, nombreux, où il ne se passe rien. Rien qui vienne perturber les hommes au cours de leurs jeux favoris, guerre, amour, politique ou — qui sait — philosopher. Madame de Sévigné a là-dessus un fort joli mot : elle nous rapporte avoir connu au cours de l'un de ses voyages « un temps admirable, avec des jours de cristal où il ne fait ni chaud ni froid* ». Bref, l'un de ces jours où la nature n'aura pas même été « sentie », sauf à provoquer ça ou là quelque péripétie, destinée à tomber dans l'oubli sitôt que l'image en aura été effacée.

Les formes capricieuses que sait prendre l'« Inclémence des Cieux », son masque de jour de cristal sous lequel elle sait dissimuler, parfois des siècles durant, la violence dont elle est capable expliquent la double réaction que les hommes ont eue pendant des millénaires devant les choses de l'atmosphère et les incidences de celles-ci sur nos sociétés. Fatalité, d'une part, chez les gens du commun. Mépris de l'autre, chez les « Sages » en face de faits que la Science était incapable de maîtriser, faute seulement parfois de techniques conceptuelles appropriées. J'aime ce mot de la Marquise. Car, de Platon à Marx et aux néo-libéraux, tous les constructeurs de systèmes ont implicitement rêvé de tels « jours de cristal », c'est-à-dire superbement ignoré l'impact sur nos sociétés des contraintes physiques. Tous deman-

---

* Lettre du 11 septembre 1675.

daient au sol qu'ils foulaient d'être un plancher. Stable. A l'air qu'ils respiraient de ne les incommoder point. A la Nature d'être ce cadre discret, « neutre et bienveillant » (le mot est de l'économiste américain Samuelson) qui, au mieux, met en valeur sans s'imposer.

Du moins entre deux temps de fureur pour les éléments. De débordements. Car toute chose a sa fragilité : il advenait parfois, au temps jadis, qu'un lévrier renversât la table sur laquelle deux nobles chevaliers jouaient aux échecs. C'était, dans un certain sens, dans l'ordre. L'incident n'était pas dans les règles du jeu, mais encore dans son cadre. Une fois les jurons lâchés, une nouvelle partie commencée, l'échiquier était toujours aussi plat. Il comptait toujours soixante-quatre cases. Après le cyclone comme après le tremblement de terre on reconstruit. Et c'est reparti !

Cette vision du monde qui permet au fatalisme de faire bon ménage avec l'ignorance n'est plus de mise. Il n'est pas de cataclysme si puissant qu'il n'échappe aujourd'hui aux efforts de notre analyse, et le plus souvent de nos prévisions. Et il n'y a jamais, il n'y a nulle part dans l'atmosphère de fait assez mineur que l'équilibre général du globe puisse y demeurer insensible. Équilibre, nous le découvrirons, qui s'étend en fait à l'homme lui-même.

Dans les choses du climat, tout s'« imbrique ». Parfois le plus curieusement du monde. Au cours des années pendant lesquelles la sécheresse s'abattait sur le Sahel, des pluies diluviennes frappaient ici ou là, de temps à autre, l'Afrique du Nord. Cela commença même, dès l'automne 1969, par des inondations sans précédent en Tunisie.

— Et à l'inverse, certains n'affirment-ils pas que les étés pendant lesquels les incendies se font plus ravageurs en Provence sont ceux-là mêmes au cours desquels les pluies reviennent en abondance au Sahel ? Le malheur des uns...

— Un fait certain est que la quantité d'eau qui tombe chaque année sur la planète est incroyablement constante. De l'ordre peut-être du millier de kilomètres cubes d'eau en plus ou en moins. Autant dire, rien. L'eau en abondance quelque part, c'est, nécessairement, de l'eau qui « manque » ailleurs.

Aussi, aujourd'hui, le météorologue qui se penche sur le Sahel ne se replace-t-il plus dans l'environnement atmosphérique encore étroit qui irait du Congo aux Alpes : voici que, telle une ronde macabre qui ne s'entrouvre que pour y entraîner de nouveaux danseurs, le fléau précipite dans son tourbillon le *Noroeste* brésilien, puis le Mozambique. On fait appel aux données de l'hémisphère austral, jusqu'aux Falklands (la guerre des Malouines, vous connaissez ?). Et certains pensent que c'est vers l'Antarctique qu'il faut chercher la clef du mystère, si clef il y a. Et la ronde se referme sur le Sahel, où à Saint-Louis, à Tombouctou, à Bamako, pour ne citer que des lieux connus, les précipitations sont tombées cette fois, en 1983, aux plus faibles valeurs relevées depuis le début des observations. Mais l'attention des médias était ailleurs.

Au Pérou, des choses bizarres se passent tous les ans vers Noël, et ont depuis longtemps attiré l'attention : les eaux froides qui bordent normalement le littoral reculent devant l'invasion d'eaux plus chaudes venues du large. Le nom populaire donné au phénomène est « El Niño » — l'Enfant (Jésus) —. Phénomène variable qui a atteint en 1982 des proportions gigantesques, J'y reviendrai longuement : beaucoup voient aujourd'hui dans ce *Niño* une charnière entre la sécheresse exceptionnelle qui sévissait à ce moment-là en Australie et la série, anormalement soutenue, des cyclones ayant frappé la Polynésie française au cours de l'été austral 1982-1983.

C'est parce que l'on sait aujourd'hui entendre ainsi les hémisphères dialoguer et les saisons se répondre l'une à l'autre comme un écho, voir l'homme non plus subir le climat, mais vibrer sous ses impulsions, que l'on peut — que l'on doit — abandonner cette attitude d'antan où se mêlaient la fatalité et le refus de connaître. Tel est l'objectif auquel les pages que l'on va lire tentent d'apporter une contribution.

Ne nous le dissimulons pas : la pente sera dure à remonter. Notre Occident paraît avoir hérité du temps des « monarques éclairés » cette fatuité, chez les Grands de ce monde, de prétendre surmonter les obstacles sans s'être préoccupé de les bien cerner. N'est-ce pas Napoléon, partant pour la campagne de Russie, qui déclarait à son entourage que « toute l'Europe avait le même climat » ? Et la Grande Armée s'ébranla, sans « touloupe en peau de mouton, sans bonnets qui (eussent) couvert les oreilles des hommes » (je cite Caulaincourt), sans fers à glace pour les chevaux. — « Bah ! Des Français n'ont pas besoin de tout cela ! » répliquait l'empereur.

Ne faisons pas trop grief à nos compatriotes de se sentir démunis devant le climat. N'ironisons pas à l'excès devant les « pictogrammes » qui illustrent l'information météorologique télévisée. Hors de l'infime minorité pour laquelle les « choses du climat » devaient devenir l'objet de préoccupations professionnelles, le Français n'a jamais rien appris de tel. On apprend aujourd'hui dans nos lycées ce qu'est un atome ou un neutron. Mais qui parle de ces sciences « macroscopiques », celles de l'atmosphère et de l'océan — comme celle de la société ?

J'ai, dans ces pages, délibérément écarté tout ce qui pouvait ressembler à un *Traité*... Ce n'est plus pour un quelconque public « pointu » de spécialistes que j'écris aujourd'hui. Six années de réflexions, d'essais — de retrait — m'ont été nécessaires pour déjouer le piège. Pour substituer à la logique implacable du « cours » une dialectique à courte longueur d'onde. Celle du livre que l'on prend pour le quitter. Mais à l'instant précis où une question vient d'être posée qui exige qu'on le reprenne. Tout ceci, en évitant les termes qui rebuteraient le commun. J'aime ce mot de Malherbe qui voulait que notre bonne langue françoise fut façonnée par les « crocheteurs de Halles ».

A dire vrai, peu de chercheurs tentent, fût-ce une fois dans leur vie, d'établir un contact avec leurs concitoyens en partant des moyens dont ceux-ci disposent. Fallait-il oser ? Monsieur Jourdain a bien appris à danser le menuet. Je ne vois pas pourquoi il ne se laisserait pas séduire, le moment venu, par le charme discret d'une chaîne de Markov, ou entraîner par nos « systémistes » dans leurs farandoles toutes de boucles épanouies...

Nous manquons de Maîtres à danser...

Soyons sérieux. Monsieur Jourdain est sous six pieds de terre depuis trois siècles. Aujourd'hui, s'opposent les deux « familles de langues » — le mot est de Michel Serres —, les deux mondes des « instruits incultes » et des « cultivés ignorants ». Barrière à la foi de langues et de connaissances.

Parle-t-on par exemple de cyclone ou d'anticyclone ? Qui se pose seulement la question de savoir si cette symétrie de consonance recouvre une symétrie de réalités, opposées, certes, mais homologues ? L'atmosphère et les « météores » ont beau constituer le « milieu » par excellence dans lequel nous baignons, ce sont les grands oubliés de notre enseignement secondaire* et huit à dix seulement de nos Universités offrent un enseignement qualifié de Climatologie à quelques poignées d'étudiants... Dieu sait pourtant si, à côté de scientifiques venus d'autres horizons l'on rencontre des médecins, des historiens, des économistes, des sociologues, des juristes qui se trouvent avoir été sensibilisés, un jour ou l'autre, par quelque énigme du soleil et des nuages, du chaud et du froid. Il faut écrire pour d'autres que pour les climatologues « conscients ». Faire éclater les chapelles. Crever l'écran, A qui fera-t-on croire que les *Tristes tropiques* auraient atteint les tirages fabuleux qu'ils ont connus, si Lévi-Strauss n'avait écrit que pour les seuls étudiants d'anthropologie des années 50 ?

---

* Voir ci-dessous, chapitre 10, p. 203.

Il va de soi que cet ouvrage n'aurait pu voir le jour sans des supports, des concours, des encouragements multiples.

Le support, tout d'abord, des « Observations météorologiques » qui se poursuivent grâce aux météorologistes professionnels, mais aussi aux « bénévoles ». Tâche de fourmis, qui regroupe des centaines de milliers de personnes sur la planète. Tâche de routine, mais aussi de risques*. Face aux mesures au sol, les innombrables données des satellites. Rien ne serait possible sans cet amoncellement inlassable et ordonné. Sans les « données » nos laboratoires seraient déserts, nos ordinateurs ne pourraient jamais modéliser que le néant, et l'homme de cabinet ne cogiter que dans le vide.

Le support, ce sont aussi pour nous les Sciences du Passé : préhistoire et histoire. Certains s'étonneront peut-être de la place que j'ai accordée à cette dernière : un chapitre entier, et les éléments de certains autres. C'est que je pense que le Français a gardé encore de l'enseignement le sens du fait, et dans une certaine mesure du « flux » historique, alors que les réalités sociologiques qui s'imbriquent, ou s'emboîtent, jusqu'à l'échelle planétaire lui restent étrangères. Au demeurant, deux grands noms de la météorologie française ont manifesté, avant moi, une curiosité des choses du passé qui devait les conduire, au-delà de leurs fonctions, à s'intéresser, sinon aux rapports du climat et des sociétés, tout au moins à ceux du climat et de l'histoire. J'ai nommé Joseph Sanson et Jacques Dettwiller. Je dois beaucoup à leurs travaux et, pour le second, à la correspondance dont il a bien voulu m'honorer. Côté historiens « de métier », je ne puis omettre de souligner la masse de faits apportés aux climatologues par Le Roy Ladurie et ses élèves.

Reste la mise en œuvre des données, passées ou actuelles. En s'appuyant sur les techniques modernes de critique et d'analyse de celles-ci. Avec le savoir-faire que donne l'usage, ici, de la classification automatique et de la hiérarchisation des faits, là de l'élaboration de systèmes, ou simplement d'une critique constructive des concepts. J'ai appris tout cela des géographes, souvent de vingt-cinq à trente ans mes cadets. C'est à eux surtout que je suis redevable des concours et des encouragements que j'ai reçus. Il me faudrait citer ici toute une « tranche d'âge », celle qui a créée, pratiquement, la géographie française contemporaine, dont je fixerais volontiers pour

* La météorologie compte ses « victimes du devoir », parmi lesquelles on citera, pour la France, l'équipage de la frégate météorologique Le Verrier qui sauta sur une mine le 15 septembre 1950 (51 morts), ou encore André Prudhomme, Ingénieur de la météorologie, disparu dans un blizzard le 7 janvier 1959 en Terre Adélie alors qu'il effectuait des observations météorologiques.

ma part l'acte de naissance autour de 1972. Je cite là, collectivement, un « ensemble » ardent, compétent, perspicace, chaleureux, que les connaisseurs identifieront facilement. Un ensemble qui a su se faire un outil familier de quelques techniques d'analyse sophistiquées — mais en sachant qu'elles devaient rester un outil. A ce prix, ils redonnent à la géographie un visage global, au même titre que l'avaient fait en leur temps pour l'histoire un Lucien Fèbvre ou un Marc Bloch.

Mais un auteur ne vit pas que d'abstractions ou de systèmes ; et ce sont des remerciements chaleureux que je dois à ceux de mes Collègues dont la complaisance, cent fois mise à contribution, me valait ici la vérification d'une référence, là l'envoi d'une photocopie.

Certains ont accepté de me consacrer quelque temps pour discuter de l'articulation d'un raisonnement, pour relire un chapitre — ou me convaincre d'amputer maints développements. Je dois remercier à ce titre Jean-Pierre Marchand avec lequel les étapes successives de mon texte ont été discutées presque de bout en bout. Sur des points plus ou moins étendus, j'ai profité des observations de Joël Charre, Olivier Dollfus, Annick Douguédroit, Maryvonne Le Berre, Serge Martin, Guy Monjuvent, Marie-Françoise de Saintignon. André Dauphiné et François Durand-Dastès m'ont aidé à compléter les séries pluviométriques « séculaires » dont je fais état. D'autres noms seront cités en notes. Cet ouvrage était en cours de rédaction quand la France s'est vue dotée d'une Maison de la Géographie dont le Directeur, Roger Brunet, ne m'a mesuré ni informations, ni conseils. Enfin, Annick Douguédroit a bien voulu m'autoriser à faire exécuter les maquettes des figures (l'ouvrage en est volontairement sobre) à l'atelier de dessin de l'« E.R. 30 » (C.N.R.S., Grenoble), qu'elle en soit remerciée (ainsi que les dessinateurs !).

Cette liste aurait dû être plus longue : certains amis, intéressés par l'entreprise, m'avaient fourni des données concernant des pays étrangers que j'ai dû renoncer à évoquer. Il fallait faire un choix. L'ouvrage présenté ici met en œuvre guère plus du tiers de la documentation qui avait été réunie dans cette intention. J'ai dû, à mon vif regret, abandonner un grand nombre de données, pourtant alléchantes, pour laisser au travail une corpulence que l'on voudra bien, je l'espère, trouver encore agréable.

Le texte comporte deux sortes de notes :

Les unes, appelées par des astérisques figurent en bas de pages. Elles donnent essentiellement des références. Parfois intégralement (ouvrages cités une seule fois), parfois par renvoi à la bibliographie placée à la fin du volume. Accessoirement, ont été de la même façon appelées par astérisques et placées en bas de page des notes très brèves donnant des précisions dont l'insertion dans le texte eut brisé le rythme de la phrase, et jugées néanmoins d'une connaissance immédiatement utile.

Les autres, appelées par des nombres placés en exposant, sont des notes de fond placées à la fin du livre (mais avant la bibliographie). La numérotation en est continue à travers tout l'ouvrage. Le niveau scientifique nécessaire à la pleine compréhension de ces notes peut être sensiblement supérieur à celui qu'exige le texte lui-même.

Il n'y a pas d'annexes, ni autres appendices.

Chapitre 1

HISTOIRES DE PLUIES DE L'HISTOIRE DE FRANCE

Un flash-back...

C'est le 21 mai 1981 que j'ai pris la décision de jeter ces quelques lignes sur le papier. Le soir, vers huit heures vingt, devant mon poste de télévision.

L'averse se faisait déjà plus drue.

La météo, comme à son habitude, avait été sibylline, ou — à l'image des oracles antiques —, ne pouvait être interprétée que par les grands prêtres de ce culte étrange. Elle avait promis « une alternance d'éclaircies et de nuages ; (des) averses éparses localement orageuses, (ici) des pluies orageuses ou orages l'après-midi ou le soir, (là) des ondées orageuses ». Distinguo subtil.

A l'Élysée, le matin, protocole tout constitutionnel. Le soir, l'innovation : le Boul'Mich et la rue Soufflot ! Le nouveau Chef d'État inaugurant son mandat par une visite au Panthéon. Une de ces nouveautés qui remontent en fait aux sources. Un peu partout, des orchestres s'étaient installés pour faire danser la foule. Las ! je suis à sept cent kilomètres de là. Mon « petit écran » n'offre à ma curiosité que des instruments bien sanglés dans leurs housses imperméables et des musiciens aux mines consternées. Triste fin de soirée pour un Quartier latin où beaucoup avaient certainement tant attendu de ce jour.

Mais déjà, vers l'Étoile, une Marseillaise s'élève, en solo. Sous la pluie. Tout l'éclat de Placido Dominguo ; une perfection de routine indifférente aux éléments. Le Président au garde à vous, tête nue ; la moitié des télévisions du monde braquées sur son visage, avec la curiosité malsaine d'y guetter le moindre signe d'énervement. Lui, l'impassibilité d'un marbre antique.

Présage funeste que cette pluie lancinante au cours d'une soirée que l'on voulait enchanteresse et qui ne fut que glorieuse ? Saturnales de mauvais goût ? Épreuve initiatique ? Ironie d'une onction laïque ? Rappel du rôle inlassable, incessant de la pluie aux plus sombres heures de notre histoire, de Crécy ou d'Azincourt au Chemin des Dames ? ou mise en garde sur ce fait que l'eau est une richesse renouvelable, certes, mais pas n'importe comment, et dont la pénurie s'accroît du fait de nos négligences ? Les historiens du prochain siècle verront-ils seulement quelque signe dans ces orages du 21 mai 1981 ?

« Précédé d'un renforcement de l'activité orageuse, un front froid venant de l'Atlantique traversera l'ensemble du pays » (Météorologie Nat., *Bull. Quot. de Renseign.*, prévisions pour le 21 mai 1981).

Mais allait-il venir ce fameux « front froid » ? C'est que la pluie, ce n'est pas si simple. L'information télévisée a fini par familiariser les Français avec ces cartes de France sur lesquelles des zones de temps à dominante relativement belle, ou relativement médiocre, se décalent de jour en jour d'Ouest en Est. C'est ce qu'il advint ce jour-là. Dès la fin de la matinée, l'ensemble de la Bretagne avait échappé au mauvais temps. A dix-huit heures, la pluie cessait pratiquement à l'ouest d'une ligne Évreux-Tours-Carcassonne : là, les orchestres ne chomèrent pas ; les banderolles flottaient, sèches et la rue était aux danseurs. Après un quart de siècle, il y a des soirs de printemps qui valent la peine d'être vécus, même s'il n'y a qu'un tiers de la France qui soit au sec.

Est-il dit qu'il y a donc un Ciel pour limiter la jouissance aux hommes ? Quelque part une machine atmosphérique qui reprend implacablement ses droits ? Dès la fin de la nuit une nouvelle vague de précipitations avait atteint la Bretagne, gagné tout l'Ouest. A Lorient, à Brest, il devait pleuvoir cinq à six fois plus le 22 que le 21...*

Tristes lendemains.

---

* Je remercie G. Blanchet pour son concours dans cette reconstitution du «temps » du 21 mai 1981.

Flash back : cinq siècles et demi.

Même quartier, même décor (sauf que le Panthéon n'existait pas !) Même saison : le 22 avril 1436. Une procession s'organise, d'une ample majesté. L'événement est de taille : Paris venait d'être repris aux Anglais — c'était la fin de la Guerre de Cent Ans. Pourquoi ce Quartier latin ? Dans les grandes circonstances de l'Ancien Régime — et pratiquement jusqu'en notre début de siècle — la châsse de sainte Geneviève, patronne de Paris, était descendue de l'Abbaye qui lui était dédiée sur la « Montagne » (l'emplacement de l'actuel Lycée Henri IV) jusqu'à Notre-Dame et de là, après moult litanies chantées, remontée de nouveau chez elle en grande liesse.

Même décor. Même saison. Et, hélas, même pluie.

Par chance, l'événement est inclus dans la période de l'histoire de Paris couverte par un document hors pair, souvent cité par les amateurs de ce genre de chroniques, qui va de 1409 à 1449. Anonyme, il est connu sous le nom de *Journal d'un Bourgeois de Paris*[1]. Lisons donc, à la date du 22 avril 1436 ; « il plut si fort ce jour-là que la pluie ne cessa tout le temps de la procession, laquelle dura bien quatre heures tant à l'aller qu'au retour... Ceux qui portaient le précieux corps de Madame sainte Geneviève et de saint Marcel furent moult aggravés de pluie car ils étaient tous pieds nus... et se tenaient très difficilement sur les pavés ; ils étaient véritablement aussi trempés par la pluie que s'ils eussent été jetés dans la Seine... »

Un rapprochement bizarre, voire incongru, s'est souvent imposé à moi entre ces deux pluies printanières. Certes, bien arbitraire, ne fût-ce que du simple fait qu'au XVe siècle il n'y avait pas de « météo » ! On peut cependant imaginer, pour 1436, une ambiance sensiblement différente de celle de mai 81 : pluie fine et tenace, plus froide, n'excluant pas des rafales. Mais surtout, quels contrastes de sociétés. Oserais-je les résumer d'une façon triviale en disant qu'on écoute la *Marseillaise* tête nue, mais pas les pieds nus ?

Sympathique, ce *Bourgeois*. Texte riche en notations concrètes. Me permettra-t-on une remarque ? Si précieuses soient-elles, les chroniques de ce type conservent un caractère subjectif qui peut tendre à exagérer la gravité de faits saisis au jour le jour. Et leurs auteurs ne gardent aucune notion des intervalles de temps qui ont pu séparer des événements du même ordre. Ouvrons à nouveau le *Journal* à la date du 5 mai 1442. Un autre printemps, six ans plus tard : « vers six heures du soir commenca la plus grande pluie que d'âge d'homme, *si âgé fut-il* (c'est moi qui souligne) on n'en vit jamais... (l'eau alla) dans les moustiers, les celliers, jusqu'au seuil des portes surélevées et soulevait les queues* de vin jusqu'au plafond... » Parfait, mais notre auteur avait-il perdu le souvenir de cette procession semi-aquatique qu'il

* Futaille contenant environ un muid et demi, soit quatre hectolitres.

nous avait contée ? Mieux encore, moins de vingt ans auparavant notre *Bourgeois* avait noté un automne (1423) si fâcheux « qu'il fut bien quatre mois entiers et plus que jamais il ne cessa de pleuvoir jour et nuit ». Que nos collègues historiens — et ethnologues — se méfient des expressions de « jamais vu » et de « mémoire d'homme » : elles mériteraient une étude passionnante.

Que l'on ne s'y trompe pas, la foi était profonde, et devait le rester, pour plusieurs siècles, dans toutes les classes de la société. Ouvrons les lettres de la « Marquise ». Elle y relate (19 juillet 1675) qu'une procession à sainte Geneviève avait été ordonné pour mettre un terme à « l'été pourri » qui sévissait alors. Ce n'est pas la seule fois que Madame de Sévigné note avec soin le temps qu'il fait. L'étonnant, en 1675, n'est pas que le beau temps soit effectivement revenu le 20 juillet. C'est qu'elle écrive à nouveau — le 24 — « je suis très persuadée que notre châsse a fait ce changement, car sans elle nous nous apercevions comme vous que le procédé du soleil et des saisons est tout changé »[2].

En ces siècles, l'on n'imagine pas nos aïeux ne portant pas moult fois devant le Seigneur leurs préoccupations concernant les saisons et le temps. J'ai eu la curiosité de rechercher dans les offices divins des allusions aux moissons, au climat. Et, pourquoi pas, à la guerre.

On les y trouve.

Dans les offices qui s'ordonnent autour de la Pentecôte. Plus précisément, le samedi des Quatre-Temps de Pentecôte, soit le samedi après cette fête*. Je cite la quatrième lecture (*Lévitique*, 26, 3) : Le Seigneur dit à Moïse : Parle aux enfants d'Israël et dis-leur : « Si vous suivez mes lois, je vous enverrai la pluie en son temps.. Pour vous, le battage du blé durera jusqu'au temps des vendanges, et la vendange jusqu'au temps des semailles. Vous mangerez du blé à satiété .»

Et la pieuse lecture d'enchaîner :

« Vous poursuivrez vos ennemis et ils tomberont devant vous. Vous les poursuivrez à cinq contre cent, à cent contre dix mille, et vos ennemis tomberont devant vous par l'épée ».

Et c'est le retour au premier thème :

« Vous aurez à manger la récolte des années précédentes, et vous serez obligés de jeter l'ancienne récolte pour faire place à la nouvelle ».

---

* Soit, dans notre calendrier, un éventail de dates allant du 16 mai au 19 juin.

Telle est l'histoire. Ce long tissu dont la trame est faite de ceux qui moissonnent avec la faucille, et la chaîne de ceux qui moissonnent avec l'épée.

Les uns et les autres subissent les aléas du temps...

L'éventail des dégâts

En ces temps-là, neuf habitants sur dix passaient leur temps à semer ou à moisonner. Inlassablement, d'année en année. Souvent un an sur deux, seulement, sur un même champ. Retour, ou arrêt de la pluie étaient, selon la saison objet d'ardentes prières. Et que demandait le blé pour qu'on le récoltât « à foison » ? Un printemps point trop tardif suivi d'un été relativement sec. Les conditions qu'exigeait la vigne, au moins en région parisienne, étaient un peu plus rigoureuses, mais du même ordre*. La chaleur estivale était mieux supportée, elle, jusque dans ses excès, par la terre de nos aïeux que par nos cultures d'aujourd'hui. Mais à l'inverse, les pluies se prolongeant tout l'été devenaient synonymes de disette. L'ivraie est toujours plus prompte à profiter de l'eau du ciel que le bon grain. Le blé « verse ». Il peut lui arriver de pourrir sur pieds.

Je laisse aux historiens le soin d'égrener le chapelet des « étés pourris ». De 1315 à 1319 une suite d'années maudites sur lesquelles je reviendrai. Voici — au hasard — 1725, remarquable « par un nébulosité et des pluies continues pendant tout l'été » (Le Roy Ladurie). Ou encore 1816, la fameuse « année sans été »...

Déluges à la campagne ; inondations en villes. Le 11 juin 1432 des chevaux se trouvèrent noyés dans... l'île de la Cité où, en moins de deux heures, l'« eau avait dépassé hauteur d'homme » (je cite encore le *Bourgeois de Paris*).

Que disparaissent les pluies, tout ne devient pas rose pour autant, pour tout le monde. Voilà que de 1778 à 1782 se succédèrent cinq années de canicule : vendanges précoces et abondantes. Il y eut plus de vin dans le royaume qu'on n'en pût, sinon boire, tout au moins vendre. Première apparition dans notre histoire nationale d'une surproduction viticole. En attendant que les autres produits soient touchés. Sur les soixante siècles d'âge

* Je parle des pluies et de la température. A cela s'ajoutent pour la vigne des conditions d'exposition et du sol qui jouent à l'échelle locale et sont très sélectives.

que compte l'agriculture européenne, ce cancer de la surproduction date tout juste de deux pour ses tout premiers symptômes.

Il serait injuste de ne pas signaler qu'avec le temps les grands propriétaires et la classe politique avaient acquis une connaissance déjà plus précise des contraintes physiques affectant le monde rural. P. Veyret cite ainsi un préfet de la Restauration des Hautes Alpes qui écrit le 10 mai 1818 : « les pluies qui règnent presque sans interruption depuis 20 jours commencent à faire naître quelques inquiétudes. *Les pluies de mai sont d'un prix infini quand la chaleur pendant le mois d'avril a pénétré la terre.* Il n'en a pas été ainsi cette année ; leur continuité a maintenu son refroidissement, et cette circonstance a porté un grand préjudice à la vigne ».

Ceci vaut pour les cas dont nos aïeux disaient qu'il avait plu tant de jours « tout de rang » (nos matheux diraient aujourd'hui des *séquences*...)[3]. Mais sur le sol, à côté de l'eau qui imprègne, il y a l'eau qui ruisselle. Les témoignages en abondent. Restons dans les Hautes-Alpes et dans leurs archives. Voici Molines, une paroisse du Queyras. Le 21 mai 1728 des hommes qui étaient montés sonner le tocsin trouvent, en redescendant, « deux toises d'eau dans le clocher ». Près de quatre mètres. Évidemment engorgée là par quelque effet de concentration locale. Mais il fallait bien qu'elle soit tombée, cette eau ! Un cas entre cent. Dans nos villages de montagne, les récits abondent qui montrent l'eau ruissellant à travers les cimetières — toujours accolés aux églises — et les ravinant au point d'offrir le terrifiant spectacle des ossements mis à jour.

Tout autres horizons : dois-je évoquer ici les effets fâcheux des pluies sur les opérations militaires ? Nos états-majors ont été, sous tous les régimes, des spécialistes des contre-temps météorologiques. Cela commença à Crécy, en août 1346 : les cordes des arbalètes gênoises mises hors d'usage par un orage matinal tandis que les Gallois avaient conservé jusqu'au dernier moment leurs arcs encapuchonnés dans leurs étuis. Et cela continue — entre autre — par Waterloo. La « fin d'Austerlitz ». — « La Providence n'a eu besoin que d'un peu de pluie, et un nuage traversant le ciel à contre sens de la saison a suffi pour l'écroulement d'un monde » dixit Hugo. Ce fut en fait un enfer d'eau et certaines unités avaient dû bivouaquer dans des champs de seigle si gorgés d'eau qu'on y était entré « comme dans un bain ».

Dangereuses en montagne depuis des millénaires, les fortes averses ravagèrent les cités dès que l'extension de celles-ci eut dépassé un certain seuil. A Paris, ce fut le 21 mai 1857 qu'un violent orage s'abattit sur la ville, engorgeant les égoûts qui ici ou là, éclatèrent. Double leçon qu'en tira Napoléon III : mettre à l'étude un nouveau réseau d'évacuation des eaux pluviales et faire estimer par les hommes de l'art les risques de retour de semblables accidents. Le baron Haussman se trouvait Préfet de la Seine depuis quatre ans : il sut intégrer à son œuvre de rénovation de la capitale un réseau d'égoûts qui sert encore de cadre au système actuel. Quant à l'aspect scientifique du problème, il sera à l'origine de la création de l'« observatoire » de Montsouris. Un siècle plus tard, dans nos « régions urbaines » d'aujourd'hui, où c'est par centaines de kilomètres carrés que se comptent surfaces de toitures, de voirie, de parkings, implacablement imperméables, les ingénieurs de la voirie sont obligés de prévoir des collecteurs pluviaux géants.

Que l'on n'aille pas s'imaginer que ces pluies diluviennes soient l'apanage du « passé ». Qu'elles ne soient pas susceptibles de se reproduire le siècle prochain — ou avant la fin de celui-ci. Que le lecteur me laisse évoquer seulement trois cas que ma génération a connus.

La « trombe d'eau d'Orange » s'est abattue sur cette ville dans la nuit du 23 au 24 septembre 1924. La pluie n'avait pourtant commencé que dans la soirée. Mais à 7 heures du matin on relevait déjà « officiellement » *vingt-neuf* centimètres d'eau. Les rues étaient transformées en torrents, profonds d'un mètre et demi en leurs rétrécissements.

Record balayé par la pluie des 17 et 18 octobre 1940 dans le Roussillon. La pire catastrophe sans doute qu'ait jamais connue notre pays dans cet ordre d'idées et dont le plus grand nombre des Français, sollicités qu'ils étaient à l'époque — fort légitimement — par d'autres évènements ignorèrent toujours jusqu'à l'existence. On a pu estimer que pour les 24 heures consécutives les plus violentes de l'averse (entre le 17 octobre et le 18 à la même heure), la masse d'eau a pu atteindre jusqu'à *un mètre vingt* de hauteur : douze mille tonnes d'eau à l'hectare ! huit fois plus que la plus forte averse connue depuis trois siècles en région parisienne (146 mm/24 h à Saint-Cloud les 21 et 22 janvier 1982). On connaît le bilan : 38 morts, dont 25 pour une seule commune, plus de cent maisons, sept ponts, une gare et un établissement thermal entièrement détruits[4]. A l'autre extrémité de la chaîne, cette fois après la guerre, un pluviomètre placé au barrage de Choldocogagna, près de Hendaye, devait recueillir près de 400 mm d'eau en moins de quatre heures dans la nuit du 8 au 9 octobre 1947. C'était plus que lors des jours d'août 1983, mais campings et caravanings ne fleurissaient point encore en ces lieux.

Est-ce l'effet du hasard si toutes ces pluies fantastiques ont connu leurs paroxysmes en pleine nuit ?

Quand les conditions géologiques s'y prêtent, ces phénomènes n'entraînent point seulement des « laves » torrentielles (l'image est éloquente), mais des glissements de terrain, des mouvements du sol, bref des accidents « morphologiques ». On se souvient de la catastrophe du Plateau d'Assy qui le 16 avril 1970 fit 72 morts. Souvenir d'autant plus vivace qu'elle s'est trouvée associée, chronologiquement, aux avalanches contemporaines (à Val d'Isère et ailleurs). L'examen des faits de cet ordre exigerait à lui seul un gros ouvrage et je ne puis m'engager ici dans cette voie[5].

Trois désastres dans trois contextes

J'ai choisi de retenir ici trois cas dans lesquels des pluies sont restées associées à des évènements majeurs de notre histoire. Dans les deux premiers il s'agit d'inondations : ce sont alors à la fois la persistance du mauvais temps et l'étendue couverte par des pluies quasi-simultanées qui sont à l'origine de la catastrophe.

1658 : Paris. Tous les records battus sur la Seine. La moitié de la ville sous les eaux. Des « cotes » que la fameuse inondation de 1910 ne devait elle-même approcher que d'une trentaine de centimètres. Les cotes maximales furent atteintes le 28 février et c'est la nuit suivante que survinrent les dégâts les plus graves. La chute du Pont-Marie entraîna dans la mort une cinquantaine de personnes. C'était alors le pont le plus à l'amont de la ville. Le premier à recevoir le choc des épaves, des troncs que la crue arrachait aux entrepôts de bois situés vers Bercy — et des glaçons que le fleuve charriait maintenant après avoir été, quelques jours plus tôt, entièrement pris par les glaces*. Mais l'important, pour l'hydrologue, est que l'information ne reste plus (comme au XVe siècle) ponctuelle. Les faubourgs de Troyes, Provins, de Meaux ont été dévastés. A Soissons, l'eau avait soulevé des pierres tombales, mettant à mal des ossements. A l'aval de Paris, ce sont les magasins portuaires de Rouen qui sont ravagés...

A plus de trois siècles de cet épisode, nous en retenons quelques traits

* Le dernier des témoignages touchant le gel, suivi d'une débâcle de la Seine entraînant la chute d'un pont est relativement tardif : 1879. J'aurai l'occasion de revenir sur cet événement au chapitre 8.

évoquant les mentalités d'alors. Devant la commission que le roi convoqua pour étudier d'éventuels remèdes, un notable parisien évoqua celui qu'il considérait comme le plus efficace : « Sainte Geneviève, par l'intermédiaire de qui Dieu nous communiquera ses grâces... ».

Mais ce même désastre sera révélateur, sur un autre plan, de l'histoire de la « Montagne » (Sainte-Geneviève) et de ses habitants. Ceux-ci devaient à l'altitude, encore modeste, de la Montagne d'être à l'écart de toute inondation. Ce fut peut-être même là la raison, ici comme à Rome, pour laquelle un habitat antique se fixa sur les hauteurs. Les habitants en étaient conscients et ne se firent pas faute de le dire. Quand il fut question de réunir des fonds pour commencer quelques très modestes travaux (on pensait déjà à une déviation des crues par le nord de la ville) les gens du Mont firent savoir qu'ils n'entendaient être soumis à aucune taxe du fait des dangers que le fleuve pouvait faire courir aux habitants des bas-quartiers...

De Sainte-Geneviève au Pont Marie il n'y a pas quinze cent mètres. Mais trop de clochers, trop de chapelles. Le chacun pour sa paroisse, ou chacun pour son saint : version ancien régime du chacun pour soi...

1856 : une date fondamentale. L'un des printemps les plus pluvieux que la France ait connus. Du 27 au 31 mai des records de hauteurs furent battus par les cours d'eau de la moitié sud du pays, de la Garonne à la Durance et les crues allèrent jusqu'à toucher l'Indre... Sur la Loire, deux paroxysmes pluvieux se succédèrent — et ce fut, de Roanne à la mer, « la plus haute, la plus longue et la plus désastreuse des crues connues » (Monique Dacharry)[6].

Dans les Hautes-Alpes, au Monêtier les Bains, une modeste statue de la Vierge porte cette inscription : « 1856, l'année des inondations ». De quoi intriguer les touristes. Certes, les inondations sont-elles monnaie courante dans les Alpes, si l'on entend par là le grossissement subit d'un torrent provoquant ici ou là des dégâts ponctuels. Mais, en 1856, le 29 mai, il s'était agi au Monêtier (et ailleurs) de bien d'autres choses. La pluie faisait partie, ce jour là, d'un ensemble gigantesque et persistant auquel seuls échappèrent en fin de compte la Bretagne et le Nord-Est du pays. Depuis le 20 mars, le ciel mesurait déjà chichement ses éclaircies. En montagne, les effets de la pluie — diluvienne — de mai s'aggravaient de la neige dont elle entretenait la fusion. Si bien qu'à une quarantaine de kilomètres, juste après son confluent avec le Guil, la Durance roula les 29 ou 30 mai à un débit que l'on estima à 1 200 m^3/sec. Peu de ponts pouvaient résister à ce flot...

J'use là de chiffres qui ne veulent rien dire, sauf pour les « hydrologues ». Une image, ou un repère, s'impose. Douze cent mètres cubes d'eau par seconde, cela représente la somme de ce que la Seine *et* la Loire rejettent en moyenne à la mer, en temps « normal ».

Mais 1856, c'est une date dans l'histoire de France pour une autre raison : celle de la plus forte densité de la population rurale dans nos massifs montagneux, avant le grand exode vers les villes — et, pour certains, outre Atlantique. Labours poussés aux extrêmes confins des terroirs, nouveaux défrichements, surcharge des pâturages, élevage inconsidéré de la chèvre ; c'était le temps où nos montagnes, trop garnies d'hommes, toutes lacérées, piétinées, s'offraient sans défense au ravinement. Certaines régions du Sud-Est asiatique offriraient aujourd'hui une image assez semblable. L'homme ne fait pas la pluie, mais il peut singulièrement en aggraver les conséquences. Par inconscience. Depuis 1856, les ingénieurs se sont partout mis à l'œuvre pour éviter, dans les basses vallées, les conséquences d'un épisode pluvieux d'une même gravité physique. Ne sous-estimons pas les résultats acquis par leur technique. Mais il reste que l'« exode rural » — dont l'excès devait un siècle plus tard créer le fameux « désert français » — a eu au moins ce résultat de rendre aux bassins supérieurs de nos cours d'eau des conditions d'équilibre naturel que des siècles de défrichement avaient quelque peu altérées. Surtout avec l'accroissement de la population et les premiers progrès d'une agriculture productiviste.

Deux générations plus tard : la France est en guerre. Celle que l'on devait faire « jusqu'au bout », parce que l'on croyait naïvement que cela serait la dernière... Fâcheusement, les quatre années 1915-1918 semblent avoir été météorologiquement médiocres, alors que la « Seconde » Guerre mondiale allait se dérouler au cours d'années à dominante sèche (au moins en Europe occidentale), favorisant une guerre de mouvement. Pour les anciens combattants de « 14-18 » — les fantassins du moins, les plus nombreux —, l'épreuve après le déluge de feu, avait été la boue des tranchées.

Une étude détaillée (et non la rapide évocation que je peux en faire ici) s'attacherait sans doute à deux épisodes majeurs : l'échec de l'Offensive de Champagne du 25 septembre 1915 et surtout l'échec de l'Offensive dite du « Chemin des Dames » en avril 1917.

Le Chemin des Dames ? Dix jours de préparation d'artillerie, avec une pièce d'artillerie lourde tous les *vingt* mètres de front. Mais un temps exécrable. Une visibilité interdisant le moindre contrôle de tir. L'un des Commandants de Corps d'Armées, le Général Blondiat, devait écrire dans son rapport : « l'influence des conditions météorologiques défavorables a été le trait le plus saillant de la période de préparation ». L'offensive, qui devait commencer le 14 avril, est remise au 16 par suite des pluies persistantes. Dès le 17 — second jour de l'offensive — un témoin parle d'« enfer de pluie et de neige ».

L'échec était cette fois non seulement tactique, mais stratégique. L'offensive avait été conçue, et présentée par le gouvernement à l'opinion, comme devant mettre enfin un terme à l'enlisement des tranchées. Reprendre une guerre de mouvement. Elle devait être décisive, et n'avait de sens que si la percée pouvait être « exploitée ». Aussi avait-on prévu que le barrage d'artillerie se déplacerait en même temps que l'avance de nos troupes... Un certain nombre de batteries avaient été gardées sur roues. Mais les averses de pluie et de neige ne permirent bientôt plus ces déplacements sur un sol détrempé. Clouée au sol, l'artillerie française. Comme à Waterloo.

Si la climatologie est une « Science humaine » (le mot est de Jean-Pierre Marchand), reconnaissons que le contexte de ce printemps de 1917 se situe à l'un des deux ou trois grands tournants de l'histoire du siècle. Un « épisode pluvieux » pas comme les autres. Dans les troupes harassées qui descendent au repos dans leurs dépôts divisionnaires on entend crier « Vive la paix ». C'est « 17 ». La crise morale. D'étranges propos s'échangent avec les troupes fraîches qui, elles, « montaient au front ». A l'arrière, il y a eu les premiers appels à la grève. Sur quelques murs ce graffiti indécent. Pire, impensable : « Soviet » !

Trois semaines plus tôt, le Tzar Nicolas venait d'abdiquer.

Dans le cas des pluies de mai 1856, l'homme était intervenu *à l'amont* du phénomène physique, en aggravant les conséquences de celui-ci. En avril 1917, il intervient *à l'aval* en donnant aux faits météorologiques une résonance toute particulière par suite du contexte socio-politique existant. Doit-on généraliser ? admettre qu'il n'est guère possible d'étudier les phénomènes physiques dont notre planète est le siège sans prendre en compte leurs contextes humains ?

Et quand il ne pleut plus...

Et si l'on parlait « sécheresses » ?

Il va de soi qu'à côté de ces paroxysmes pluviaux notre pays n'a pu éviter des périodes de pluviométrie déficiente plus ou moins prolongées. Que l'on se souvienne seulement de l'« impôt sécheresse » de 1976...

En ce qui concerne les sécheresses anciennes, je dirai sans fard que les témoignages littéraires me paraissent à récuser. Le témoignage disparaît vite derrière l'effet que cherche l'auteur. « On a oublié la pluie — écrit Madame de Sévigné le 12 octobre 1697. — Quelques vieillards disent bien que l'on en a vu autrefois. Mais on ne les croit pas ». La même avait affirmé trois ans plus tôt : « Tout le monde va mourir, si la sécheresse dure encore huit jours » (10 mai 1694).

C'est que la sécheresse est un phénomène physique plus difficile à cerner qu'il n'y paraît, et qui ne prend toute sa gravité que dans ses développements biologiques. Sa « perception » est pour une grande part due à l'évaporation (plus précisément à cette évaporation qui s'effectue par l'intermédiaire d'organismes vivants). Donc à la chaleur ; surtout dans nos régions où la pénurie des précipitations est généralement estivale. Les études dont la sécheresse de 1976 devait être l'objet ont souligné, entre autres, que les températures moyennes de juin avaient été, cette année-là, supérieures de 2° à 4°C aux normales, accentuant gravement les effets de l'indigence des pluies.

L'historien devra donc s'attacher moins aux témoignages concernant l'absence prolongée des pluies qu'à tout ce qui touche les cultures (sous réserve d'être parfaitement au courant des besoins en eau de celles-ci), ainsi que du tarissement des puits et des sources. Des étiages particulièrement bas sont significatifs. Il faut prendre au sérieux, cette fois, Madame de Sévigné, quand, après avoir vu « notre belle Loire... entièrement à sec en plusieurs endroits » et marché « quasi toute la nuit en raison de la chaleur », elle retrouve une Seine dont on passe les bras à gué : « Toutes les fontaines sont muettes et sans une goutte d'eau »... « On passe tous les jours à gué, et l'on se moque de tous les ponts de l'île » (22 juillet 1676).

Depuis le début des observations régulières je retiendrai, pour les décrire sommairement, trois phases de sécheresse accusée ayant touché la France, dont l'une pluri-annuelle : 1921 ; 1942-47 ; 1976.

1921 reste souvent considérée comme l'« année sèche » par excellence. Un chiffre suffit à fixer les idées : 270 mm pour l'ensemble de l'année à Paris-Montsouris. C'est ce qui tombe en « année normale » (si tant est que ce mot ait un sens) dans la section la plus sèche de la vallée du Sénégal[7]. Seul bon côté de la chose : une qualité exceptionnelle du vin.

1942 : nouvelle année de pluviosité déficiente. Non plus cette fois un « accident », mais le début de quelque chose de plus profond. Une crise climatique dont le souvenir devait se trouver quelque peu masqué dans la mémoire des contemporains par le contexte historique général ; on était en pleine guerre, et après un répit en 1944 où les précipitations furent abondantes en certaines parties du pays, la sécheresse reprit en 45 : « Dans des régions étendues, la récolte de foin, si indispensable à l'approvisionnement en viande et en lait, a été coup sur coup déficitaire de 1942 à 1945, continuité dont en général on ne se rappelle pas d'exemple »*. Pardé n'hésite pas à écrire : « il ne nous semble pas exagéré de dire que ces phénomènes climatiques répétés ont au moins autant contribué à nos malheurs alimentaires que ne l'ont fait les prélèvement opérés par l'ennemi ou le blocus[8]. La persistance de la sécheresse contribua à prolonger le rationnement alimentaire, et peut-être une certaine instabilité de la vie politique française, bien au-delà de la fin des hostilités. La pénurie s'aggrava jusqu'en 1949. A Paris, l'été 1949 fut marqué par une *séquence* de trente-cinq jours consécutifs absolument sans pluie (le record antérieur — 28 jours — remontait à 1893 !). Que l'on ne s'étonne pas de l'aspect désolé qu'offrent les herbages dans de telles conditions. Mais le pire fut du côté de la production hydroélectrique. L'automne 1949 resta la sombre saison des délestages et des « coupures ». De fait, la production hydroélectrique tomba, certains jours, à moins de 10 millions de kwh par jour, alors qu'elle s'élevait à plus de 35 pour la situation antérieure à 1938.

1976 : pas de gros records battus. Mais des caractères physiques se dégagent qui devaient faire l'originalité de cette sécheresse. Elle s'était installée en certaines régions dès octobre de l'année précédente. Dans l'Ouest, la déficience atteignit près des *trois-quarts* de l'eau de pluie pendant *cinq mois* : tout de même assez effrayant. Mais surtout, la société française de 1976 ne ressemble plus guère à celle qui, trente ans plus tôt, ne visait qu'à sa « reconstruction ». A la ville, à la campagne, dans les régions de tourisme, les « besoins en eau » se sont multipliés. Il y a eu l'extension du maïs. Songe-t-on que la consommation d'eau nécessaire au seul entretien des étables représentait alors en France l'équivalent de la consommation totale des trois agglomérations de Marseille, de Lyon, et de Toulouse réunies ? Quand le ministère de l'Agriculture annonce que la production agricole globale, pour 1976, n'a baissé « que » de 2 % par rapport à l'année précédente, l'on est tenté de retrouver le ton des étudiants de 1968 pour crier à l'imposture. Les bougres ! Leurs statistiques portent en recettes le produit de la vente des bêtes abattues dont le nombre s'était considérablement accru par suite, précisément, de la sécheresse[9].

---

* Sanson J., Pardé M. (1950), p. 369-404.

Ces pages, déjà longues, consacrées à « quelques pluies de chez nous » — ou à leur carence — je voudrais les terminer par une anecdote que nos météorologues se plaisent à raconter.

Retournons au Grand Siècle. A ses débuts : la reine Anne d'Autriche au Louvre, en fait un exil imposé par Richelieu. Palais fastueux, mais surveillance. Écoutons le récit qu'en fait Jacques Dettwiller* : « Le 5 décembre 1637 Louis XIII se rendant de Versailles à Fontainebleau traversait Paris. Pendant une visite à Mademoiselle de la Fayette au couvent de la Visitation... un violent orage éclata accompagné d'une pluie torrentielle persistante. Le Roi ne put continuer son voyage, ni retourner à Versailles. A la suggestion d'un Capitaine des gardes, Louis XIII se fit conduire au Louvre pour demander l'hospitalité à... son épouse. L'historien Henri Batiffol écrit : « Le Roi dîna avec la Reine et demeura la nuit avec elle... ».

C'était le 5 décembre 1637. Le 5 septembre 1638 un dauphin naissait à la France. Mystérieuse alchimie du climat qui devait réserver la Fortune du Roi Soleil au fruit d'une averse importune...

Elles en font, quand même des choses, ces « précipitations atmosphériques » !

L'anecdote méritait de figurer au folklore des Élèves-ingénieurs de la Météorologie. Mais on pourrait, avec quelque humour, la présenter à l'historien ou au philosophe. Ce serait tout de suite le grand débat. Chez l'un entre la petite histoire et la grande, chez l'autre autour du « déterminisme ». Du hasard et de la nécessité. Il y aura toujours des hommes pour faire une place aux « éléments » dans le cours des choses, y compris leur propre destin. Et toujours il s'en trouvera d'autres pour leur répliquer que la Nature n'entre pour rien dans ces jeux qui ont nom passions, commerce, politique ou guerre.

Mais, pour que le climatologue puisse, autour de faits sérieux, engager le débat avec l'historien ou le philosophe (je m'y hasarderai...) il nous faut poursuivre cette promenade autour des « météores » — et de la connaissance que nous en avons.

---

* Dettwiller, J. (1982), p. 62.

Chapitre 2

CURIOSITÉ, CONNAISSANCE, PRÉVISION

Depuis quand mesure-t-on la pluie ?

Pour le physicien, la pluie est une grandeur physique parfaitement définie et mesurable*. Pour ce qui est de la perception que l'on en en a, il n'en va guère de même : le concept même de « quantité de pluie » n'est guère évident. Bien malin celui qui peut garantir qu'une averse aura « apporté » à la terre plus, ou moins d'eau, que telle autre trois jours plus tôt ; alors que nous percevons à peu près correctement la « chaleur » d'une journée.

Historiquement, la pluie a fait l'objet de véritables réseaux de mesures dès la première moitié du XVe siècle. Dès 1425. Mais en Chine... Depuis 1442 en Corée. Comme dans le cas de la poudre, ou de la boussole, l'Extrême-Orient possédait là sur nous une indéniable avance technique. En Occident, la démarche s'est révélée toute différente. Le pluviomètre, qui paraît bien le plus simple des appareils de mesure au visiteur d'une station météorologique, a été le dernier à avoir été seulement imaginé. Des

* Un « millimètre d'eau » (ou l'équivalent de neige ou de grêle fondue) représente le volume d'un litre d'eau uniformément réparti sur une surface d'un mètre carré.

anémomètres et des hydromètres avaient été, au moins dessinés, par Léonard de Vinci. Le principe de la mesure de la température par la dilatation d'un liquide (parfois d'un gaz) semble avoir été connu dès la fin du XVIe siècle dans l'entourage de Galilée : le mot même de « thermomètre » apparaît pour la première fois en 1625. Le baromètre date des années 1640 (Torricelli, Pascal). Il fallut attendre une génération encore pour que l'on trouve des observations régulières de « hauteurs d'eau » — en pouces — recueillies, après chaque précipitation, dans un récipient disposé à cet effet ; un certain docteur Marin, à Paris, se mit à les noter en février 1670.

Mais les choses vont, dès lors, aller très vite, et des conclusions importantes pouvoir être tirées des premiers résultats, sur les plans tant théorique que pratique. Le 24 septembre 1671 voit l'inauguration de l'Observatoire de Paris, dont la charge sera confiée à Jean Dominique Cassini. On sait que les « observatoires » étaient alors le siège d'observations autant météorologiques qu'astronomiques. Des pluviomètres s'égrènent autour de Paris. En 1674, Perrault* calcule la première « moyenne » de précipitations à Paris : la valeur en correspondrait, dans notre système métrique, à 511 mm. C'est, en fait, la première donnée *climatique* connue. Mais, surtout, Perrault parvient à estimer les *débits* d'un petit afflluent de la Seine et en conclut qu'ils *ne représentent au mieux que le tiers de la pluie reçue par le bassin*. On rédige et l'on publie vite, dans ce temps-là, et c'est, la même année, la parution « *De l'Origine des fontaines* ». Une date. On s'imaginait, depuis l'antiquité, que les nymphes étaient filles des bois et des monts, nullement du ciel. Que le mystère des sources était tout entier souterrain, Chtonien. Un texte d'Ovide évoquant le Déluge — l'un des éléments de ce « tronc commun » de toutes nos croyances — montrait Neptune frappant la terre d'un coup de son trident : « elle en est ébranlée, et *l'eau sort en abondance de ses gouffres les plus profonds* »**. Maintenant, on savait que les sources étaient alimentées par les « nappes », mais celles-ci à leur tour par la pluie. Le « Cycle de l'eau » venait d'être découvert. En 1974, l'*Association Internationale des Sciences hydrologiques* sut donner un certain éclat à la commémoration du tricentenaire de ce qu'elle considérait comme le fondement historique de toutes les recherches et innovations liées, jusqu'à nos jours, aux problèmes de l'eau. Et Dieu sait s'il y en a.

Un concours de circonstances fit que l'occasion se présenta bientôt de mettre en oeuvre le concept nouveau. Il s'agissait de savoir comment remplir, et surtout maintenir en eau, le « Grand Canal » et autres bassins de

* Pierre Perrault, frère de l'architecte Claude... (La colonade du Louvre) et de Charles., (Les contes de ma mère l'Oye...).

** Pour Aristote, le débit des fleuves était si grand que les pluies seules ne pouvaient en expliquer l'origine.

Versailles. Dès 1675, une campagne topographique, remarquable pour les moyens de l'époque, avait permis à l'abbé Picard d'établir que des retenues faites sur deux affluents de la Bièvre permettraient d'alimenter par gravité les bassins projetés. Mais le débit qui serait ainsi réuni serait-il suffisant ? A Versailles même, des observations pluviométriques commencèrent en 1685. Louvois les fit étendre, trois ans plus tard, à l'ensemble du bassin versant artificiel — quelque 36 km² — qui devait résulter de l'exécution du projet Picard. Premier exemple connu dans le monde (pardon ! dans notre Occident...) d'une campagne de mesures météorologiques destinée à appuyer le « dossier » d'un projet d'équipement. Au bout de quelques années, la moyenne de précipitations sur le futur bassin versant artificiel se révéla être de 550 mm. Entre temps, le troisième terme de notre « bilan de l'eau », mis en valeur par Perrault, avait pu être appréhendé directement : en 1692 étaient installés sur la terrasse de l'Observatoire de Paris deux récipients de trois pieds carrés de section, l'un devant recueillir la pluie, l'autre, au préalable rempli d'eau, avait au contraire pour objet de permettre une mesure de l'évaporation.

En somme, avec deux siècles et quart d'avance, le « bac Colorade »...*.

Il faudra attendre le dernier quart du XIXe siècle pour qu'un progrès sensible soit fait par la connaissance *fine* des précipitations. Vers 1875, le « pluviomètre enregistreur » est inventé. La pluie vient y remplir un récipient de très petite taille qui se déverse chaque fois qu'il est plein. Chaque vidange se trouve pointée grâce à un mouvement d'horlogerie, et plus elles se succèdent rapidement, plus la pluie est « intense ». L'intensité est mesurée en millimètres/heure, pour des mesures à pas de temps variables**.

Ce nouvel engin permettait d'apporter à notre connaissance des données de deux ordres. D'une part, les mesures des *intensités de pointe* des plus fortes averses : les records, en France continentale, sont de l'ordre de 70 à peut-être 100 mm/heure et plus. Estimations toujours par défaut : on cite les journées des 17 et 18 octobre 1940 dans le Haut-Roussillon ; mais là, comme pour le Guil le 13 juin 1957, les pluviomètres ont débordé... quand ils n'ont pas été emportés par les éléments. D'autre part, l'enregistreur nous donne la *durée effective* des plus longues pluies continues. Et, là, il a fallu en rabattre de bien des « impressions ». Que d'illusions ôtées aux grincheux du mauvais temps. Certes, il serait faux de dire que, jamais en France, il n'arrive nulle part qu'il ne pleuve « vingt-quatre heures sur vingt-quatre ».

* Le « bac Colorado » est un bac enterré d'un yard (0,914 m) de côté et d'un demi-yard de profondeur dont l'emploi est très répandu dans l'Ouest des U.S.A.

** On sait que mm/h s'écrit aussi mm . h^{-1}.

Mais, si vous voyez ça trois fois dans votre vie, c'est que vous aurez vécu vieux ! La plus longue pluie connue à Paris (Paris-Montsouris), du 14 mars 1979 au soir au 16 au matin, a duré exactement 36 heures 30 minutes... Mais le record précédent (« seulement » 29 heures 10 min.) était vieux de 41 ans (1938).

Il fallut attendre la Seconde Guerre mondiale pour voir se développer une technique dont les applications à la météorologie se répandirent, d'abord, assez lentement : le radar. Utilisé avec succès pour déceler l'approche et « poursuivre » le déplacement des cyclones tropicaux — comme on le ferait d'escadrilles aériennes ennemies —, le radar a pu être adapté aux « systèmes précipitants » de nos latitudes. C'est, en 1968, le radar de Hohenpeissenberg sur le piémont des Préalpes bavaroises. En France, Bordeaux et Brest sont, entre autres, équipés : leur proximité de l'océan y permet une estimation précieuse des précipitations là où il n'y a pas de pluviomètres. Avec le radar, nous entrons dans ces domaines de pointe où le conflit est latent entre la poussée technologique et la nécessaire standardisation de l'exploitation. Certaines versions donnent des compléments d'informations particulièrement utiles pour prévoir la genèse des crues.

Nouveau bond en avant dans les années 70 : ce sont cette fois les satellites qui entrent en scène. Par radiométrie, ils vont permettre une estimation des précipitations sur l'ensemble des océans, pour lesquels on ne disposait jusqu'ici d'aucune mesure, en dehors des franges atteintes par les radars littoraux. Une révolution, si l'on veut bien se rappeler que les océans et les mers couvrent les quelque 7/10e de la surface du globe. L'estimation que l'on fait de ces précipitations océaniques ne cesse d'ailleurs de croître avec l'affinement de la technique : un vrai coup de balai dans les schémas jusque-là trop hâtivement forgés de toute pièce : en moyenne, il *pleut davantage sur les océans que sur les continents*[11].

Ces nouvelles techniques allaient vite imposer des regroupements de moyens entre les états. Au moins du côté de cette poussière politique qu'est l'Europe. Une action — dite « COST 72 » — visa à établir un réseau européen de radars météorogiques d'une trentaine d'unités qui eût fourni aux états participants une information pluviométrique de très haute qualité : son développement se heurta malheureusement à des obstacles politiques (retour, chez les Européens, du vieux spectre de la « souveraineté nationale » ?). Un problème sur lequel je reviendrai dans mon dernier chapitre.

Trois siècles entre ces bassins de zinc d'un à trois pieds carrés de section dans lesquels les contemporains de Vauban s'évertuaient à recueillir la pluie et ces énormes dispositifs internationaux et « inter-techniques » qui nous permettent aujourd'hui d'étendre de telles mesures au globe entier. Car les satellites mesurent « aussi » l'évaporation sur les océans. Et il paraît tomber sous le sens qu'il doive s'évaporer autant d'eau qu'il en retombera par la suite.

Sinon, que se passerait-il ? Le niveau des mers devrait, soit s'élever sous un excès de pluies, soit s'abaisser du fait d'un excès d'évaporation. Or, cela n'est pas le cas.

Ou, si cela se produit, ce n'est le fait ni des pluies, ni de l'évaporation, mais d'un troisième larron : les glaciers. Nous verrons le moment venu « à quoi ils jouent... ».

Les physiciens de la Belle Époque étaient cartésiens...

C'est en 1817 qu'Alexandre Von Humboldt calcula les températures moyennes d'un grand nombre de stations du globe. Il avait eu l'idée de joindre par des courbes les lieux d'égales températures et créa le terme d'*isothermes**.

Mais, du début du XIXe siècle à sa fin, un progrès conceptuel — disons une prise de conscience importante — se fit sur la réalité qu'est la température. Contrairement à des millimètres d'eau, celle-ci n'est pas une *grandeur* physique que l'on puisse mesurer. Vingt degrés ne font pas « deux fois » dix degrés. Les températures ne peuvent que se « repérer » par rapport à un certain nombre de seuils, soit physiques, soit physiologiques, dont le principal est le gel de l'eau, choisi précisément comme « repère » dans notre échelle thermométrique. D'autre part, chacun peut constater que même par temps couvert des thermomètres placés sur différentes façades d'un immeuble peuvent accuser entre eux des écarts de 2° à 3° C. C'est que la « température de l'air » reste une notion conventionnelle, et largement abstraite. Mille précautions doivent être prises par l'homme de l'art afin de soustraire, notamment, le thermomètre, au « rayonnement ». On le place dans un abri peint en blanc, bien aéré, et situé assez haut au-dessus du sol au pour que celui-ci ne lui renvoie pas de la chaleur.

---

* Humboldt A., 1817. Il n'est pas indifférent de souligner que la publication de ce gros travail fut faite — deux ans après Waterloo — dans une publication française.

Je dois la communication de cet ouvrage — rarissime — à la courtoisie de MM. M. Roncayolo et J. Brun.

Humboldt et ses successeurs précisèrent ces notions qu'il fait plus chaud dans les régions de basses latitudes qu'aux latitudes élevées ; qu'à latitudes égales les façades continentales se faisant face de part et d'autre d'un océan n'avaient pas les mêmes températures. Mais tout cela est comme écrasé par ce fait majeur que les températures s'abaissent rapidement au fur et à mesure que l'on s'élève en altitude : environ 1° C pour 180 m de dénivellé, ce qui est énorme. Chiffre plus facile à retenir : s'élever de 1 000 m dans nos montagnes entraîne un même refroidissement général, sur l'année entière, que de se déplacer de 1 000 km vers le nord en direction du pôle*.

Le fait est connu depuis longtemps, et les « savants » (le terme de chercheur n'étant pas employé à l'époque) n'ont guère chômé.

Au siècle dernier, c'était l'affaire des physiciens. parmi eux, A. Angot, le « Monsieur météo » des années où l'on construisait la Tour Eiffel. La méthode était simple : prendre les stations météo deux par deux, *aussi proches que possible dans chaque couple*, et effectuer le quotient de leur différence de température (point bas – point haut) par la dénivelée (exprimée généralement en hectomètres). Ce quotient — le *gradient* de la température — sera la valeur cherchée. Quelques couples de stations font l'affaire : Clermont-Ferrand avec le Puy-de-Dôme, Bagnères de Bigorre avec le Pic du Midi. Des campagnes temporaires vinrent bientôt ajouter leurs enseignements à ceux des stations permanentes : la plus fameuse fut menée par J. Vallot qui réussit, en 1887, au prix de cinq ascensions, à maintenir en service pendant près de deux mois des thermomètres enregistreurs peu sous le sommet du Mont-Blanc. Une moyenne relevée de – 6.5° C. donnait, par rapport à Chamonix, et pour la même période, un « gradient » de près de 0,6° C./hm.

Nos physiciens ne s'attachèrent guère au fait que leur méthode impliquait deux postulats : l'un était que la loi de décroissance de la température en altitude fût linéaire ; l'autre que le fait de prendre deux stations aussi proches que possible fût le meilleur moyen d'éliminer dans la différence de température observée entre elles le jeu de facteurs autres que la dénivelée. Des facteurs géographiques d'échelle supérieure, disons régionaux, qui perturberaient les effets tout simples de l'altitude.

Il y avait d'autre part une exception de taille à cette loi : par suite de sa plus grande densité l'air froid finit, par beau temps, à s'accumuler dans les cuvettes topographiques : il y a « inversion de température ». Certains

* Les différences entre les climats froids des régions de montagnes et ceux des régions polaires sont néanmoins considérables. J'y reviendrai ci-dessous, chap. V., p. 89 à 91.

sites, comme la cuvette de Klagenfurt en Autriche, y sont particulièrement favorables. Finissent alors par apparaître de véritables « îlots de froid »[12]. Le phénomène est généralement temporaire et dure, l'hiver, le temps d'un anticyclone.

Ces cas de figure étaient, il y a cent ans, portés au chapitre des exceptions. C'était le vieux principe humaniste que l'« exception confirmât la règle ». Et la règle était bien que la température devait s'abaisser avec l'altitude ! L'exposition Universelle de 1889 devait fournir un apport décisif à notre connaissance de ce fameux « gradient » : deux ans après l'exploit de Vallot, la Tour Eiffel se mettait au service des savants. Moins de quatre ans après l'inauguration de la Tour, Angot présentait une communication à l'Académie des Sciences : le gradient offrait un régime saisonnier, avec une moyenne de 0.62° C pour les les trois mois d'été et de seulement 0,50° C pour les trois mois d'hiver.

Technique de calcul rudimentaire, quand on y réfléchit, et dont l'insuffisance n'avait pas échappé à certains de nos « anciens ». De Martonne, écrivant à la fin de sa vie le tome de la *Géographie Universelle* consacré à « La France physique », revient sur les résultats de Vallot. Il fait remarquer que le gradient calculé par celui-ci ne pouvait valablement être généralisé : « la coupole de glace du Mont-Blanc (refroidissant) certainement l'air qui la baigne ». Mais le stade des remarques, ou des regrets, ne devait pas être dépassé. De Martonne, et même Angot ont pourtant été les contemporains de statisticiens qui auraient pu les aider à poser correctement leurs problèmes. Il y a eu un blocage sociologique, plus que technique. Peut-être manque de hardiesse conceptuelle.

Je dirai d'un mot : excès de cartésianisme.

Quand les géographes eurent à reprendre ces recherches dans les années 1970 (il s'agissait pour eux, entre autre, d'établir une *Carte Climatique détaillée* de la France), leur mode d'approche a été tout différent. Deux faits se sont imposés à eux : (i). on ne saurait valablement étudier les effets d'une « altitude » en soi, sans tenir compte de l'exposition, et de tout ce qui conditionne les *topoclimats* . Je reviendrai sur ce point dans un chapitre ultérieur (chap. 5, p. 88) ; (ii). un gradient thermique ne peut être strictement calculé que pour des topoclimats identiques, et par un calcul statistique approprié (par exemple une régression) portant sur un nombre de points suffisant. Cela implique la prise en considération d'une étendue déjà assez vaste, sous réserve de l'homogénéité de celle-ci (qui ne pourra être testée que par le calcul lui-même). En France, des études portant sur quatre à six départements « en bloc » paraissent souhaitables : on est loin des « couples » style Clermont-Ferrand, Puy-de-Dôme, ou Orange-le-Ventoux.

Ne parlons pas (pour le moment) des pluies ! Elles sont plus déroutantes encore. Des innombrables études consacrées aux précipitations en montagnes paraît se dégager cette idée que les précipitations (pluie et neige) augmentent avec l'altitude, tout au moins dans de certaines limites[13]. Là encore, que d'exceptions ! Briançon (1 324 m d'altitude) reçoit moins de pluie que Villard de Lans, pourtant situé plus de 200 m plus bas. Question de topographie, d'exposition aux vents pluvieux... C'est bien pire dans l'Himalaya dont les hautes vallées, où des villages s'échelonnent encore entre 3 000 et 4 000 m, sont plus sèches que leurs sections inférieures : le voisinage de l'aride Tibet impose déjà sa loi. Bref, l'on n'a pas fini de jongler, ni avec les températures, ni avec les précipitations en montagne. Gageons que si les milliers de mesures dont elles ont fait l'objet avaient pu encombrer l'esprit d'un Marivaux, nous aurions eu droit à quelque « Jeu de l'Espace et du Temps », tant il est vrai que l'agencement du spatial et du temporel prend, dans nos choses du climat, toutes les apparences d'un jeu fait de fantaisies, de hasard, d'humour, de paradoxes...

Notons au passage que les méthodes d'estimation du gradient de la température d'après un grand nombre de points, telles qu'on les utilise depuis les années 70 (Douguédroit, de Saintignon ; P. Paul)* donnent des résultats légèrement, mais systématiquement supérieurs à ceux trouvés jadis par Angot. La raison en est évidente : le jumelage, fait par la méthode ancienne, d'une station de vallée et d'une station de sommet revenait à exagérer, dans le calcul d'un gradient moyen, le « poids » des inversions de température que les méthodes d'analyse globales remettent à leur juste place. Ainsi, les résultats de vos calculs, parfois la nature même de la loi en jeu** changent-ils selon la plus ou moins grande étendue que vous considérez. Toutes considérations qui dépassent de beaucoup les fractions de degrés, ou les quelques dizaines de millimètres d'eau qui sont en cause. Elles sont de portée épistémologique.

Certains de nos devanciers avaient bien fini par prendre conscience des multiples facettes de tous ces problèmes. De l'Exposition de 1889 à la guerre de 1914, les ascensions en ballon s'étaient multipliées. Depuis les mesures d'Angot, physiciens et géographes commençaient à se douter que les lois de la diminution de la température en altitude en « atmosphère libre » étaient une chose, et les réalités de la montagne une autre. D'autres facteurs inter-

---

* Douguedroit A., de Saintignon M.F., 1981. — Paul P., 1977.

** J'emploie ce terme de « loi » pour être compris de tout le monde. Les puristes — qui voudront m'en excuser — auront compris que j'ai voulu parler d'un « modèle d'ajustement ».

venaient dans ce dernier cas. Mais, faute de recours aux techniques, aujourd'hui élémentaires, de l'« analyse des données », personne n'était en état de quantifier, ni de hiérarchiser correctement ces facteurs. C'est intuitivement que l'altitude était considérée comme devant régler l'essentiel. Tout écart entre une température observée et celle que l'on « reconstituait » en appliquant cette loi du gradient à l'altitude était considérée anomalie, exception, voire inversion.

Le *Candide* de service posera quand même une question : on nous explique le climat du Puy-de-Dôme par ce fait que l'altitude en est de 1 465 m, « mais » qu'il s'agit d'un sommet. Que Klagenfürt n'est qu'à 450 m, « mais » au fond d'un bassin fermé. Traiter le relief, la topographie, comme un élément perturbateur d'un climat où tout dépendrait essentiellement de l'altitude, c'est quand même ennuyeux pour des bipèdes qui vivent *sur* des « formes de relief », et que c'est ce relief qui *crée* l'altitude.

J'ai parlé de « cartésianisme ». Cette idée de s'occuper *d'abord* de la dénivelée, d'une façon aussi proche que possible de la verticale, afin d'obtenir un gradient qui permette le calcul de températures « réduites au niveau de la mer ». Étudier ensuite — de ces températures fictives — une répartition dont le jeu de l'altitude aurait été éliminé : l'opération évoque pour moi le second et le troisième des quatre fameux préceptes de Descartes sur la méthode pour bien conduire sa raison : « Diviser chacune des difficultés que j'examinerais en autant de parcelles qu'il se pourrait et qu'il serait requis pour les mieux résoudre » — « Conduire par ordre mes pensées en commençant par les objets les plus simples et les plus aisés à connaître pour monter peu à peu, comme par degrés, jusques à la connaissance des plus complexes... »

Les physiciens de la Belle Époque étaient cartésiens. Nous ne le sommes plus.

Un monde qui vient de se réchauffer...

La température devait poser à nos arrière-grands-pères bien des problèmes.

En même temps que les physiciens s'attachaient à déterminer la valeur du « gradient thermique », d'autres, géologues et topographes, consignaient de bien curieuses observations. *Les glaciers reculaient* ... Une gravure, souvent reproduite, *des Voyages pittoresques* montre le Glacier Blanc (qui descend des Écrins) atteindre encore le « Pré de Madame Carle ». Mais, dès

1840, le recul en était manifeste. La « carte d'État-Major », levée pour ce secteur en 1856, le montre encore venir confluer de justesse avec son voisin, le Glacier Noir. Dès que la « disjonction » des deux appareils fût chose faite, la retraite devint débâcle. A quelques nuances près, ce recul allait être constaté pour les glaciers du monde entier, sauf l'immense Antarctique. La Mer de Glace — pour ne citer que cet exemple — a vu son « front » reculer de 1 100 mètres en un siècle. Pour l'ensemble des Alpes Occidentales R. Vivian estime cette réduction, de 1860 à 1960, à peu près du tiers de la surface originelle des glaciers*.

Or, nous possédons déjà pour cette époque les températures d'un nombre élevé de postes (la plupart, il est vrai, situés dans l'hémisphère Nord). Voici Copenhague : la moyenne trentenaire 1811-1840 avait été de 7,2° C. Celle de la période 1931-1960 s'élèvera à 8,2° C. Ce n'est pas une coïncidence fortuite si une série d'étés chauds et ensoleillés valut à la Suède et à la Finlande, après 1930, de splendides moissons.

Pour la Savoie et la Suisse des textes nombreux et une iconographie démonstrative ont été réunis par Emmanuel Le Roy Ladurie qui, en confrontant états des glaciers et données météorologiques, propose de faire de ce réchauffement récent un « modèle »**.

Non seulement l'on constate, dès l'entre-deux guerres, ce réchauffement, mais on croit en déceler la raison ! Depuis la fin du siècle dernier l'usage des combustibles fossiles — houille, puis pétrole — avait pris une dimension planétaire. Il en résultait un accroissement de la teneur de la basse atmosphère en gaz carbonique, et celui-ci agit comme une sorte de vitre qui « piège » la chaleur solaire. C'est ce que l'on appelle l'« effet de serre ». Or, notre activité économique est aujourd'hui telle qu'elle fait monter — actuellement de 1 % tous les deux ans — le taux de ce gaz carbonique. Le coupable était donc trouvé. Était-ce vraiment un « coupable » ? Dans bien des cas, l'économie paraissait devoir profiter de ce que nos climats accusent, ainsi une lente « dérive » vers des formes plus chaudes.

Raisonnement d'une splendide simplicité qui devait s'effondrer avec nos années 60.

Certains avaient fait timidement remarquer que, si la taille des glaciers est *a priori* fortement conditionnée par la température, celle-ci n'est absolument pas un facteur « unique ». Puis, ce fut l'inattendu : certains glaciers,

---

* Vivian R., 1975 p. 243.
** Le Roy Ladurie Emmanuel, 1967 p. 58-101 ; 1983 p. 98-156.

comme celui des Bossons dans le massif du Mont-Blanc, eurent des avancées spectaculaires. Ailleurs, les choses furent moins nettes. Laissant les années passer pour faire la part à une éventuelle « exception », l'on dut se rendre à l'évidence : les températures, de leur côté, plafonnaient, et, dans le plus grand nombre de cas, baissèrent même d'un bon dixième de degré Celsius. Les moissons suédoises des années 30 n'étaient plus qu'un souvenir. A Oxford, d'après H. H. Lamb, la « période végétative »* se serait raccourcie depuis 1950 d'une à deux semaines...

Pourtant, les usines se développent, les villes s'hypertrophient toujours depuis l'arrêt de ce réchauffement. L'homme déverse du gaz carbonique dans l'atmosphère au rythme de quelque 20 milliards de tonnes par an... Et, *pour le moment*, le réchauffement paraît bloqué. — Alors, l'hypothèse doit-elle être retournée ? Cette formidable expansion industrielle et démographique qui est la trame de notre histoire contemporaine aurait-elle été seulement permise, ou accélérée, par un réchauffement dont il faudrait chercher l'origine ailleurs ?**

Bien souvent, dans ces pages, des questions de *causes* et d'*effets* se poseront à nous. Faut-il remettre en cause certaines connaissances ? Certaines techniques ? A coup sûr, un nouveau défi porté au cartésianisme.

Et si l'homme se moquait de la nature ?

Ainsi les physiciens ont-ils du mal à y voir clair dans leur domaine propre. Mais qu'en est-il de l'homme ? Des éventuelles relations entre l'environnement physique et les *environnés* que nous sommes, qu'ont été avant nous nos aïeux ?

Une fois de plus, il nous faut ici déchanter devant des raisonnements trop simplistes. Dès que le météorologue s'intéresse à l'homme — à ses activités, aux sociétés dans lesquelles il s'intègre, à sa vie — il se trouve interpellé par des interrogations de taille. Chose d'autant plus ennuyeuse que depuis deux décennies, l'homme est devenu pour lui une préoccupation dominante.

---

* Définie par des températures moyennes journalières supérieures ou égales à 6° C.

** Le problème du CO_2 atmosphérique sera évoqué à nouveau ci-dessous, chap. 9, p. 190 et 191.

J'évoque simplement deux faits. En ayant recours au langage de nos écoliers, je dirai qu'il s'agit dans un cas d'« histoire » et dans l'autre de « géographie ».

J'ai évoqué l'exceptionnelle qualité de nos vins, millésisme 1921, « due » à la sécheresse. Ailleurs les splendides moissons suédoises des années 30 pendant lesquelles un même soleil faisait mûrir les épis et reculer les glaciers au rythme le plus rapide qu'on leur connût de ce siècle. Belle simplicité. Mais gardons-nous de généraliser.

Que l'Europe se soit « réchauffée » depuis 1850 implique une période antérieure plus froide. Or, que constate l'historien ? L'extension de l'olivier en Haute Provence s'était accrue sans discontinuer depuis la fin du XVIe siècle, *c'est-à-dire pendant la période la plus froide de notre histoire**. A l'inverse, cette culture se replia sur la Basse Provence pendant les décennies au cours desquelles le climat allait devenir de plus en plus chaud ! Vit-on jamais l'homme se mieux moquer de la Nature ?

Non. Mais c'est qu'ici le physicien n'a plus voix au chapitre. Du moins à l'échelle séculaire. Tout repose ici sur les « lois du marché » : extension des oliveraies avec la Renaissance ; repli dû à la concurrence, d'abord des oliviers espagnols et italiens, puis surtout devant les oléagineux d'« Outremer ». Mais gardons-nous de simplifications « tous azimuts ». Le fait que les grands traits de l'histoire des oliviers en France soient déterminés par des considérations économiques ne veut pas dire que dans le détail les contraintes physiques aient été complètement occultées. Si le récent recul coïncide bien avec le réchauffement, ses étapes en ont été marquées par une série de grands froids (le dernier en février 1956) à la suite desquels on jugeait, avec raison, que le remplacement des arbres gelés eût été couteux et vain. Mais des froids similaires avaient été constatés pendant la période d'extansion de l'olivier. Les arbres furent ainsi « gelés à mort » en 1584, 1587, de nouveau en 1595 et 1600. Toute la différence est qu'en cette fin du XVIe siècle l'homme, après chaque accident, réinvestissait dans des plantations alors pleines de promesses.

L'énigme « géographique », maintenant. Elle met en cause non plus une variation dans le temps, mais l'extension actuelle d'un phénomène. L'étudiant est en général surpris quand il est mis pour la première fois devant cette réalité que plus des 6/10e des terres irriguées se localisent dans l'« Asie des Moussons » — l'une des régions du monde déjà la mieux pourvue en

---

* Le Roy Ladurie Emmanuel, 1983, t. I, p. 29.

pluies ! Bien plus, Durand-Dastès nous apprend, dans le cas de l'Inde, que l'irrigation y sera régionalement d'autant plus développée que les pluies y sont localement plus abondantes*.

Certes, l'on trouvera à cet apparent paradoxe bien des explications. L'Asie tropicale conserve toute l'année des températures assez élevées pour y permettre une culture quasi-continue — à condition que la terre puisse être arrosée quand cessent les pluies**. D'autres part, une topographie parfois subtile, mais jamais, négligeable, et des variations plus amples que chez nous des rivières ont imposé une savante maîtrise de l'eau : à côté des terres les plus basses, où la riziculture paraît être issue d'un lent aménagement des marais, de légers reliefs échappent à l'inondation mais ne peuvent porter de récolte que si l'on y amène l'eau. Le tout avec une charge en hommes stupéfiante : jusqu'à 400 jours/an de travail à l'hectare. Une population à la fois nécessaire au maintien d'un rendement minimum indispensable — et qui encourage à une nouvelle extension des cultures vers des secteurs où l'eau sera plus difficile à conduire.

Tout cela est vrai, mais ne dit peut-être pas l'essentiel. Notre étonnement d'« Occidental » devant le monde des rizières provient de tout un héritage culturel, lié à des terres sur lesquelles le grand problème a été de palier une déficience, soit régulière, soit aléatoire, des pluies d'été. Terres aussi de longue tradition culturelle judéo-héllénique, sur certaines desquelles l'Islam posera plus tard sa griffe. Ce monde *est* le nôtre. Il n'est nullement celui de l'Hindou ou de l'Indonésien. Le géographe — ou l'ingénieur — qui visite ces pays doit implanter sa logique propre dans un autre univers mental : celui de peuples qui ont progressivement façonné leurs techniques « autour » de réalités saisonnières qui, au demeurant, sont opposées aux nôtres. Un point sur lequel nous devons beaucoup aux enseignements de Pierre Gourou***, mais sur lequel je ne puis m'attarder ici.

De bien grands faits, que ne peut circonscrire une logique étroitement cartésienne. Nulle part l'homme ne se « moque » de la Nature. Mais celle-ci n'est écoutée qu'à travers une société et une culture, avant même que ne se fassent sentir les contraintes économiques. Notre planète est à « un Monde de mondes », où les climats ont certes leurs saisons. Mais chaque groupe humain un héritage social ; chaque culture sa mentalité.

---

* Durand-Dastès F., 1977, p. 69. — Cette relation tend à s'atténuer légèrement du fait de la mise en service récente des canaux d'amenée à grande distance.

** On sait que les pluies tombent dans ces régions, massivement, pendant l'été du calendrier. La saison sèche s'y étend de novembre à avril-mai, avec de notables variations régionales. Voir ci-dessous, chap. V, p. 97 des précisions numériques concernant les pluies à Bombay et à Calcutta.

*** Voir Dollfus, O. : « Le regard attentif et le regard sélectif : Jean Dresch-Pierre Gourou » *Hérodote*, n° 33/34 (1984), p. 261-268.

La prévision : une « fille de mars »

Prédire le temps...

Un vieux rêve pour l'humanité. Probablement, à l'origine (mais quel philosophe s'est penché là-dessus ?), un tout autre type d'activité mentale que le commentaire de faits dont on avait gardé la mémoire. Entre le passé et l'avenir : un mur, dont on a longtemps cru qu'on ne pouvait le franchir sans entrer dans le domaine de la religion, ou de la magie.

C'est progressivement que l'on a vu la prévision « prendre conscience » de son objet et s'identifier par rapport à la sorcellerie. Ceci à des dates et selon des formes variant selon les cultures. Si nous nous en tenons à l'Occident, il fallut attendre le XIIIe siècle pour voir les théologiens distinguer un domaine physique dans lequel des relations de « causes à effets » peuvent exister (ce qui autorise la prévision) et un domaine « humain » où l'existence même de telles relations est récusée, car elles interdiraient le « libre arbitre ». Un curieux texte de saint Thomas — la « *Lettre au frère Réginald sur ce qui est permis en fait d'astrologie* » — est fort explicite sur ce point[14].

Deuxième obstacle théorique que la prévision avait à franchir : se démarquer des actes occultes par lesquels certains hommes pouvaient se flatter d'influer sur « la suite des événements ». *Prévoir n'est pas pouvoir* : mais allez expliquer cela à nos aïeux du XVIIe siècle ! En Angleterre, une loi de 1677 prévoyait le bûcher pour « les faiseurs de pluie et prophètes du temps ». Le parlement l'abrogea en... 1959* si bien que les prévisionnistes anglais de la Seconde Guerre mondiale — dont je vais être amené dans quelques pages à relater l'un des hauts-faits — auraient dû être encore passibles de la peine de mort ! Le vote de 1959 fit la joie des humoristes. Mais l'autonomie de la prévision ne devait se confirmer qu'au « Siècle des Lumières ». Elle impliquait en fait deux postulats : l'existence d'un domaine physique, délimité, soumis à des lois accessibles à notre entendement (saint Thomas...) et la conscience que les forces physiques en jeu elles-mêmes dans ce domaine se situaient, par leur ordre de grandeur, en dehors de toute intervention possible de l'homme.

D'un autre côté, l'atmosphère n'était pas considérée, en ces temps loin-

---

* *Bull. Inform. Météor. Nat.* n° 55 (1982), p. 34.

tains, comme un élément bien distinct du domaine « astral ». Orages et arcs-en-ciel, éclipses et comètes sont longtemps restés dans le subconscient du plus grand nombre des phénomènes du même ordre. La prévision correcte des éclipses, dès l'antiquité, ne pouvait qu'induire nos ancêtres dans l'espérance trompeuse d'une prévision similaire des « météores ».

Ces obstacles surmontés, ce que j'appelerai la prévision « mécaniste » du temps* s'est, à travers l'histoire « contemporaine » des historiens, développée en deux temps.

Jusque peu après 1850, la prévision est conçue comme une extrapolation, *pour une station donnée*, du passé vers l'avenir immédiat. Elle s'appuie sur l'observation de l'atmosphère (ou mieux sur des observations consécutives), pour « pré-voir » la situation immédiatement ultérieure, compte tenu de l'expérience acquise de l'évolution du temps en ce lieu et d'une certaine conscience de l'inertie qui intervient parfois dans les changements d'états de l'atmosphère. Tout change brusquement d'allure en 1855 : l'année précédente, le 14 novembre, une violente tempête avait jeté à la côte, près de Sébastopol, de nombreux navires de la flotte alliée (c'est-à-dire franco-anglaise). Le Verrier eût la chance de pouvoir montrer que la même tempête avait sévi trois jours plus tôt sur les côtes de France et en suivre le parcours à travers l'Europe. Très bien introduit auprès de l'Empereur il sût faire admettre au gouvernement que l'occurrence de certains faits météorologiques graves pouvait, dans certains cas favorables du moins, se réduire à des problèmes d'information et de transmission. Outre un contexte événementiel favorable — la guerre de Crimée — Le Verrier bénéficia de la mise en service, toute récente, du « télégraphe électrique » entre la plupart des capitales européennes. Dès le 19 février 1855 Le Verrier présentait à l'Académie des Sciences une « carte du temps » figurant la situation, en Europe, le matin même. Un « Service d'avertissement des tempêtes » fût créé en France au ministère de la Marine, exemple que devaient suivre l'Angleterre, les Pays-Bas, l'Espagne...

J'aime à insister sur ce « pas » de l'histoire de nos Sciences. Notre enseignement (et notre édition) le passent sous silence. Ouvrez un dictionnaire : vous y verrez, à l'actif de Le Verrier la découverte de Neptune en 1846, la première de ces planètes dont l'existence a été prouvée par le calcul avant qu'on ne les observât. C'est garder les perspectives de nos aïeux, pour lesquels la mécanique céleste était la branche la plus noble des mathémati-

---

* Le sens de ce qualificatif sera précisé plus bas chap. 9, p. 187.

ques. Certes, notre homme y excella. Mais peut-être est-ce faire bon marché du fait qu'il y a aujourd'hui quelques dizaines d'astronomes, au plus, à se préoccuper de l'existence de Neptune. Et un demi-milliard d'hommes sur la planète dont l'activité est de quelque façon conditionnée par des « cartes du temps » que l'on doit à la sagacité et aux initiatives de l'un de nos grands compatriotes.

Depuis plus d'un demi-siècle le progrès continu des télécommunications, en attendant la mise en service des satellites et le développement des stations automatiques devaient définitivement faire de la prévision, non plus cette extrapolation dans le temps de données ponctuelles, mais l'étude de déplacements, de transformations, de « perturbations » de formes spatiales. Dès 1896 un précurseur, Van Bebber, avait imaginé de mettre de l'ordre dans les « types de temps » en les classant selon les trajectoires des dépressions.

La plupart des Services météorologiques nationaux actuels font remonter leur création à quelque épisode malencontreux de la Première Guerre mondiale. Ainsi, la prévision, issue elle-même d'un fait de la Guerre de Crimée, s'est-elle dévéloppée dans des cadres guerriers successifs. Comme tant d'autres de nos techniques, elle est fille de Mars...

A dire vrai, la nécessité d'un service unique ne se fit pas sentir d'emblée. Chaque arme travaillait dans son domaine, au coup par coup. La marine disposait déjà de ses « avertissements.... L'armée de terre reçut, courant 1915 en France, un équipement d'observation et de prévision des vents dans les secteurs du front où les tristes « gaz » faisaient leur apparition. Puis, ce furent les besoins de l'observation aérienne qui firent prendre conscience de la nécessité d'une prévision du couvert nuageux. A la fin de 1915, l'échec de l'offensive de Champagne fit ressortir l'urgence d'une prévision globale des conditions atmosphériques. L'événement décisif eût lieu le 5 mai 1916 : ce jour-là, une rafale d'ouest fit rompre leurs câbles à une vingtaine de ballons d'observation (les fameuses « saucisses ») qui allèrent se perdre chez l'ennemi. Le 22 octobre, une décision ministérielle portait création du Service météorologique aux Armées*.

S'il est impossible de porter un jugement sur le *fait* météorologique qui aurait été le plus important de l'histoire, l'unanimité se fait, chez les spécialistes, sur la *prévision* dont les conséquences historiques ont été sans doute les plus spéctaculaires.

---

* D'après Sanson J., 1955.

C'était pendant la Seconde Guerre mondiale.

Dès la mi-mai 1944, le général Eisenhower avait fixé au 5 juin le « jour J » du débarquement de Normandie*.

Toute la fin du mois, le temps devint exécrable. Au point que le 4 juin — la veille même du jour prévu — la pression barométrique tombait, au nord de l'Écosse, à 977 mb, la valeur la plus faible observée au cours des cent dernières années !

L'opération devenait une partie de poker avec le baromètre. Jamais un service météorologique ne s'était trouvé placé devant une telle responsabilité. Averti de l'aggravation imminente du temps dans l'après-midi du samedi 3 Eisenhower réunit son État-Major le 4 à 4 heures du matin et, sur avis du Chef du Service météo, Stagg, le jour J reporté du 5 au 6.

En fait ce mauvais temps continu — le temps « perturbé d'Ouest » avait été prévu, de leur côté, par les Allemands. Il contribua à endormir leur vigilance. Rommel, persuadé que rien ne pourrait se passer de plusieurs jours, partit pour l'Allemagne. Le problème était, pour les alliés, de profiter d'une accalmie passagère (due à ce que les météorologues appellent un « front froid »). Calcul d'autant plus valable que les Allemands pouvaient prévoir l'évolution générale du temps (grâce à des observations clandestines faites, notamment au Groënland), mais ne possédaient pas (et pour cause) sur l'Atlantique d'informations assez denses pour permettre une prévision fine.

D'une façon générale, il est toujours plus difficile de prévoir une amélioration, un « répit » dans le mauvais temps que la brusque venue d'une tempête. Le 3 au soir, Stagg ne prévoyait encore le passage de ce fameux front froid que pour le mercredi 7. Mais, dans la journée du 4, les prévisions furent révisées dans le sens d'une accélération. En fait, le front attendu traversa la Manche dès la fin de la nuit du 4 au 5. Mais toute la journée du 5 — point sur lequel la prévision fut réalisée avec éclat — le vent souffla à plus de 4 Beaufort (limite fixée pour les opérations proprement dites de débarquement) ; et ce furent enfin la nuit du 5 au 6, ainsi que la matinée du 6, qui constituèrent le « créneau » où l'opération pouvait être raisonnablement lancée.

Dans l'après-midi du 6, la pluie devait refaire son apparition ici ou là...

Je ne prolonge pas cette brève esquisse d'une histoire de la prévision « météo » au-delà de cet épisode fameux. On reste stupéfait devant ces prévisions fines faites à une époque où l'on disposait encore, ni des moyens

* D'après Dettwiller J., 1982.

du calcul électronique, ni des satellites. Ce serait à peine faire preuve d'humour que de prétendre que, d'une certaine façon, la Seconde Guerre mondiale marque tout juste le terme de la préhistoire...

Certes, dans l'une des pages qui précède, j'ai décrit des formes beaucoup plus récentes de la simple *observation* des pluies. Mais les problèmes de la prévision moderne sont d'une autre nature que ceux qui relèvent du progrès technique proprement dit. Il s'agit de problèmes de connaissance. L'on a pris nettement conscience de ce que les océans, et à un moindre degré les inlandsis, étaient des « partenaires » de l'atmosphère. Que la physiques des « fluides » terrestres était un tout, avec ses équilibres et ses cycles (le « stockage » d'une partie de l'eau sous forme de glace n'en constituant qu'un élément). Que l'homme pouvait à son tour agir sur ces équilibres en même temps que c'était à la société de définir elle-même ce qu'elle attend d'une plus grande connaissance des climats (en temps de paix. Car les impératifs d'un débarquement constituent un cas limite...). Aussi est-ce dans les derniers chapitres de cet ouvrage que je pourrai revenir sur quelques aspects de la prévision en 1986*.

Mais le lecteur se sera peut-être posé cette question : voilà quarante pages que je bavarde de la pluie et du beau temps, parlant tantôt de « météo », tantôt de *climats*, sans que j'aie pris soin de dire si ces deux mots se rapportaient au même objet.

Météorologie ? Climatologie ?

Le premier de ces mots est vénérable. Le mot *météore* se rencontre sous la plume d'Aristote, de Bacon, de Descartes. Les services qui, dans chaque État, puis au niveau international, ont en charge l'étude de l'atmosphère et des effets : de toute nature que celle-ci induit sur la planète sont des Services *météorologiques*. En 1873 se crée l'*Organisation météorologique Internationale* qui, en 1950, se qualifiera de « Mondiale ». L'O.M.M. a dès lors le statut d'Agence gouvernementale de l'O.N.U.

Le Climat ? Le mot fait une entrée discrète dans le vocabulaire. Et dans trois directions dont la convergence ne s'imposera que lentement. Tantôt il évoque une zonation sommaire du globe (climats froids, tempérés et chauds) : c'est là le sens étymologique. Tantôt la résonance est médicale :

---

* Chap. 9, p. 186 à 190.

la tradition hippocratique (l'un des plus vieux périodiques de la Faculté de Médecine de Paris n'a-t-il pas pour titre *Annales d'Hydrologie et de Climatologie* ?). Enfin, le climat est « l'ensemble des éléments météorologiques qui caractérisent l'état moyen de l'atmosphère au-dessus d'un lieu » (Hann, 1910). Concept ponctuel qui explique que les géographes aient longtemps décrit « des » climats avant de parler *du* climat.

L'imbroglio des mots se noue quand, vers 1960-1970, les météorologues attachèrent une attention croissante à l'impact de l'atmosphère sur l'homme — individu et société. Les affirmations abondent, et dans les bouches les plus autorisées, notamment dans le cadre de la commémoration, à Genève, en 1973, du centenaire de l'Organisation Internationale. En 1979, l'O.M.M. réunit, à Genève encore, une conférence *On Climate and Mankind.* Deux ans plus tard, cette organisation regroupait ses objectifs autour de sept programmes dont trois intéressent notre environnement. Ainsi existe-t-il une terminologie officielle qui « inclut » dans la météorologie, la Climatologie des botanistes, des géographes, des techniciens de l'environnement. Un élargissement de la « météo » qu'ont déploré les physiciens eux-mêmes : E. Bernard parle de « misfortune that the expression « météorogoly » should be used, even by specialists, with two different extensions of meaning »*.

Météorologie ? Climatologie ? Des mots dont des définitions ne pourraient être proposées que par un historien des Sciences, et en fonction de contextes bien précis. On ne peut espérer qu'un *consensus* formel s'établisse pour l'immédiat dans leur emploi. Mais après tout, cette terminologie équivoque ne serait-elle pas l'un des meilleurs exemples qui se puissent donner de la vanité qu'il y a pour l'homme de prétendre cloisonner la connaissance ?

---

* Allocution au Congrès cité de Genève en 1973.

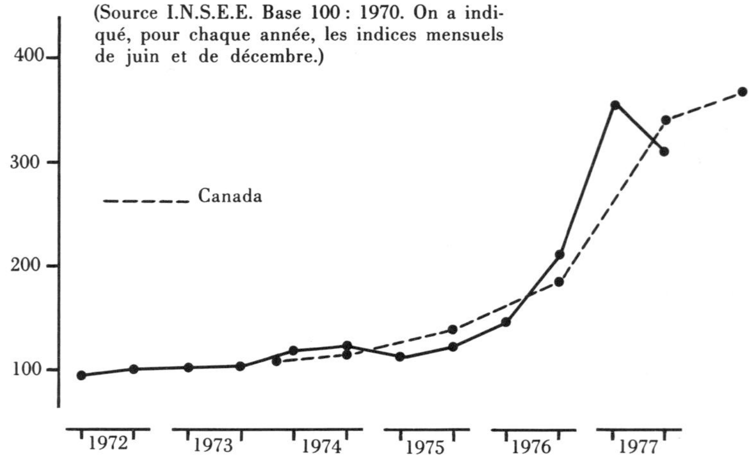

Fig. 1. — *L'« envol » des prix du café à la suite d'un accident climatique ayant affecté le Brésil.* (Données canadiennes dues à l'obligeance de M. M. Gaudry.)

Qui aurait dit, en 1975, que d'un continent, d'un hémisphère à l'autre, le chèque que vous laissiez chaque semaine à votre supermarché puisse subir le contre-coup d'une gelée survenue à dix mille kilomètres de chez vous et qui ne devait même pas durer toute une nuit ?

Pourtant, le 17 juillet une « goutte » d'air froid envahissait les États de Sao Paulo et du Parana, au Brésil. Pour ce dernier, la production de café, qui avait été de 477 000 tonnes en 1974 s'effondrait pour 1975 à... 264 tonnes (sic)* ! La récolte de l'année ne devait pas être seule en jeu. Il y eut dépérissement des pieds. Des phénomènes spéculatifs aidant, les prix flambèrent dans tous les pays développés. En France, le prix de détail du café se trouva multiplié par deux et demi en moins de deux ans.

De bien lourdes conséquences... Et pourtant, le thermomètre n'était descendu nulle part, cette nuit-là, en dessous de *moins deux degrés centigrades,* et la gelée n'avait pas duré plus de six heures...

---

* Fukui, H. « Climatic variability and agriculture in tropical moist régions », *World Climate Conference*, Genève, 1979, p. 426-474.

Chapitre 3

SOLEIL ET VENT : CES MÉCONNUS

Ouvrez un quelconque ouvrage traitant du climat : vous y trouverez des chapitres portant l'un sur la radiation solaire, les autres sur la température ou sur la pression atmosphérique. Des vents encore, puis de la nébulosité et de la pluie... Bref, une approche « analytique ». Certains de ces *éléments* du climat sont directement sensibles à l'homme ; d'autres ne sont étudiés que dans la mesure où ils conditionnent l'équilibre toujours mouvant de l'atmosphère.

Températures et « précipitations atmosphériques » sont de loin les données les plus souvent citées. On s'appuie sur leurs valeurs pour dire qu'un climat sera « chaud et sec », ou « frais et pluvieux ». Je renvoie à leurs sujets aux manuels : ils sont nombreux*. On est par contre plus discret sur le soleil et le vent. Il s'agit là de phénomènes difficiles à mesurer, de mesures officielles à interpréter.

Pourtant, leurs rôles sont essentiels.

* Par ordre chronologique : Péguy Ch. P., 1961 (rééd. 1970). — Estienne P., Godard A., 1970. — Hufty A., 1976. — Pinna M. 1977. Les ouvrages plus récents présentent un caractère moins analytique.

Le soleil

Lors de l'exposition universelle de Paris de 1878, une *Gazette de l'Exposition* paraissait chaque jour. On l'achetait, bien sûr. On venait surtout la voir imprimer : l'une des rotatives était mue par un « moteur solaire » dont la chaudière recevait les rayons de soleil réfléchis par un miroir parabolique de cinq mètres de diamètre.

Les « énergies nouvelles » de nos écologistes ne le sont bien souvent que du fait d'une certaine ignorance du passé.

Il est pourtant loin, le « père Hélios » ! Cent cinquante millions de kilomètres. A cette distance, et compte tenu de « notre » petite taille, la Terre intercepte approximativement un *demi-milliardième* de l'énergie qu'il rayonne dans l'Espace, Proportion infime mais qui suffit à entretenir les mouvements de l'atmosphère, des océans, et à faire du soleil le moteur du « cycle de l'eau ».

Source d'énergie, mais également source de vie. Par le biais de la photosynthèse. A ce titre, le charbon ou le pétrole, restes de végétaux ou d'animaux ayant bénéficié en leur temps de l'assimilation chlorophyllienne, ne sont à tout prendre que du « soleil capitalisé » depuis quelques millions d'années. La houille blanche ? Mais, sans le soleil, pas d'évaporation, donc pas de pluies. Aussi, quand l'homme se trouva amené par la pénurie des produits pétroliers à envisager l'exploitation directe de l'énergie solaire, les écologistes eurent-ils beau jeu de rappeler que la plupart des énergies « classiques » n'étaient que du solaire indirect, ou différé*.

Le soleil, c'est enfin pour le citadin en vacances l'absence de pluie ou de nuages qui lui permettra de profiter de l'image, assez conventionnelle, qu'il se fait de la « Nature »[15]. Dans tous les cas, on le mesure en heures (on dit des « heures d'insolation »). On en fait des moyennes (bien sûr). Les Flamands doivent se contenter de moins de 1 600 heures de soleil par an. Mais la barre des 3 000 heures est le rêve (pas toujours la réalité) de tous les clubs de vacances. Un paramètre climatique qu'il faut savoir maîtriser avec soin si on veut en faire autre chose qu'un slogan.

Ces durées d'insolation se mesurent à l'aide d'appareils dont le principe est simple : les *héliographes*. On les charge chaque jour d'un papier photosensible lent sur lequel le soleil, lorsqu'il brille, laisse une trace mesurable en heures et dixièmes. Mais ces « heures d'insolation » ne constituent pas,

---

* Ne seraient à exclure de ces énergies « indirectement solaires » que l'énergie géothermique, l'énergie des marées et celle liée à la structure de l'atome.

en elles-mêmes, un descripteur climatique. Elles dépendent certes de la nébulosité, mais tout autant de la longueur du jour, affaire de saison et de latitude. Seuls sont significatifs les totaux annuels[16]. Pour des périodes de temps plus courtes, il convient de s'attacher aux *Rapports d'insolation*, rapport entre le cumul des durées d'insolation observées et celui de la longueur des jours.

Mais à durées égales (ou à rapports égaux) d'insolation l'énergie que nous apporte le soleil varie considérablement selon les saisons. Pour une heure donnée — par exemple 10 h du matin — le soleil est d'autant plus chaud que le jour se trouve être, par ailleurs, plus long. C'est ce qui explique entre autres ce fait, bien connu des montagnards, que la disparition d'une couverture neigeuse est d'autant plus rapide que son maintien avait été anormalement prolongé.

Durée d'insolation et « efficacité »* de celle-ci se multiplient en quelque sorte l'une par l'autre durant toute l'année. Ainsi le soleil nous apporte t-il plus de chaleur l'été que l'hiver. Voici le cas de Toulon : l'énergie fournie par le soleil y est à peu près *cinq fois plus élevée* en juillet qu'en décembre. C'est le double effet, l'été, d'une nébulosité plus faible et de journées beaucoup plus longues. Ces deux facteurs se trouvent ici avoir le même « poids »[17].

Les nuages remplissent enfin, assez logiquement, une fonction symétrique : toute l'énergie qu'ils ont « interceptée », et qui ne peut ainsi atteindre la surface, est « réfléchie » vers l'Espace**.

Tout ce rayonnement, en dehors des épidermes en quête de bronzage, qu'est-ce que le globe, qu'est-ce que nos sociétés en font ?

C'est lui qui assure en premier lieu, l'*évaporation de l'eau*, soit sur des surfaces d'eau libre, soit par l'intermédiaire des végétaux qui sont de véritables « mèches » d'évaporation. Et cela fait de la Terre une chaudière immense : *mille milliards de tonnes d'eau d'évaporation chaque jour* ! Très tôt, les agronomes qui étudiaient les « besoins en eau » des cultures ont découvert que ceux-ci croissaient avec la température, certes, mais bien davantage avec le rayonnement absorbé : pour la planète entière, celui-ci constitue le combustible du « moteur agricole ». Mais, comme pour toutes les chaudières, il faut que le ravitaillement en eau aille de pair avec celui du com-

* Le terme exact est *éclairement énergétique moyen* dont l'unité est le watt par mètre carré $W \cdot m^{-2}$.

** Je reviendrai ci-dessous (chap. 7, p. 134 et 135) sur quelques effets de cette réflexion.

bustible. Dès 1948, Penman proposait une excellente évaluation analytique de l'évaporation de toute nature, puis de la valeur maximale que celle-ci pouvait atteindre dans l'hypothèse d'un ravitaillement optimal en eau des surfaces évaporantes[18]. Avant lui sans doute des hydrologues (Wundt, Coutagne) avaient employé l'expression de « pouvoir évaporant de l'atmosphère » : concept offrant le grave inconvénient, à mon sens, de ne pas mettre l'accent sur l'origine précisément extra-atmosphérique de l'énergie mise en jeu. D'autres, dont Turc (1961) aboutissaient à des résultats similaires en prenant pour base de calcul les rapports d'insolation : l'avantage en était de pouvoir exprimer les besoins en eau pour tous les points où un héliographe est en service. Ils sont bien plus nombreux que ceux où l'on mesure effectivement la radiation elle-même.

— Et le Soleil au service de l'homme ?

— Tous ceux qui se sont essayés à maîtriser directement le « solaire », dans les belles années de l'écologie naissante... et des « chocs pétroliers » savent combien les choses sont simples... à l'échelle expérimentale (et encore, petite !).

Aujourd'hui, restent des applications très spécifiques (fours solaires atteignant de très hautes températures, piles « photo-voltaïques » pour les engins spatiaux et des navires de petit tonnage). Mais on doit prendre acte de l'échec des grandioses projets de « centrales hélio-électriques ». Une réalisation expérimentale réduite (THEMIS, collaboration C.N.R.S.-E.D.F.) a dû être abandonnée en 1985 : elle consommait plus de courant qu'elle n'en produisait elle-même !

Réussite par contre, mais limitée, en ce qui concerne l'utilisation *domestique* de l'énergie solaire. Des techniques relativement simples permirent en premier lieu la fourniture d'eau chaude sanitaire. Mais le chauffage des immeubles posa rapidement le problème en termes d'urbanisme. L'usage des panneaux, aussi judicieusement placés fussent-ils, ne suffit plus. C'est l'immeuble tout entier, voir l'îlot, qui doit être considéré comme un « bloc », apte à capter les radiations, tout en réduisant le rayonnement qu'il réemet lui-même. On se protège du vent, qui aggrave la déperdition de chaleur. Volume de l'habitat, exposition au soleil et isolation thermique relèvent d'une même réalité physique. On ne parle plus de chauffage solaire, mais *d'habitat, d'architecture, d'urbanisme solaires.*

Et cela, pendant qu'aux îles grecques, et sous tant d'autres cieux, les bourgs sont des amas de cubes tout blancs qui réfléchissent vers l'extérieur un soleil dont on n'a que faire...

Le vent

Au premier abord, le vent offre à l'homme deux visages opposés. Celui d'un fléau destructeur, et celui d'une force qu'il est parvenu à mettre à son service.

Le vent destructeur, c'est d'abord un vent qui doit sa violence à sa vitesse, (les 300 km/h ont été mesurés...). En Europe même les 150 km/h sont atteints presque tous les ans sur l'un ou l'autre secteur du littoral atlantique. Ce sont là des vitesses de « pointes » — des *rafales* — une réalité sur laquelle j'aurai l'occasion de revenir. De tels ouragans ne vont pas sans victimes, non seulement par naufrages, mais même à terre : 45 victimes, le 16 janvier 1974 pour l'ensemble de l'Europe occidentale.

Les dégâts matériels peuvent se révéler importants, même à l'intérieur des terres : les 7 et 8 novembre 1982, dix millions de mètres cubes de bois furent abattus par le vent en France. Pour l'ensemble de la région Auvergne, les destructions ont atteint le 1/10e de la superficie boisée.

Ceci, pour les ouragans.

A l'opposé, le vent a apporté ses bienfaits à l'homme bien avant que celui-ci n'apparaisse sur la planète. Les plus fertiles terres du globe sont faites de *loess* , sorte de fin limon riche en particules calcaires épandues, non par quelques cours d'eau, mais par les grands vents qui soufflaient des glaciers quaternaires vers leurs pourtours. C'est à la traversée des moraines, ou des plaines situées à l'aval de celles-ci, que le vent se chargeait de ces poussières, sous la forme très fine d'*aérosols.* Ce mécanisme s'est considérablement affaibli, mais joue toujours. Des aérosols minéraux parviennent encore des grands déserts. Ils s'égarent parfois jusqu'en nos régions et l'hiver, suffisent à colorer en ocre certaines couches de neige. S'y ajoutent de fins débris végétaux, riches en matières organiques. Et, enfin, des aérosols marins de divers types. Ces aérosols se « précipitent » avec les pluies et peuvent donner parfois plus d'un gramme de matière fertilisante par mètre carré et par an*. Le malheur est que l'agriculture date de six à sept mille ans. Et que les « sols » qui la portent se sont formés et lentement enrichis au cours de peut-être 150 millénaires.

De cela, géologues et agronomes ont seuls conscience. Tout le monde, par contre, pense au vent comme à une force motrice dont les hommes,

* Labeyrie J., 1985, p. 45-49.

au fil des siècles, ont tour à tour utilisé les possibilités avec un art consommé, ou au contraire totalement négligé les ressources. Quoi de plus raffiné, à l'apogée d'une certaine civilisation, qu'un « Trois-Mâts » des années 1880 ? Les progrès de la marine à voile allaient se poursuivre jusqu'à la fin du XIXe siècle pour les navires marchands, jusqu'à nos jours pour les voiliers de compétition et les navires-écoles de certaines marines étrangères.

On ne sera pas surpris d'apprendre, dans ces conditions, que le vent ait été le premier « fait » climatique à avoir été étudié, et surtout cartographié. Dès 1668 Edmond Halley avait publié dans les *Philosophical Transactions* une carte des vents dominants sur les océans aux basses latitudes. La plus ancienne « Carte climatique » connue. Un siècle et demi plus tard, et c'est l'Américain Maury qui commence la publication de cartes, mais cette fois de *fréquences* des vents sur les océans. Ce terme, ce concept de « fréquences » va nous devenir vite familier. Les résultats furent spectaculaires. Dès 1848 un capitaine américain parti de Baltimore et se conformant aux indications portées sur une carte de Maury coupait l'équateur après 24 jours de navigation. La durée moyenne de ce parcours avait été jusque là de 41 jours. Mais la grande révolution concerna les relations entre l'Angleterre et sa colonie australienne : les navires qui étaient allés à Londres à Sydney en revenaient, non sans peine, par la même route — celle du Cap — affrontant des vents et des courants qui leur étaient contraires dans tout l'Océan indien. Maury montra que le chemin de retour le plus logique — quoique le plus long — de Sydney à Londres était la voie du Pacifique austral et du Cap Horn. L'aller et retour se transformait en un voyage de circumnavigation. C'est de Maury que date ainsi la grande tradition des « Cap-Horniers ». Comme des gains de détail étaient réalisés sur le voyage aller par le choix d'un itinéraire plus judicieux, le voyage Londres-Sydney et retour, qui exigeait 250 jours avant Maury, n'en demandait plus « que » 135 après lui.

Dira-t-on que la mise en oeuvre pertinente d'observations météorologiques ne sert à rien* ? Un document de 1858 chiffre à cette date à cent cinquante millions de dollars les économies déjà réalisées par l'ensemble du commerce international grâce aux *Pilots charts*. Mais, qui connaît aujourd'hui seulement le nom de Mathew Maury, le plus grand américain sans doute du XIXe siècle, après Abraham Lincoln, son contemporain ?

---

* Observations faites ici en mer. On doit relever comme remarquable que dès les années 1840, plusieurs pays aient accepté de mettre les documents de leurs propres navires à la disposition de l'Amirauté américaine et admirer la méthode et la patience grâce auxquelles de tels dépouillements ont pu être effectués un siècle avant l'ordinateur.

Sur terre, l'énergie du vent a été utilisée pour tracter, ou tenter de tracter, les véhicules les plus inimaginables (on cite le char à voile d'un pharaon de la XIIe dynastie !), mais surtout pour actionner des moulins destinés ici à la mouture des grains, là au pompage de l'eau. Connu dès l'Égypte ancienne, puis dans l'Inde et en Chine, le moulin à vent devait faire une apparition tardive dans « notre » Europe. Mais dès le XVe siècle, il s'impose en Hollande pour l'assèchement des polders. Deux siècles plus tard, ce sont probablement par dizaines de milliers que les moulins à vent se comptent en Europe. Mais le déclin fut ensuite brutal, comme chaque fois que l'évolution économique permettait à une industrie de concentrer son activité*. Utilisant des chutes d'eau, parfois déjà la houille, des minoteries industrielles prenaient le relais. Et le moulin d'antan ne subsistera guère que là où l'énergie sera nécessaire strictement sur place : pour le pompage de l'eau dans les polders et pour les minoteries dans les petites îles, d'où il serait plus coûteux d'exporter du grain que de la farine : à Mykonos, les moulins à vents, toujours fonctionnels, font prendre patience aux touristes qu'une mer trop grosse a empêchés de débarquer à Délos.

Et pourtant, l'homme n'a jamais cessé de subir le prestige du vent comme celui d'une force fantasque, mais gigantesque. Eole. Un dieu que l'on cherche une occasion de maîtriser. Et il s'en présenta. Dans les années « 20 » les « éoliennes » devinrent vite un trait familier du paysage rural au Danemark, aux États-Unis, dans la Pampa. En France même, elles palliaient la lenteur de l'« électrification des campagnes ». Partout l'éolienne, précédant la ligne à haute tension, contribuait à atténuer l'écart de mode de vie qui se creusait entre la campagne et la ville.

Le vent intervient encore dans notre environnement atmosphérique en assurant un brassage de l'air qui renouvelle constamment les particules au contact de l'eau, soit des végétaux, soit des épidermes des organismes supérieurs. Les conséquences en sont de deux ordres.

L'évaporation tend en effet toujours vers une limite qui est la *saturation* en vapeur d'eau de l'air au voisinage de la surface évaporante. Si cet air est renouvelé en permanence par de l'air plus sec l'évaporation tend à se poursuivre. Dès 1953, Turc estimait que, pour un vent dont la vitesse serait le triple de la moyenne d'un mois donné, l'évaporation serait accrue de 50 à 55 %[19]. La dissymétrie des arbres, que l'on note dans les régions de vents violents à direction dominante — cas fréquent sur les littoraux —

* Le développement de l'irrigation a fait réapparaître l'éolienne dans nos campagnes, mais cette fois pour le pompage de l'eau, et à l'écart des sites d'habitat.

s'explique moins par des processus « mécaniques » que physiologiques : effets des embruns salés, mais aussi déshydratation des sections de l'arbre recevant le vent de plein fouet. La végétation réagit par une fermeture des stomates* exposés au vent, ce qui ralentit la photosynthèse.

Le bilan de l'action du vent sur l'agriculture a été souvent établi, notamment pour le Rhône moyen par P. Dubesset. Bilan complexe, mais fait de contrastes plus que de nuances. Le vent atteint l'été à Montélimar des *moyennes* voisines de 5 m/sec — un chiffre qui n'est dépassé ailleurs en France que sur certains littoraux ou en montagne. Un tel vent contribue à entretenir une évapotranspiration élevée, tant en ce qui concerne la végétation elle-même qu'au niveau de l'humidité superficielle du sol. Mais, nuisible l'été, ce même vent *du nord* offre, l'hiver et au printemps des aspects bénéfiques. Le brassage de l'air contribue fortement à réduire le nombre de gelées, surtout tardives. Bien plus, la sécheresse même, que le vent contribue à entretenir, « rend les organes sensibles des végétaux capables de supporter des gelées plus fortes que celles qu'ils seraient à même de subir sans dommage dans une atmosphère plus humide » (P. Dubesset). On a vu des abricotiers en fleurs supporter trois gelées nocturnes consécutives de − 4° C sans que la récolte s'en trouvât compromise, mais ceci par vent du nord *très sec.*

L'étude fine de notre environnement atmosphérique n'en est pas à un paradoxe près pour qui se contenterait de raisonnements trop simplistes.

Tout autre effet du brassage de l'air : le vent accroît l'effet de *refroidissement* que ressent un organisme vivant astreint à conserver une température interne constante. On sait que l'homme en est un. Ce maintien d'une température interne constante, et spécifique de l'espèce est la « thermorégulation ». On doit principalement à Max Sorre d'avoir étendu ce concept, issu de la biologie, aux sciences de l'homme et de la société.

On dit souvent — et c'est exact — qu'un homme exposé à une température de − 3°C dans un courant d'air de 15 m/sec (environ 55 km/h) connaît une même sensation de froid que par une température de − 20° C en air calme. Il ne s'agit pas là en fait d'une « sensation », mais d'une *réalité physiologique.* Le vent entraîne en effet un renouvellement constant et rapide de la mince pellicule gazeuse que réchauffe le contact de la peau. La thermorégulation exige dès lors une plus grosse demande d'énergie.

* Ouvertures situées à la surface des feuilles, plus nombreuses dans la plupart des espèces à la face inférieure de celles-ci.

L'expression correcte du « froid » que nous ressentons n'est donc pas une *température*, mais une quantité d'*énergie* que notre organisme doit fournir par unités de temps et de surface de notre épiderme*. Il existe une « géographie du refroidissement », celui-ci étant, soit mesuré à l'aide d'appareils *ad hoc* (biothermomètres, catathermomètres — appareils peu nombreux et mal standardisés), soit estimé à l'aide d'expressions analytiques mises au point par divers auteurs.

Comme on le voit, le vent n'est pas seulement l'expression d'une « circulation atmosphérique » qui nous apporte ici le soleil, là les nuages : c'est en lui-même un « élément du climat », avec lequel l'homme doit vivre.

Une question de rythmes...

La radiation solaire et le vent sont des *variables météorologiques*[20].

Comme le seraient les pluies ou les températures. Un mot savant, mais qui dit bien ce qu'il veut dire : d'un mois, d'un jour, d'une minute à l'autre parfois les valeurs observées « varient ». Mais selon des « rythmes » qui diffèrent du tout au tout selon le fait considéré.

L'insolation ? Nous avons vu, à Toulon, comment des conditions astronomiques, qui se répètent immuablement d'année en année, se renforcent du rythme également saisonnier des nuages pour y assurer l'été un soleil « plus chaud » que pendant l'hiver.

Les rythmes du vent se situent à de tout autres échelles de temps. L'essentiel est là l'existence de *grains* ou, plus brèves encore, de *rafales* dont la brutalité peut être inouie**. On cite le cas du 1er juin 1908 où à Kew (près de Londres) un anémomètre enregistreur monta presque verticalement de 16 à 95 km/h. On estime que des vitesses instantanées qui seraient mesurées systématiquement de trois en trois minutes, un jour de tempête, ne représenteraient guère plus de 40 % du maximum absolu observable pendant ce laps de temps. Les mesures publiées disponibles ne sont en général (sauf précision contraire) que des moyennes, calculées par l'anémomè-

* On utilise encore souvent le *langley* (calorie par centimètre carré. abr : *ly*) et le langley par minute, quoique le calorie ne soit plus une unité légale d'énergie en France. Un seuil critique est constitué par le risque d'apparition du gel de la peau : environ 2 400 ly · min^{-1}.

** Record mondial probable : 372 km/h au Mont Washington (U.S.A.) le 12 avril 1934. — En France, au cours de la récente tempête de la nuit du 16 au 17 octobre 1987 : 220 km/h en « pointe » à Granville.

tre lui-même, portant sur trois, quelquefois dix minutes consécutives. Or, ce sont ces vitesses maximales, même si elles ne sont soutenues que sur des temps très courts qui font courir un danger au voilier ou mettent en péril les « tours » de l'urbanisme d'aujourd'hui*.

J'ai évoqué plus haut les « éoliennes ». Cette forme de production d'électricité subit les astreintes de ce rythme du vent, mais en tire le meilleur profit. Certes, la grande variabilité de la force du vent en des temps très brefs impose de placer à l'aval des éoliennes une batterie d'accumulateurs qui servira de « tampon ». Mais si l'accumulateur est nécessaire, une capacité relativement modeste s'avère suffisante. Le vent est en effet remarquable par les faibles variations qu'il accuse d'une semaine à l'autre, *a fortiori* d'un mois à l'autre. Une comparaison du vent et du soleil est ici très significative : les moyennes mensuelles relevées par Angot à la Tour Eiffel n'ont présenté comme valeurs extrêmes en vingt ans que 5,6 et 15,6 m/sec, soit dans un rapport de 1 à 2,4. Or, les durées d'insolation extrêmes (pour un mois entier) relevées par exemple à Marignane sont respectivement de 63 h (décembre 1946) et 395 h (août 1952). Le rapport est ici de 1 à 6,3. Cela serait bien pire encore si l'on faisait mention de cette autre source d'énergie qu'est l'hydroélectrictité. On cerne ainsi le problème : avec le vent il fallait stocker de l'énergie d'un quart d'heure à l'autre, du jour au lendemain. Les « régimes » des cours d'eau imposent des réservoirs permettant ce stockage d'une saison sur l'ensemble de l'année.

Je reviens au « chauffage solaire » pour y pousser plus loin l'analyse des données nécessaires à une mise en oeuvre judicieuse de cette énergie. Nous y verrons à quel degré de finesse cette analyse doit descendre dès que l'on parle « météo ». Il est relativement facile à un ingénieur de vous dire que vingt jours de soleil suffiront, dans un site donné, à chauffer un immeuble pendant tout le mois de mars**. La station météorologique la plus proche vous confirmera si cette condition a été, ou non, réalisée au cours des années pour lesquelles elle possède des informations. Mais poser ainsi le problème, c'est négliger l'information concernant les onze jours restant du mois — les onze jours « non-favorables ». On peut en effet formuler à leur sujet des hypothèses qui se placent entre ces deux extrêmes : ou bien les jours de soleil et les jours sans soleil y alternent régulièrement, ou bien ils se groupent (par exemple six jours sans soleil), suivis de cinq jours ensoleillés. Dans ce second cas, il est clair qu'on ne peut se passer d'un sérieux chauffage d'appoint.

---

* La vitesse donc la *force* du vent augmente rapidement avec la hauteur. Angot avait déjà signalé qu'à la Tour Eiffel le vent moyen était environ quatre fois plus rapide au sommet qu'à la base.

** J'appelle, pour simplifier, « jour de soleil » une journée au cours de laquelle le soleil aura brillé plus de la moitié du temps.

Nous voici devant ces « jours tout de rang » dont nos chroniqueurs d'autrefois se plaignaient tantôt qu'on n'y vît jamais le soleil, tantôt que la pluie leur manquât : le concept de « séquence » dont je tenterai de donner au chapitre suivant une expression plus élaborée.

Que l'on ne croie pas qu'il s'agisse là de préoccupations purement académiques. La connaissance de la façon dont s'organise dans le temps de telles séquences est fondamentale. Nous l'avons vu en ce qui concerne l'élaboration d'un équipement solaire. Mais en agriculture le regroupement des jours pluvieux, ou non pluvieux est souvent important : les exemples en abondent.

Voici une région herbagère dont on nous dit qu'elle compte « en moyenne » quinze jours de pluie en juillet. Il ne sera pas indifférent de connaître qu'il y pleut « un jour sur deux » — disons, schématiquement, chaque jour pair — ou que les jours de pluie tendent au contraire à se regrouper en des séquences moins nombreuses de trois ou quatre jours consécutifs chacunes. Dans le premier cas le foin ne séchera pas, dans le second, il séchera pendant les intervalles séparant les séquences pluvieuses.

Une leçon paraît se dégager. Ces chiffres, ces « données » dont usent les météorologues doivent être le plus souvent confrontés les uns aux autres, et seule une analyse fine permet d'en tirer quelque leçon. Les « heures de soleil » sont elles-mêmes sans signification. Tout comme des « millimètres d'eau ». Aucune richesse naturelle n'est réductible à « un » chiffre, qui dirait tout. A un *paramètre* unique. Cela ferait pourtant plaisir à bien des gens que de disposer de chiffres qui « estimeraient » les richesses potentielles de telle région de la planète, linéairement, comme nos professeurs d'antan notaient nos versions latines...

Quelle chance ce serait pour tous ceux qui croient que « tout est simple », ou encore désireraient pouvoir paraître connaître tout « rapidement » ! Hélas, il y a toujours cinq, dix chiffres qui s'entrelacent. Irréductibles entre eux ? A nous de chercher. Faire une carte du « gisement solaire » ne se bricole pas. C'est un défi. Il a été relevé. La réalisation en implique des bases statistiques particulièrement sophistiquées, souvent de conception tout récente.

La climatologie moderne s'appuie toute entière sur des données présentées *en terme de fréquences*. Des fréquences de tous ordres : depuis la récolte de vin que le vigneron jugera satisfaisante (ce qui ne se produit guère qu'une année sur trois !) jusqu'aux gelées que le cultivateur n'aura vu qu'une fois dans sa vie, jusqu'à l'accident, ou la catastrophe, comme il peut s'en produire quand des records séculaires de pluie — ou de sécheresse — ont été battus. Aussi consacrerai-je tout le chapitre suivant à une prise de conscience déjà plus détaillée de cette réalité.

Certes, le lecteur qui désirerait approfondir ce point de vue dispose aujourd'hui de nombreuses « initiations aux statistiques » écrites dans une perspective de « Sciences humaines ». Certaines empruntent des exemples au climat*. On sait que cela n'est point là mon propos. Que je n'ajoute pas ici un *Précis* aux *Traités*. Mon objectif est autre. Peut-être plus délicat. Exemples et images que je présenterai ont été choisis de façon à ne pas rompre la continuité du texte. Ils mettent en évidence que, dans les choses de l'atmosphère et dans leur impact « n'importe quoi ne peut pas se passer n'importe où ni n'importe quand » : il existe ce que j'appelle des « règles du jeu », dont l'approche la plus adéquate est aujourd'hui l'approche statistique.

Mais que cette prise de conscience ne nous fasse pas négliger des réalités d'un autre ordre. Avant l'âge des concepts et des *algorithmes*, avant même celui de l'écriture, l'occupation de la planète par l'homme ne s'est pas faite, ni surtout maintenue, de façon aléatoire. Très tôt se sont trouvés privilégiés certains sites. En Europe atlantique littorale, ceux qui étaient abrités des vents d'ouest. En montagne ceux qui bénéficiaient des plus longues durées d'ensoleillement, surtout quand quelque « replat » les mettait dèjà à l'écart de l'écoulement de l'air froid, le long des vallées. Dans ces pays de la Haute Durance qui me sont familiers depuis un demi-siècle, une vieille nécropole a été retrouvée sur un *adret* dominant les profondes gorges du Guil, aux Escoyères (commune d'Arvieux, Queyras)**. Site stratégique, sans doute, mais ausi l'endroit de tout le Queyras où l'enneigement est le plus court, le sol le moins gelé en profondeur grâce à un « topoclimat » que l'ensoleillement rend exceptionnel. De nombreuses églises bénéficient de sites favorables parce que les cimetières y sont restés longtemps accolés, et qu'il fallait bien rendre aux fossoyeurs la tâche moins rude !

Il y a douze ans se réunissait au siège du C.N.R.S. la première « Commission » devant établir un inventaire de ce que l'on appelait alors le « gisement solaire » en France. J'en étais. Seul peut-être à songer à cette mystérieuse convergence qu'il nous faut bien constater entre nos concepts sophistiqués et la lente sédimentation de l'expérience humaine au cours des millénaires. A Saint-Véran, les croix se blottissent encore aujourd'hui au pied du clocher, comme des plantes fragiles au creux d'un rocher. Ce n'est sans doute pas par hasard si le plus haut cimetière de France — 2 040 mètres — est l'un des plus ensoleillés.

---

* Chadule (Groupe) 1974 et 1987. Nombreux articles dans l'*Espace Géographique*.

** Une inscription romaine du Ier siècle après J.C. figure, dans des matériaux de réemploi, au-dessus du porche de la chapelle médiévale jouxtant un ancien cimetière, trace évidente de l'ancienneté et de la continuité de l'occupation de ce site exceptionnel.

Chapitre 4

LES RÈGLES DU JEU*

La presque totalité des habitants du globe vivent au rythme de saisons bien tranchées, tantôt deux, tantôt — plus rarement — quatre. Mais le mot « saison », fondamental dans toutes les langues, ne correspond pas partout à des réalités du même ordre.

Aux hautes et moyennes latitudes, « été » et « hiver » veulent dire *saison chaude* et *saison froide*. Nous sommes ici dans les climats à « différenciation thermique ». La répartition des pluies dans l'année s'y fait par contre le plus souvent de façon plus ou moins irrégulière** et des « lois » ne peuvent en être dégagées que par l'art, certains diront les artifices du statisticien. Aux basses latitudes, l'on parle de *saison des pluies* et de *saison sèche*, (l'une et l'autre pouvant se trouver dédoublées dans certaines conditions de circulation atmosphérique) : nous avons affaire à des climats à « différenciation pluviométrique ». On n'y fait guère état des températures, en général élevées, mais dont les variations d'un mois à l'autre de l'année restent de l'ordre de quelques degrés seulement***.

---

* Le lecteur qui se trouverait rebuté au cours de ce chapitre pourrait en différer la lecture (le reprendre, par exemple, avant d'aborder le chap. 8). A l'inverse, je dois solliciter l'indulgence de ceux qui en jugeraient le niveau par trop élémentaire... — Je remercie Madame P. Suzzoni pour son concours à l'élaboration de ce chapitre.

** A l'exception des régions méditerranéennes où un rythme saisonnier des pluies s'impose avec évidence.

*** Par contre, la variation diurne de la température devient, aux basses latitudes, prédominante.

Le mécanisme des saisons est dû, en fin de compte, à des particularités bien précises des mouvements de la Terre : je renvoie aux manuels le lecteur qui voudrait se les remémorer. L'important pour nous est que les saisons, de l'un ou de l'autre type, alternent bien immuablement chaque année, mais sans jamais présenter la rigueur mathématique du « cycle » qui pourrait rappeler leur lointaine origine cosmique. Plus ou moins accusées, les saisons peuvent — surtout — se trouver être plus ou moins précoces, ou au contraire retardées par rapport à leur position « moyenne » dans l'année. C'est ce premier problème que nous allons aborder.

Phénomènes précoces, phénomènes tardifs...

Au Sahel, et d'une façon générale dans la zone intertropicale, l'une des incertitudes qui pèsent sur les récoltes tient au fait que les semailles elles-mêmes ont pû avoir été, soit précoces, soit effectuées à leurs dates « normales », soit plus ou moins gravement retardées du fait de l'irrégularité avec laquelle peut survenir la « saison des pluies ». Nous sommes là en présence d'un cas où l'*irrégularité interannuelle* d'un fait physique — à l'arrivée des premiers épisodes pluvieux — a des conséquences directes sur l'économie d'une région.

Au demeurant, la conscience que les agriculteurs ont qu'une année a pu être « précoce » ou « tardive » est commune à toutes les cultures paysannes. Et cela depuis des millénaires. Dans tous les pays du monde, un paysan se plaindra de ce que son grain ait levé trois semaines plus tard que l'année d'avant. Jamais il ne vous dira que les « maxis sont restés inférieurs de trois degrés ». Alors, essayons d'entrer dans la peau d'un paysan, pour commencer, avant de nous mettre dans celle du Monsieur qui lit un thermomètre...

Chaque chose en son temps.

Pour en revenir à l'Afrique, c'est l'ethnologue, relayé aujourd'hui par l'agronome, qui relève, année par année les dates des semailles. Elles correspondent, en général, au premier « cumul » des précipitations dépassant 10 mm en moins de dix jours, ou à la date à laquelle les précipitations deviennent supérieures à l'évaporation potentielle. Ce sont ces dernières données que j'ai retenues d'après un travail préparé à l'occasion du Congrès de l'O.M.M. de Genève en 1979 *On climate and Mankind**. Elles se rap-

* Matteï F., *in* WMO 1979. — Les deux stations dont les données sont commentées ici

portent à deux villes du Nigeria relativement proches l'une de l'autre : Samaru (11°11'N, 07°38'E) et Kano (12°03'N, 08°32'E). Le tableau I donne, en haut, année par année, les dates de début de la période végétative ainsi déterminée pour chacune de ces deux stations et, en dessous, les *classements* des années déterminés par l'ordre de plus en plus tardif de ces dates. Classement (du rang 1 au rang 25) qui n'est évidemment plus le même pour les deux stations : à Samaru, par exemple, les cultures pouvaient « démarrer » dès le 18 avril en 1975 tandis qu'il avait fallu attendre le 29 juin, en 1971, pour que des conditions météorologiques similaires se trouvent enfin réalisées.

Un tel tableau incite à trois remarques.

Les dates qui figurent sur la ligne de rang 13 (21 mai pour Samaru, 14 juin pour Kano) et occupent une position centrale sur le calendrier des événements possibles, s'appellent *médianes.* L'écart de trois semaines observé entre les deux médianes est significatif du fait que, globalement la « saison des pluies », au sens agricole du terme, commence plus tôt à Samaru qu'à Kano.

Seconde remarque : les années ainsi classées ont été réparties en trois « blocs », de 8 ou 9 chacun — approximativement les trois tiers — : « précoces » (lignes 1 à 8), « normales » (lignes 9 à 17), « tardives » enfin (lignes 18 à 25). Or, notre « bloc central » couvre sur le calendrier des « *intervalles* » (12 jours à Samaru, 13 à Kano) nettement plus courts que les deux autres. Cela veut dire qu'il n'y a pas «équirépartition » de ces dates de début de la période végétative entre les dates extrêmes où elles auront pu être observées. Comme notre « bloc central » est formé d'années encadrant la médiane, l'on doit admettre qu'il y a *tendance à la concentration autour du cœur de la période.* Alors que les dates extrêmes du phénomène — 18 avril et 29 juin à Samaru sont distantes — de 73 jours (le terme technique pour désigner cet écart est *l'étendue* de la variation) la végétation démarre en fait une année sur deux entre le 14 et le 28 mai, soit le cinquième seulement de l'étendue totale.

Ce fait — *qui est un fait d'observation* — augmente considérablement ici la signification concrète de la médiane comme « paramètre de position ». Mais nous verrons des exemples de « séries » pour lesquelles la médiane ne possède pas cette propriété descriptive de « concentration »*.

---

ne sont pas situées, strictement, dans le Sahel, mais dans la zone « soudanienne » située plus au sud et déjà mieux pourvue en eau.

* La valeur d'une série autour de laquelle la concentration des termes est maximale s'appelle d'une façon générale le *mode.* Il y a ici coïncidence entre la médiane et le mode.

Tableau I

Début de la saison des pluies pour deux stations du Nigeria

Nom de la station :

Année	Samaru	Kano	Année	Samaru	Kano
1951	14 mai	16 juin	1964	28 mai	27 mai
1952	11 mai	16 mai	1965	29 mai	6 juin
1953	7 mai	14 mai	1966	26 avril	21 mai
1954	4 mai	19 juin	1967	21 mai	14 juin
1955	28 mai	31 mai	1968	16 mai	19 mai
1956	23 mai	16 juin	1969	27 mai	10 juin
1957	4 mai	20 mai	1970	15 mai	1er juillet
1958	21 mai	3 juin	1971	29 juin	3 juillet
1959	14 mai	1er juillet	1972	24 mai	28 mai
1960	27 mai	18 juin	1973	23 juin	12 juillet
1961	1er juin	26 juin	1974	24 juin	2 juillet
1962	22 mai	3 juin	1975	18 avril	14 juin
1963	20 mai	16 juin			

Les mêmes années, classées par dates de plus en plus *tardives* des semailles :

	Samaru		Kano	
Années précoces				
1	1975	18 avril	1953	14 mai
2	1966	26 avril	1952	16 mai
3	1954	4 mai	1968	19 mai
4	1957	4 mai	1957	20 mai
5	1953	7 mai	1966	21 mai
6	1952	11 mai	1964	27 mai
7	1959	14 mai	1972	23 mai
8	1951	14 mai	1955	31 mai
Années normales				
9	1970	15 mai	1962	3 juin
10	1968	16 mai	1958	3 juin
11	1963	20 mai	1965	6 juin
12	1958	21 mai	1969	10 juin
13 *médiane*	*1967*	*21 mai*	*1975*	*14 juin*
14	1962	22 mai	1967	14 juin
15	1956	23 mai	1963	16 juin
16	1972	24 mai	1951	16 juin
17	1960	27 mai	1956	16 juin
Années tardives				
18	1969	27 mai	1960	18 juin
19	1964	28 mai	1954	19 juin
20	1955	28 mai	1961	26 juin
21	1965	29 mai	1970	1er juillet
22	1961	1er juin	1959	1er juillet
23	1973	23 juin*	1974	2 juillet
24	1974	24 juin*	1971	3 juillet
25	1971	29 juin*	1973	12 juillet

* Voir observations dans le texte, page 67.

Troisième remarque, qui n'intéresse que l'une des stations, mais dont la portée est grande : à Samaru, un « décrochement » existe entre les trois valeurs les plus tardives (23, 24 et 29 juin), et le restant de la « population »*.

Circonstances aggravantes : ces trois années « tardives » s'insèrent dans un ensemble de quatre années seulement consécutives (1971-1974).

Peut-on tenter de rendre plus parlant ces tableaux de « séries classées » en leur substituant des graphiques ?

C'est possible au prix de deux opérations préalables. La première est de se fixer la fonction à représenter. Ce ne seront pas les rangs eux-mêmes, mais des *probabilités empiriques* — permettant, si l'on veut, de « parier » que le phénomène aura, ou n'aura pas eu lieu avant (ou après) une date donnée —. La fonction la plus souvent utilisée à cet effet est :

$p = (2i-1) / 2n$
avec i = le rang de classement d'une année et n = le nombre total de celles-ci[21].

Quant à la seconde opération, elle consiste à remplacer la graduation régulière, « métrique », de l'axe des ordonnées par une graduation telle que la « fonction de répartition » (ainsi nomme-t-on la courbe qui « rendrait compte » au mieux, sur le graphique, de la plus ou moins grande dispersion des dates) puisse faire l'objet, si possible, d'un ajustement linéaire. Ici, notre axe des ordonnées a été gradué selon une « *échelle gaussienne* », c'est-à-dire que les ordonnées y correspondent directement aux probabilités cumulées selon la loi de distribution dite « loi de Gauss » (ou encore, « normale »).

La figure 2 montre l'alignement — au moins grossier — des dates de début de la culture, par années classées, en utilisant une telle échelle pour porter les fréquences en ordonnées. Les droites en tireté correspondent à des distributions qui seraient « parfaitement » normales. Le graphisme souligne bien le « décrochement » de trois semaines qui existe entre les trois valeurs les plus tardives de Samaru et l'ensemble des autres**.

* Le terme de « population » désigne en statistique l'ensemble de tous les termes d'une série sans préjuger de leur signification concrète.

** C'est parce qu'une distribution gaussienne est entièrement déterminée par deux valeurs numériques qu'elle peut être figurée, sur un papier *ad hoc*, par une droite.

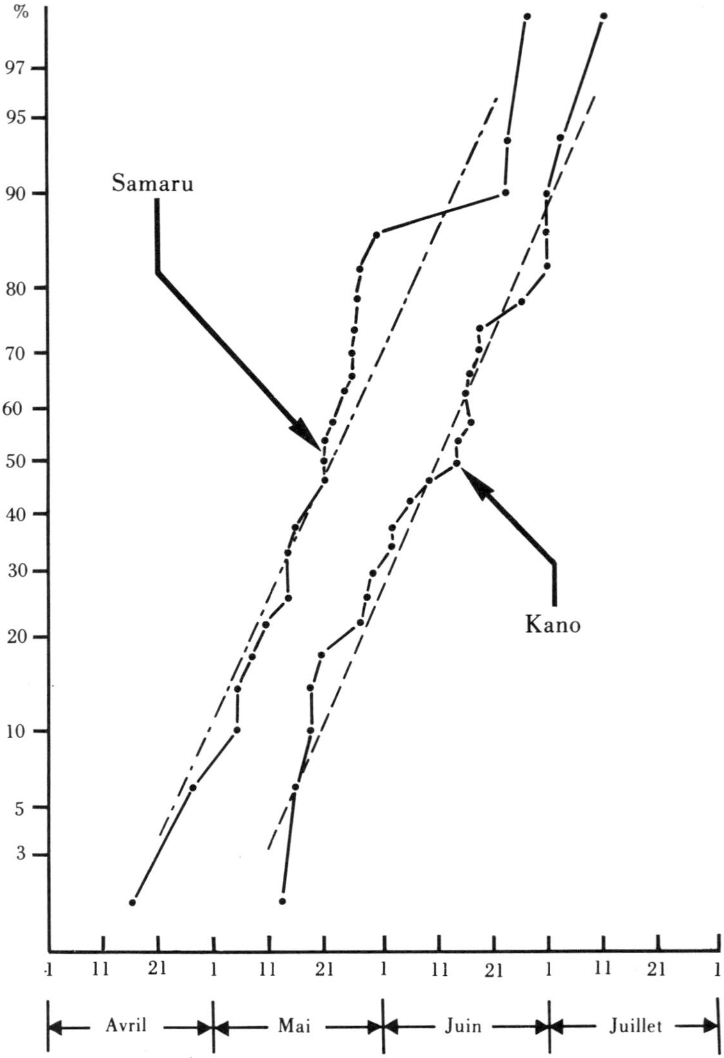

Fig. 2. — *Probabilités de réalisation avant une date donnée (au printemps) de certaines conditions atmosphériques favorables à la végétation.*

J'ai employé le terme de *médiane* : un mot qui n'appartient pas au langage courant. Les journalistes nous parlent de « Français moyen », pas de « Français médian ». Serait-il ici impossible de concevoir, puis de calculer, une *date moyenne* du début de la culture ?

Rien de plus facile. Un calcul simple donne :

Pour Samaru : le 22 mai (par excès)

Pour Kano : le 11 juin (par excès)

Fait remarquable, mais qui n'était pas évident *a priori*, les *dates moyennes* de début de la période végétative sont soit (à Samaru) pratiquement identique à la *date médiane* du même phénomène, soit (à Kano), *très voisine* de celle-ci.

Quand une série de données classées, au nombre d'une trentaine à la centaine, telles ici que les dates calendaires (mais cela pourrait être tout aussi bien la série constituée par les tours de taille des candidates à un concours de beauté...) présente cette double caractéristique que la *médiane* coïncide à la fois *avec la moyenne et avec le mode*, il y a de fortes chances qu'elle soit, au moins approximativement, « gaussienne ». Dès lors, les trop grands écarts que la distribution empirique (la ligne brisée) présente par rapport à elle doit faire l'objet d'une seconde étape de l'analyse. On peut être conduit à remettre en cause l'exactitude de certaines observations. Plus souvent, à mettre en évidence des anomalies : c'est ce que nous avons fait avec les trois années les plus tardives de Samaru.

Enfin, l'inclinaison de chacune des deux droites que nous venons de porter sur la figure 2 a une signification. Plus exactement, l'angle que fait avec la verticale la droite dressée selon une série de date ainsi classées croît avec la *dispersion* de ces dates en tenant compte, non seulement des dates extrêmes, mais de toutes les données, et ceci selon le poids mathématiquement le plus judicieux qu'il convient d'accorder à chacune d'elles. Le paramètre de dispersion qui intervient dans une distribution gaussienne s'appelle l'*écart type*[22].

Phénomènes anodins, phénomènes sévères...

Ainsi les années se suivent-elles et ne se ressemblent pas. Toute la climatologie moderne tient essentiellement dans ces dix mots, ou plutôt dans le degré de sensibilité de nos sociétés aux différents aléas induits de ce fait que les années se suivent sans se ressembler — et aux moyens d'y remédier éventuellement[23].

Ce caractère précoce ou tardif était l'un des aspects que peut prendre l'approche de la variabilité interannuelle du climat. Un autre est de considérer globalement l'intensité d'un phénomène portant sur une portion notable de l'année : hiver américain, mousson indienne. On peut enfin considérer des variables sur des durées plus courtes, voire des mesures instantanées.

Un exemple simple sera celui de la mousson. J'ai retenu les totaux pluviométriques annuels de Bombay-Colaba (comme la mousson apporte ici plus de 8/10e des précipitations de l'année, on peut estimer que ces totaux annuels suffisent à donner une idée de cette dispersion).

La série étudiée porte sur 110 années — 1871-1980. Le contraste des extrêmes est à première vue surprenant : 848 mm en 1904 contre 3 842 en 1954. Le rapport est de 1 à 4,1[24]. La moyenne arithmétique de ces 110 valeurs s'établit à 1 913 mm. On reconnaît rapidement que si Bombay compte des années très sèches et d'autres très humides, le plus grand nombre cependant se concentrent autour des valeurs « centrales ». Ce qui revient à dire que *les valeurs proches de la moyenne ont bien été* ici pour le siècle passé, *les plus nombreuses*. D'un pas vite franchi on admet qu'elles sont, pour le proche avenir, *les plus probables*. Problème philosophique qu'il nous faudra bien aborder en son temps. Pour le moment, contentons-nous de retrouver cette coïncidence entre la médiane, la moyenne et le mode qui nous permet de présumer que la distribution des précipitations *annuelles* à Bombay est approximativement « gaussienne »*.

On conçoit que, dans de tels cas, la moyenne arithmétique soit parfaitement expressive de la valeur *centrale* d'une variable. Et qu'il soit légitime de la citer, dans un manuel, comme représentative de celle-ci. Mais il faut, de toute nécessité, la compléter par l'indication de l'*écart type* qui exprime le degré de dispersion (ou au contraire de concentration) de l'ensemble des valeurs autour de la moyenne. Ici, l'écart type est : $\sigma_x = 488$ mm.

Parfois, l'on a recours à une expression plus imagée de l'ensemble d'une série en se contentant d'en classer les termes par ordre croissant des valeurs de la variable et en constituant une sorte d'échantillon avec des termes régulièrement espacés. Par exemple, les neuf termes dont les rangs offrent des probabilités de dépassement estimées (comme il a été dit ci-dessus p. 67 et note 21) aux 1/10, 2/10... 9/10 constituent ce que l'on appelle les déciles** (inutile de préciser que j'emploie ici le terme d'« échantillon » dans un sens qui n'est pas celui qu'on lui donne dans les « sondages »... !).

Le premier et le neuvième déciles (D_1 et D_9) sont souvent cités pour exprimer la dispersion d'une variable, valeurs extrêmes exclues. Pour nos pluies annuelles à Bombay, ces déciles sont respectivement 1309 et 2 508 mm,

* Cette conclusion ne pourrait pas être étendue de façon générale à des totaux portant sur une période plus courte que l'année.

** Symboles : D_1, D_2, D_3... D_9.

ce qui signifie que huit années sur dix les pluies sont restées comprises à l'intérieur de cet intervalle[25].

Mais, neuf valeurs pour « condenser » l'information contenue dans 110 données de base peut paraître encore beaucoup. Simplifions en n'en retenant qu'une sur deux, les déciles pairs (D_2, D_4, D_6, D_8) que l'on appelle *quintiles* (Q_1 à Q_4). Les précipitations annuelles de Bombay peuvent se trouver dès lors schématisées par quatre valeurs seulement :

Q_1 = 1561 mm Q_2 = 1 815 mm Q_3 = 1 990 mm Q_4 = 2 316 mm.

L'intervalle compris entre deux quintiles voisins regroupe alors le cinquième (20 %) des effectifs de la série. L'utilisation des quintiles pour caractériser la dispersion des régimes pluviométriques a été recommandée par l'Organisation Météorologique Mondiale. Chez nous les quintiles ont été retenus pour schématiser les régimes pluviométriques sur la *Carte Climatique Détaillée de la France**.

Un changement de continent, de variable, et d'unité de temps de référence — de « champ » — va nous apprendre d'un coup bien des choses. Car les provinces sont nombreuses au royaume des statistiques, et leurs paysages parfois inattendus.

J'ai relevé les durées d'insolation à Montpellier-Fréjorgue de 1956 à 1975. Je ne retiens ici, pour simplifier, que celles du mois d'octobre. Pour chacun des 20 mois considérés, j'ai d'abord substitué aux durées d'insolation les *rapports* d'insolation (R), qui constituent, comme on le sait, le véritable paramètre climatique de l'insolation. Valeurs extrêmes : octobre 1965 avec 0.382 ; octobre 1973 avec 0.720 (soit 72 % des heures de soleil « possibles » pour l'ensemble du mois !). Le rapport mensuel moyen est de 58 %, l'écart type de 10 % : types de résultats qui nous sont maintenant familiers.

Mais si, au lieu de me contenter d'estimer la variabilité interannuelle de l'insolation pour des valeurs *mensuelles,* l'idée me vient d'étudier les choses *jour par jour*, les perspectives changent. Je me trouve d'abord, toujours pour les seuls mois d'octobre, devant cette fois 31 × 20 = 620 données. Pour des effectifs de cette taille, les statisticiens renoncent souvent à prendre en compte les « données » une par une, mais les répartissent entre des « classes », qui sont ensuite dénombrées. Ici, les classes seront définies par les rapports d'insolation : $0 < R \leqslant 0{,}1$; $0{,}1 < R < 0{,}2$; etc. C'est-à-dire limitées par des « bornes » équidistantes de 0,1, soit le 1/10 de l'insolation maximale potentielle, prise pour unité.

* Voir ci-dessous note 33.

Le résultat est donné ci-dessous : en ligne (1) les valeurs absolues (total : 620 observations), en ligne (2) en pourcentage. Une ligne (3) rappelle, dans ces mêmes classes, les fréquences en pourcentage de ces mêmes rapports d'insolation, mais tels qu'ils avaient été calculés, en premier lieu, par *mois*.

R =	0,0	0,1	0,2	0,3	0,4	0,5	0,6	0,7	0,8	0,9	1,0
(1)	96	37	30	30	33	33	60	59	104	138	620
(2)	15,5	6	4,8	4,8	5,3	5,3	9,7	9,5	16,8	22,3	100
(3)	—	—	—	6	17	24	45	8	—	—	100

La moyenne des rapports d'insolation quotidiens est évidemment la même que celle des rapports d'insolation mensuels : $R_0 = 0{,}58$. Mais *la dispersion des données rend compte d'une toute autre réalité.* La chose apparaît sur la figure — toute simple — par laquelle on a l'habitude d'exprimer graphiquement les distributions de variables dont on connaît quelques centaines de valeurs (figure 3). On construit des rectangles dont les bases

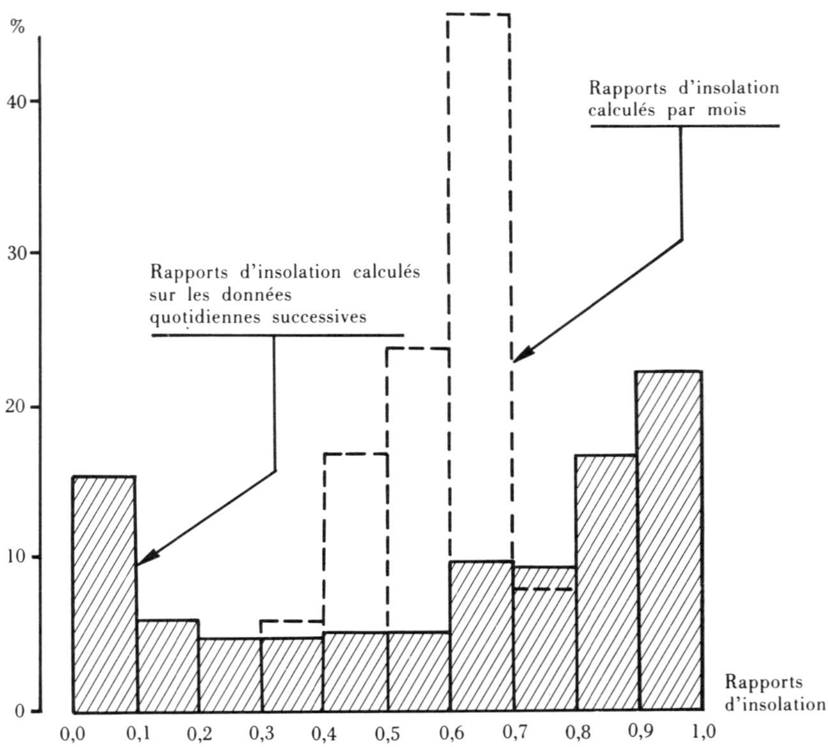

Fig. 3. — *Fréquence des rapports d'insolation (Montpellier, octobre).*

s'appuient sur les axes des abscisses et sont limitées aux bornes des classes (ici : 0; 0,1; 0,2... 1,0) tandis que leurs hauteurs expriment les nombres de jours où des individus affectés aux classes ainsi limitées auront été observés[26]. Ce graphisme est dénommé *histogramme des fréquences.*

Cette figure est ici lourde de signification. On y voit que *les observations proches de la moyenne sont d'une remarquable rareté.* Alors que cette moyenne des rapports quotidiens est de 0,58, le nombre des observations qui « tombent » dans la classe 0,50-0,60 n'est que de 33 (sur 620) : à peine plus de 5 % ! Nous sommes loin des phénomènes sur lesquels je m'étais attardé jusqu'ici, et pour lesquels la moyenne correspondait presque toujours avec le mode. La vérité est qu'il y a à Montpellier, et en octobre (mais cela serait vrai dans bien d'autres villes et pour bien d'autres mois...) *deux* types de journées qui dominent. En alternant. D'abord, les jours de « grand beau temps » (près de quatre jours sur dix). Puis, les journées de temps couvert en permanence (un jour et demi sur dix). Si bien que le temps mitigé, variable, incertain, entrecoupé d'averses et d'éclaircies, avec un ensoleillement relatif allant de un à huit dixièmes, bref, le temps qui correspondrait au «temps moyen » tel que le suggérerait la moyenne arithmétique des données n'a plus à se partager que le restant du mois : nettement moins d'un jour sur deux. La figure fait bien ressortir que l'écart entre les résultats des deux modes de calcul est maximum dans la tranche des rapports d'insolation 60 — 70 : cette tranche regroupe en effet près de la moitié des *mois* d'octobre, alors que moins du dixième des *jours* de ces mois (9,7 %) y sont compris. Voilà qui fait bien ressortir la totale inadéquation des paramètres mensuels de l'insolation dont se contentaient (même quand ils prenaient en compte la variabilité interannuelle) les premiers chercheurs qui tentèrent d'élaborer utilement le concept de « gisement solaire ».

Exemple tout différent, mais dont l'enseignement va se révéler convergent. L'une des données fondamentales de ce que chacun « croit savoir » est l'existence à nos latitudes de vents dominants d'ouest. Lindberg n'a-t-il pas traversé l'Atlantique d'Ouest en Est avant, et plus facilement que ne devaient le faire Costes et Bellonte en sens inverse ? Et les deux seules traversées de l'Atlantique en ballon libre effectuées à ce jour n'ont-elles pas été réalisées « dans le sens du vent » ?

Or, l'accident survenu à la centrale nucléaire de Tchernobyl le 26 avril 1986 a été suivi de transport de matières radioactives *d'Est en Ouest.* D'Ukraine en Allemagne, alors qu'une carte des « vents moyens » sur l'Europe indiquerait une trajectoire inverse. Sans être assez fréquentes pour pouvoir influencer les « moyennes », des situations atmosphériques comparables à celle de la fin avril 1986 ne sont point « exceptionnelles » au point qu'on puisse négliger leur éventualité.

Un fait de plus qui souligne que l'étude du climat ne saurait se borner à la détermination des seules valeurs « moyennes », ni même les plus fréquentes, mais qu'il convient d'envisager *les éventualités de tous ordres de fréquences.*

Soleil et vent : l'examen des données quotidiennes de ces variables se révèle donc être des plus utiles. Il en irait de même pour les températures, ou les précipitations. Dans ce dernier cas, l'intérêt est moins de rechercher une loi de distribution de l'ensemble des valeurs que les « probabilités de retour » des valeurs extrêmes. La place me fait malheureusement défaut pour tenter, fût-ce une esquisse de ces questions d'un grand intérêt[27].

Demain le même temps qu'aujourd'hui ?

On ne se trompe guère, en France, en prédisant qu'il fera le lendemain « le même temps qu'aujourd'hui ». On a, d'une façon générale, à peu près huit chances sur dix de ne pas se tromper si l'objet de la prévision est, par exemple, l'occurrence — ou au contraire l'absence — de précipitations égales ou supérieures à 1 mm. Ne cherchez pas qui a établi cette proposition. La sagesse des nations. Ou, plus précisément, celle des « poilus » de la guerre de 14-18, toujours imaginatifs en fait de sarcasmes non seulement à l'égard de l'« arrière », mais de tous ces *services* qui proliféraient, ailleurs que là où l'on se battait. La naissante « météo » en était : ou elle se trompe, et elle ne sert à rien ; ou elle réussit, et c'est à la portée de tout le monde. Un état d'esprit qui n'a peut-être pas entièrement disparu.

Mais revenons à ces jours qui se suivent, et, le plus souvent, se ressemblent (alors que les années, elles, ne se ressemblent que rarement). Cette propriété qu'à le temps, beau ou mauvais, de « durer » permet l'existence de ces *séquences* de jours consécutifs pluvieux (ou non pluvieux). C'est à travers l'étude de ces séquences que les mathématiciens (dont le concours a été ici décisif) ont pu enfin débrouiller ce problème de la *persistance* du temps.

Que l'on n'aille pas croire qu'il s'agisse là de préoccupations purement académiques : j'ai déjà noté l'intérêt que présentent les « séquences sèches » pour le séchage du foin. Le concept de « jours disponibles » en agronomie (cf. ci-dessus, note 23) prend souvent en compte les précipitations ayant précédé chaque jour considéré. C'est le cas des calculs que l'on fait en vue d'établir la rentabilité d'une moissonneuse batteuse lourde qu'une séquence pluvieuse de trois ou quatre jours condamnera à laisser au parking. Problèmes du même ordre encore posés par les chutes de neige en montagne : quatre ou cinq jours de chutes continues, même si le total n'en est pas excessif, pourront poser plus de soucis aux responsables de la voirie qu'une chute record de 24 ou 36 heures suivie du retour immédiat du beau temps. Ces considérations de *structure temporelle des précipitations* sont, sur le plan économique, fondamentales.

Je garde de Vitré, bourgade sympathique aux portes de la Bretagne, deux excellents souvenirs : celui de son château. Et celui, sans doute plus personnel, qu'il doit y pleuvoir autour de 180 jours en moyenne par an (au seuil de 0,1 mm/jour), autant dire un jour sur deux. Une aubaine pédagogique. J'ai eu très tôt l'idée simpliste de *simuler*, sur un calendrier, des pluies à Vitré pour une année fictive en jouant les jours à pile ou face. Las ! Point n'était besoin de prolonger longtemps la « manip » pour se rendre compte que le jeu innocent n'aboutissait à rien qui fût comparable avec les pluies réelles d'aucune année, avec cette fameuse « structure temporelle » dont de multiples faits soulignent l'importance. Et pourtant, sur l'année entière (ou seulement plusieurs mois), l'on retombe bien sur un nombre total de jours pluvieux égal à la moitié des jours de la période... Comme dans un jeu de hasard de probabilité 0,5. Mais le Bon Dieu ne joue pas, *chaque jour*, les pluies à Vitré à pile ou face !

Rappelons-nous, au demeurant, qu'un jour d'un type donné a, dans nos régions, huit chances sur dix d'être suivi le lendemain d'une journée de même type. Le propos est parfaitement exact pour Vitré. Si un 1er janvier s'y trouve pluvieux, il est correct d'en déduire que la probabilité qu'il fasse le même temps le lendemain est de 80 %. Mais, comme tous les jours de l'année, le 2 janvier avait « en soi », une probabilité de pluie de 50 %. Comment les deux choses sont-elles conciliables ?

Il suffit de réfléchir. D'imaginer une ville, toute fantaisiste, où les jours avec, ou sans pluie, alterneraient régulièrement par séquences de cinq jours : chacun de ces jours y conserverait alors *à la fois* une probabilité générale de 0,5 d'apparaître *sans considération de voisinage*. Le jeu de pile ou face. Et une probabilité de 0,8 d'être suivi d'une journée marquée du même caractère.

Nous sommes là dans un cas où la « suite des événements » nous apporte, au fur et à mesure, un complément d'informations sur l'avenir immédiat. D'ores et déjà, je peux parier *fivty-fivty* qu'il pleuvra à Vitré le 1er janvier

2000. Mais le 31 décembre 1999, je pourrai, s'il a plu, parier cette fois à quatre contre un que la pluie se poursuivra le lendemain. Les statisticiens parlent dans de pareils cas de *probabilités conditionnelles.*

Aujourd'hui, les statisticiens considèrent les séquences comme formant elles-mêmes une variable et les dénombrent. Je me bornerai aux séquences sèches, les plus longues et les mieux étudiées. On constate rapidement que les séquences très courtes sont de loin les plus nombreuses et que leur nombre diminue ensuite avec leurs longueurs.

Les durées moyennes des séquences sèches constituent cependant déjà une première indication, quand on les donne mois par mois. Le tableau II en indique les valeurs pour trois stations françaises*. C'est dans le Morvan (et non dans les Flandres ou dans l'Ouest) que le beau temps a le moins de tendance à persister : cinq mois sur douze, la moyenne des séquences sèches reste, à Château-Chinon, en dessous de la barre des quatre jours. Médiocre. A Toulon, les chiffres de notre tableau seraient évidemment à rapprocher (sans que l'on tombe dans un déterminisme primaire...) de la fréquence des incendies de forêts. J'ai choisi Embrun comme troisième station pour cette originalité qu'en dépit de sa latitude déjà méridionale la probabilité de voir le beau temps persister l'été y est nettement plus faible que l'hiver.

Ce tableau, dont l'objet est de caractériser les séquences sèches en quelques stations, a été complété (à sa partie supérieure) par l'indication, plus classique, du nombre moyen mensuel des jours secs. Sans doute voit-on déjà là un contraste estival marqué entre le Morvan et la Provence. Mais ces données sont dans l'ensemble moins différenciées. On voit avec évidence, à comparer le haut et le bas du tableau, que par rapport au seul décompte des jours sans pluie, c'est la prise en compte de leur structure temporelle *qui crée ici l'information.*

Information parfois surprenante.

Si l'on faisait une, ou plutôt deux géographies, de voir le « beau temps » persister effectivement plus de 15 puis de 30 jours (cette seconde perspective pouvant devenir, sous certaines conditions, une calamité pour les agriculteurs), je ne dirai pas que ces deux géographies seraient contradictoires, mais cependant qu'il n'y aurait pas proportionnalité de l'une à l'autre. Je ne retiens que deux chiffres : Angers en décembre et Marseille en août. Dans le premier cas les séquences de 30 jours sont 7 fois moins nombreu-

* Galloy E., 1982.

TABLEAU II

Données relatives aux « jours secs » et à leurs « séquences » pour trois stations françaises caractéristiques — Valeurs mensuelles

	J	F	M	A	M	Jn	Jt	A	S	O	N	D
A. — *Nombre moyen mensuel de jours secs*												
Château-Chinon	16,9	15,9	18,9	19,4	18,7	19,3	21,5	20,2	19,8	20,0	15,6	17,3
Embrun	25,2	21,9	24,9	23,8	23,1	21,7	25,0	24,2	23,6	25,0	21,9	24,9
Toulon	24,4	21,3	24,6	25,1	26,8	27,6	29,7	28,4	25,8	24,6	23,6	24,0
B. — *Durée moyenne des séquences sèches*												
Château-Chinon	3,4	3,7	4,0	4,2	3,9	3,8	4,2	4,0	4,9	4,1	3,6	4,5
Embrun	7,7	6,8	6,6	6,7	4,7	4,5	6,5	5,5	6,5	6,7	6,2	8,0
Toulon	7,1	6,3	6,1	9,2	10,4	19,2	26,9	11,5	8,5	6,8	6,6	5,9
C. — *Probabilité qu'une séquence sèche commencée au cours du mois dure plus de 15 jours*												
Château-Chinon	10	11	10	10	17	8	15	12	22	10	13	16
Embrun	51	42	36	42	21	16	41	29	42	36	44	54
Toulon	51	40	35	62	62	96	77	46	47	39	41	29

N.B. Périodes d'observations : 1949-1977 pour Château-Chinon et Embrun ; 1951-1977 pour Toulon.
ii *Jours secs définis*, ici, par l'absence de précipitations *égales ou supérieures à 1 mm.*
iii Pour les calculs se rapportant aux parties B et C du tableau, on a pris en compte les séquences *débutant* dans les mois pour lesquels sont « affichés » les résultats.
(La méthode de calcul inverse, dite « affichage terminal des séquences » est utilisée pour certaines applications.)

ses que celles de 15 : on s'y attendait. Mais à Marseille, en août, les séquences « très longues » deviennent cette fois *21 fois moins nombreuses* que les séquences simplement « longues ». Il y a là une réalité dont on prend conscience de façon intuitive et qui s'exprime assez bien par des images sportives : dans une course cycliste dont le peleton roule fort, un coureur qui s'en est échappé a de faibles chances de prendre une avance considérable. Entre le remarquable et l'exceptionnel, les probabilités d'un écart donné sont fonction du score déjà réalisé par le « remarquable ».

Faire des « stats », c'est entrer dans tous ces détails...

Voilà pourquoi, même en fournissant trois valeurs numériques pour chacune des trois stations retenues (et ceci mois par mois), notre tableau II ne fournit-il encore qu'une « information » très partielle sur cette réalité climatique fondamentale qu'est l'existence, et l'agencement temporel, de ces « jours sans pluie ».

Le but véritable est dans l'établissement d'une fonction de répartition des durées des séquences sèches. Je ne peux qu'y consacrer une note[28]. Les paramètres de la fonction la plus performante (la « loi binomiale négative translatée ») ont été cartographiés, pour la France, par Galloy.

Saisons du calendrier et saisons réelles

Le lecteur aimera sans doute reprendre contact avec la « variabilité interannuelle » d'un climat par un exemple plus concret.

Les botanistes avaient, depuis le milieu de ce siècle, ressenti le besoin d'exprimer le « degré de sécheresse » d'une saison, ou d'un mois. Parmi eux, Henri Caussen a défini le « mois sec » par des précipitations (exprimées en mm) restant inférieures au double de la température moyenne du mois exprimée, elle, en °C ($P < 2T$). On parle parfois de mois « subsecs » quand les précipitations, déjà supérieures à ce seuil, restent encore inférieures au triple des moyennes thermiques correspondantes ($2T < P < 3T$).

La figure 4 nous fait faire ainsi connaissance avec les résultats ainsi obtenus pour Colombo et Bogota* (la définition des mois secs a été légèrement modifiée : voir légende). La simple confrontation des moyennes pluviométriques et thermiques portant sur 14 années ne révèle l'existence d'aucun mois sec et ne fait apparaître que quatre mois subsecs (ligne supérieure). Si l'on reprend par suite le calcul *sur la suite des mois réels* au fil des années consécutives on voit, d'une année à l'autre, le nombre des mois secs varier à Bogota de 0 à 5**. Le mois d'août, qui n'apparaît que comme subsec à l'examen des régimes moyens, a été en fait sec plus d'une année sur deux.

---

* Approximativement 6°10'N — Figure extraite de la thèse de Troisième cycle de Mlle G. Umana, Grenoble, 1979.

** Les années partent d'octobre, mois qui n'a jamais été sec (ni subsec), ce qui a pour effet de rendre plus cohérent le décompte effectué ici.

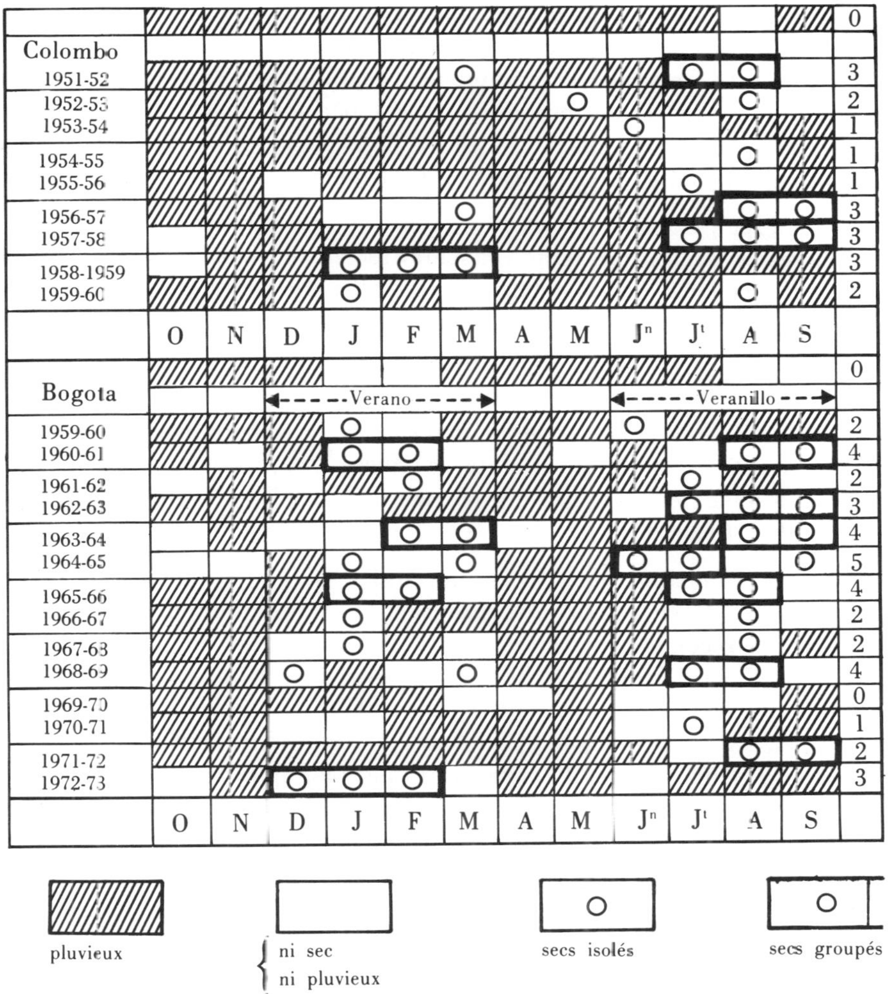

Fig. 4. — *« Mois secs » et « mois pluvieux » à Colombo et à Bogota : les réalités annuelles.*

> Ont été définis comme mois « secs » :
>
> (i). les mois dont les précipitations, mesurées en mm, restent inférieures au double de la température moyenne exprimée en °C.
>
> (ii). *en outre* : les mois dont les précipitations seraient, dans les mêmes unités, comprises entre le double et le triple de la température, à condition que le mois précédent ait été sec au sens de (i).
>
> Ont été, à l'inverse, considérés comme « pluvieux » les mois satisfaisant à la relation $P \geqslant 4T$.

La sécheresse ainsi définie peut apparaître, à Bogota, au cours de deux saisons, dénommées l'une *verano* (décembre-mars), l'autre *veranillo* (juin-septembre). Elles se trouvent pratiquement équilibrées : 9 années ont compté des mois secs dans l'une *et* l'autre de ces périodes (avec, dans trois cas, un trimestre entier dans chacune d'elles). Trois années n'ont connu de sécheresse qu'en *veranillo*, une en *verano* seulement.

De nombreux botanistes ont été amenés à sous-estimer ainsi l'existence de sécheresses réelles qui, faute d'apparaître tous les ans au même moment, échappent aux « moyennes ». Le recours est ici d'estimer en termes de probabilités la récurrence de telles sécheresses, et la durée de chacune d'elles. Le problème n'est pas au-dessus de nos moyens[28 bis].

Jours consécutifs, mois « secs » déterminés en tenant compte à la fois des précipitations et des températures : deux « approches » qui nous permettront de bien cerner le grave problème des grandes sécheresses sur lequel je reviendrai (chap. 8).

L'opinion commune dans le public cultivé paraît cependant rester que le « temps qu'il fait » (hors des progrès de la prévision qu'une minorité commence à reconnaître) échappe à toute supputation logique. Le temps n'est plus ce qu'il était. Il s'est « détraqué ». Pire : « il n'y a plus de saisons ». Il n'y a pas non plus de « pays ». C'est à l'intention de mes lecteurs d'aujourd'hui — non spécialistes — que j'ai tenté, sur quelques « séries » de leur montrer l'existence d'une « logique de l'aléatoire ». Que les climats ont bien des lois, qui s'expriment certes plus justement en termes probabilistes que par quelques moyennes, mais les probabilités ne sont-elles pas objet de science ? Le troisième numéro de l'une de nos collections françaises de grande vulgarisation qui compte aujourd'hui plus de deux mille titres ne portait-il pas, et celà dès 1947, ce titre choc : *les certitudes du hasard* ?*.

Les lois qui président à l'apparition de la mousson à Bombay, ou encore à celle d'un mois d'août totalement sec à Marseille, ne sont pas les mêmes que celles qui régissent la sortie d'un double-six aux dés deux coups de suite. Dans les deux cas, que l'on veuille bien apprendre les règles du jeu avant de critiquer, soit les joueurs, soit les climatologues.

L'incompréhension et le refus restent pourtant souvent là, tacites, tenaces, qui peuvent je crois se ramener chez beaucoup au syllogisme suivant : « les statistiques, c'est la moyenne » — « la moyenne, ça ne veut rien dire ».

---

* Boll, M., *Les certitudes du hasard*, Paris (P.U.F, « Que sais-je » n°3), 1947.

Le type même de ces condamnations sans appel qui comblent d'aise nos compatriotes toujours à la recherche d'alibis quand leur paresse intellectuelle pourrait être remise en cause. Si les moyennes « ne veulent rien dire », c'est que le problème est en réalité posé à l'envers. On ne définit pas un paramètre pour découvrir *ensuite* ses propriétés (à quoi ça sert ?). On se définit un objectif ; un but, après quoi l'on cherche le moyen d'y parvenir, si c'est possible.

L'ennui est, qu'en français, le terme de « moyen(ne) » désigne en fait deux réalités distinctes. Cette image — peut-être un peu triviale — les matérialisera : celle d'un touriste français à son premier voyage en Suède qui penserait d'un habitant rencontré le troisième ou le quatrième jour : « celui-là est bien un Suédois moyen ». Cela voudrait dire : (i). « il n'est ni plus grand, ni plus petit que les autres » (concept de Suédois *médian*) ; (ii). « il est bien comme la plupart des Suédois que j'ai rencontrés (concept de Suédois *modal*). La moyenne arithmétique, qui n'offre le plus souvent aucune réalité physique, mais dont le calcul est aisé, n'intervient ici que comme « estimateur » de ce paramètre jumelé « mode-médiane », tout intuitif, mais de caractère « central » très accusé.

Je dirai volontiers que la langue française est *implicitement gaussienne*. Facilité de langage accrue dans de nombreux cas. Piège dans d'autres.

Dans l'immense empire de l'incertain, il y a une province pour la « météo ». Henri Poincaré l'avait affirmé dès 1912. L'usage que l'on fait aujourd'hui de la prévision s'apparente, par certains côtés, à la Recherche Opérationnelle, fille de la Théorie des jeux... Faire connaissance avec le climat, ce n'est pas apprendre une fois pour toutes quelques données qui vous serviraient de bréviaire. C'est s'imprégner de ce concept de « probable ». Et redécouvrir qu'une fois admis le pari de l'aléatoire, tout le fracas du temps et des saisons obéit bien à des « règles du jeu ».

Plus nombreuses et plus strictes qu'on n'est souvent tenté de le croire...

Un postulat impératif pour l'ingénieur, irritant pour le scientifique

Pourtant, ce chapitre va se conclure sur un « Mais... ».

Toutes les recherches portant sur les fréquences de tel ou tel événement à travers le temps n'ont de sens que si l'on admet que ces fréquences restent constantes. Autrement dit, si les « règles du jeu » ne se modifient pas dans le courant d'une même partie. En jetant 1 000 fois de suite deux dés, vous avez théoriquement 167 chances de voir apparaître une combinaison totalisant dix points, ou plus. Si, jugeant cette distraction trop longue, vous vous bornez à 500 coups, ces mêmes chances tombent à 83 : moitié pour moitié. Transposons au climat : toute notre climatologie « implicite », celle que le paysan de tous les temps faisait, comme Monsieur Jourdain de la prose, repose sur cette hypothèse que l'ensemble du temps récemment vécu (et observé) se décompose en des sous-ensembles chronologiques successifs présentant des caractères suffisamment semblables pour que les enseignements tirés des plus anciens restent valables pour les suivants. Une règle d'or est à la base de la climatologie pratique, celle de l'agronome, du forestier, de l'ingénieur, qui est que le passé répond de l'avenir. Si l'on veut faire savant, on parle de postulat : celui de la *stationnarité* du climat.

La chose avait été admise comme « allant de soi » par les climatologues du début de ce siècle qui ne disposaient le plus souvent que de trente à cinquante années d'observations. Elle n'est plus aussi évidente aujourd'hui alors que nous disposons de séries séculaires, parfois beaucoup plus longues.

A l'inverse, cette hypothèse que le climat ait pu varier au cours de siècles a été formulée très tôt par les observateurs. L'examen en sera sous-jacent aux chapitres qui vont suivre. Mon propos est ici plus limité : les longues séries, considérées dans leur ensemble, peuvent n'être pas justiciables des traitements statistiques évoqués dans ce chapitre, et dont la validité s'accroît normalement avec la taille de l'échantillon.

Un seul exemple. Voici, au Liban, le cas de l'hiver 1968-1969. Une longue série (1876-1970) permet, pour Beyrouth, d'ajuster les précipitations du bimestre décembre-janvier à une loi gamma incomplète. Le calcul donne pour valeur *millénaire* (fréquence moyenne une fois tous les 1 000 ans) une hauteur d'eau de l'ordre de 950 mm. Celle réellement observée en décembre 1968-janvier 1969 a été de 1 105 mm*[29]. C'est-à-dire que sa « durée

---

* Blanchet G., « Les précipitations exceptionnelles de décembre 1968-janvier 1969 au Liban » *Hannon*, Beyrouth. t. VIII (1972) p. 1-27.

de retour » théorique serait de l'ordre de 13 ou 14 siècles. Aucun climatologue n'écrira jamais une telle phrase sur la foi d'une loi de probabilité pure : on ne peut exclure l'éventualité d'une « dérive » due à une fluctuation climatique.

Existe-t-il un « cadre » chronologique à l'intérieur duquel des événements climatiques puissent être justiciables des lois de probabilités. C'est-à-dire soit *stationnaire*, ou non ? Tel est le dilemne, sournois, sous-jacent à tout travail de climatologie.

Pour isoler une période de temps afin d'en effectuer une description homogène l'*Organisation Météorologique Mondiale* avait recommandé de considérer comme « normales », en un premier temps, les données météorologiques de la période 1901-1930, puis celles de la période 1931-1960. Le malheur est que l'on doit admettre, dès aujourd'hui, que ces années 31-60 ne constituent probablement pas un « échantillon » significatif d'une période plus longue, telle que le XXe siècle dans son ensemble ou la période 1931-2030. Ajoutons encore que les différents événements qui, ici ou là sur la planète, sensibilisèrent l'opinion sur le « risque climatique » (Sahel, etc.) ne sont intervenus qu'*après* le terme de la période de référence O.M.M. 1931-1960.

L'examen de *séries* particulières — ici Paris, là Lisbonne ou Calcutta, — n'y suffit pas. Cette approche était nécessaire pour rendre l'initiation aux « chiffres » relativement aisée. Mais simplification outrancière et trop longtemps prolongée. Si l'étude des *stations* reste fondamentale, si nos *données* s'y trouvent localisées, le « climat » est lui une qualité géographique qui s'étend à une région, à un pays, sur un continent.

Bref, toujours sur une certaine étendue.

Chapitre 5

OÙ L'ON FAIT CONNAISSANCE AVEC L'ÉTENDUE

Sahara. Amazonie. Taïga sibérienne ou inlandsis groëlandais : les « médias » ont popularisé ces immensités où sur des centaines de milliers de kilomètres carrés l'uniformité du paysage parait refléter une homogénéité du climat. Ne nous étonnons pas que leurs images viennent peut-être les premières à l'esprit quand on parle « climat ». Ou qu'on évoque ces réalités, simples seulement en apparence, que certains appellent « milieu naturel ».

Mais ailleurs, que de régions viennent apporter un démenti à cette idée que la planète ne serait que juxtaposition d'éléments de grande taille, à l'intérieur desquels le climat, le paysage ne varieraient que peu, et par touches imperceptibles... N'importe où, à dix kilomètres à l'intérieur des terres, le climat n'est déjà plus exactement celui du littoral. Dès que quelque relief apparaît, tout tend à se diversifier. En montagne, les trois pas qui vous auront permis d'enjamber une crête vous inciteront à mettre votre anorak, ou inversement à l'enlever si vous le portiez déjà. D'un point à un autre, le maillage climatique change d'échelle. Parfois, plusieurs maillages se superposent, et les réalités qu'ils portent s'imbriquent.

Auparavant, une remarque me paraît toutefois nécessaire en ce qui concerne les contours mêmes de la « climatologie ». Une préoccupation dont le besoin ne se fait sentir que maintenant, et sur un point précis, lié à ces questions primordiales d'*échelles* : les caractères des couches kilométriques de l'atmosphère au-dessus du sol, les températures dans le sol, font partie de la *microclimatologie*. Cette discipline comporte également l'étude physique des atmosphères confinées, ou perturbées par des obstacles : la température dans un sous-bois, ou même à 20 m encore du sol dans une forêt dont les arbres atteindraient une hauteur de 30 m relèverait encore de la « microclimatologie ». Il y a un microclimat du bocage dense. Les spéléologues parlent de microclimats de grottes : cas sans doute limite de confinement. Qu'il soit entendu que la microclimatologie reste délibérément en dehors du domaine (déjà trop vaste) que je balaie dans ces pages, mais je ne quitte pas cette évocation, qu'il m'a paru nécessaire de faire, sans deux remarques : (i). un grand nombre de gens emploient à tort le terme de « microclimat » pour *topoclimat*, ou *climat local*, voire *climat régional de faible extension* ; (ii). *l'urbanisation* a atteint au cours de la période récente, un tel développement que l'on peut (et l'on doit) distinguer un *climat urbain* (cf. ci-dessus p. 54) et une *microclimatologie urbaine* dont l'échelle est donnée par la rue ou l'îlot.

Effets et méfaits du relief

J'ai développé plus haut, en me plaçant sur un plan historique et méthodologique, les effets sur le climat de *l'altitude*. Mais le *relief* conditionne largement le vent, l'insolation, les précipitations. L'*altitude* a sur la température une action passive. Le *relief* a sur le climat des effets dynamiques. Nos anciens navigateurs avaient très tôt remarqué le contraste que présentaient les « isles » entre une côte exposée au souffle de l'alizé et une autre à l'abri au contraire de celle-ci. Versant « au vent », versant « sous le vent ». Sur l'un, l'air s'élève en se refroidissant, et c'est là que l'humidité se condense de préférence. Sur l'autre, toutes proportions gardées, l'air sera, à altitudes égales, plus sec et plus chaud. A la Guadeloupe le rapport global des pluviosités est de l'ordre de 1 à 1,6 en faveur du versant oriental de l'île*. Contraste suffisant pour qu'« en quelques dizaines de kilomètres on passe de paysages forestiers ruisselants d'humidité aux savanes jaunies de la Côte sous le vent et à (de) maigres halliers... cachant mal la roche à nu et les raquettes de cactus » (G. Lassère)**. Même réalité à la Réunion, où les deux arrondissements du département portent les dénominations, toutes simples, d'arrondissement « Sous le vent » (chef-lieu : Saint-Pierre) et d'arrondissement « Au vent » (chef-lieu : Saint-Denis).

---

* Pagney P., *Le climat des Antilles*, Paris, 1966, p. 47.
** Lasserre G., *La Guadeloupe*, Bordeaux, 1961, p. 163.

Mais le vent ne joue pas un rôle moindre sur les continents, notamment au travers de grandes chaînes de montagnes. Les mécanismes physiques en jeu sont d'ailleurs ici absolument les mêmes que pour les îles des tropiques : vent se refroidissant lentement et entraînant des pluies sur un versant, soufflant chaud et sec sur le versant « sous le vent ». C'est dès 1841 que J.P. Espy proposa cette explication physique correcte à un mystérieux vent chaud qui descend des Rocheuses vers les plaines et que les indiens appelaient *Chinook*. Venu du lointain Pacifique, l'air se retrouvait finalement plus chaud sur les Grandes Plaines que sur le littoral d'où il était originaire. Même phénomène dans les Alpes suisses et autrichiennes où un vent du sud fameux — le föhn — assure pendant certaines périodes de l'année des températures plus élevées, à altitudes égales, aux vallées du versant nord qu'à celles du versant italien : l'écart peut atteindre 5 à 6°C*.

Dans le cas des Alpes comme dans celui des Rocheuses, l'anomalie provient de ce qu'une masse d'air qui traverse ainsi une chaîne de montagnes se refroidit assez lentement lors de son ascension en raison de son humidité (0,5° par cent mètres s'il y a condensation), tandis que le fait pour l'air de « plonger » au-delà de la crête sur le versant opposé lui permet, parce qu'il s'assèche, de se réchauffer plus vite qu'il ne s'était refroidi : près d'un degré (0,9° C) par cent mètres de dénivellé[31].

Le föhn est souvent accompagné de précipitations abondantes sur le versant au vent. C'est dans ce cas, en effet, que le contraste est le plus fort entre le taux de refroidissement de l'air saturé sur un versant et celui de l'air sec sur l'autre. Mais il s'agit là d'un cas limite, non d'une condition nécessaire au déclanchement du phénomène.

L'une des conséquences de tels vents est de permettre, — paradoxalement — l'apparition de températures anormalement élevées des pieds de chaînes là où celles-ci se trouvent les plus élevées. Ce mécanisme d'un vent descendant peut alors jouer à plein. La chose se remarque chez nous pour les Pyrénées, quand le vent souffle d'Espagne vers la France à travers toute la chaîne. Voici le 10 février 1974 : Burgos, 11° C, Pau, 21° C. Mais seulement 15° C à Perpignan : les Pyrénées Orientales sont trop basses pour que le processus ait pu faire autre chose que de s'esquisser. Même année, les 15 et 16 août : 38° C à Saint-Girons alors qu'il ne fait « que » 34° C à Burgos**.

Dans les reliefs d'ampleur moindre jouent les différences d'*exposition*. C'est ici le *soleil* qui est en cause. C'est, en montagne, la classique opposi-

* Les mêmes régions sont le siège d'un phénomène aérologique symétrique, le Nordföhn, dont les effets climatiques se trouvent inversés.

** J.P. Vigneau, *in litteris*.

tion « adret/ubac »* qui structure nos paysages alpestres. Que l'on se rappelle de ces sites des Escoyères, ou de Saint-Véran dont j'évoquais il y a peu de pages, l'excellence. Il s'agit là essentiellement d'un fait purement géométrique : l'inégale incidence des rayons sur les versants, ceux-ci se comportant comme de vrais « capteurs solaires », quitte à réchauffer à son tour *le jour* la base de l'atmosphère[32]. Dernier fait : l'ombre portée des crêtes du versant opposé vient, l'hiver, limiter considérablement la durée de l'insolation potentielle. Pour certains sites d'habitat permanent — peu nombreux il est vrai aujourd'hui en raison de l'exode montagnard — le Soleil restait ainsi caché sous l'horizon pendant plusieurs semaines au cours de l'hiver : les Viollins, communes de Freissinières, Hautes-Alpes, du 20 novembre au 22 janvier ; Méolans sur la basse Ubaye, les Fréaux, commune de La Grave, etc.

Au total, une diversité extrême : tant entre les versants opposés d'une même vallée (où les températures *à l'ombre* peuvent différer d'un degré et demi) que d'un massif à l'autre.

J'oubliais qu'il y a le jour et la nuit ! Or, chaque nuit l'air se refroidit en commençant par les cimes et, plus dense, s'écoule dans la vallée, comme des fleuves d'un air qui se superposeraient aux torrents. Il stagne dans les cuvettes : on a parlé de « lacs » d'air froid. Aussi les bassins où se réfugient nos petites villes de montagne sont-ils plus froids, chaque nuit, et cela tout au long de l'année.

Mais point n'est besoin de s'engager dans les hauts massifs pour voir s'esquisser le phénomène : dès le Néolithique, les coteaux, les « côtes » des bas-pays, à moins de présenter une exposition spécialement fâcheuse, constituaient de meilleurs terroirs que les « fonds » où stagnait l'air froid et où les gelées étaient plus fréquentes**. Par contre, tout se simplifie pour les maximums. Les gradients s'établissent là, de façon homogène, autour de 0,60° C/hm. Ce sont eux qui « creusent l'écart entre les Alpes du Sud, plus ensoleillées, et les Vosges-Forêt Noire en passant... par les Alpes du Nord***. Donc : aux minimums, une organisation calquée sur la marqueterie topographique fine, tandis que les maximums s'ordonnent selon une hiérarchisation d'échelle régionale.

Une marquetterie à trois dimensions... « Faire connaissance avec l'étendue », c'est s'élever progressivement de la bigarrure des topoclimats à l'agen-

---

* Adret : versant dont l'exposition est à composante sud. — Ubac : versant dont l'exposition est à composante nord.

** Je dois préciser toutefois que le climat n'est pas seul en cause. Il faut prendre en compte le climat du sol (microclimatologie), la texture et le drainage de celui-ci.

*** Paul P., 1977, Douguédroit A., de Saintignon M.F., 1984.

cement des climats locaux, puis régionaux, zonaux. Voir les lois qui régissaient les premiers, dans un contexte de voisinage proche, se trouver progressivement relayées par celles qui président à l'organisation spatiale des caractères physiques de la basse atmosphère pour l'ensemble de la planète. Toute la dialectique propre au géographe, qui fait aller du local à un certain emboîtement d'ensembles, pour revenir du général au particulier...

Hautes altitudes et hautes latitudes

Je me suis attardé sur ce fait que la température s'abaissait, d'une façon générale, quand on s'élève en altitude. On sait qu'il en va de même quand on s'élève en *latitude*, c'est-à-dire quand on va de l'équateur vers les pôles. Ces deux faits ont été souvent rapprochés par les botanistes ou les « morphologues » (les géographes spécialisés dans l'étude fine des formes de relief), les uns et les autres cherchant à comparer les paysages de la montagne et ceux de l'Arctique.

Un contraste éclatant apparaît dans l'inégalité des gradients, ou si l'on préfère des *échelles* en jeu : il faut franchir une distance de 1 000 *kilomètres* vers le pôle pour voir les températures moyennes annuelles diminuer d'une même valeur qu'en s'élevant en altitude, dans nos régions, de seulement 1 000 *mètres*. L'atmosphère n'est pas précisément isotrope dans ses trois dimensions !

Second point : si la décroissance de la température avec l'altitude est normalement régulière, celle qu'on observe le long d'un méridien ne l'est pas. La température moyenne théorique d'un parallèle n'est ni une fonction linéaire, ni une fonction trigonométrique simple de la latitude. Elle se fait en réalité en trois temps, ou plutôt selon trois rythmes : à 2 ou 3 000 kilomètres déjà du pôle, le voyageur est dans une ambiance encore incontestablement « polaire ». A 2 000 kilomètres de l'équateur les températures peuvent être encore, d'une façon toute grossière, considérée comme « équatoriales » (ou, pour employer un terme plus précis *intertropicales**. *C'est aux latitudes intermédiaires que l'effet d'une variation donnée de latitude est le plus fort.* Il y a à celà des raisons multiples : nous en entreverrons quelques-unes. Ce qui est plus sûr est qu'une courbe qui exprimerait les températures moyennes en fonction de la latitude présenterait un point d'inflexion.

---

* Il faut préciser « les températures » Car, pour les précipitations, les quantités, et surtout les régimes, varient en milieu intertropical, sur des distances beauccup plus courtes.

Troisième point : parler de la température moyenne d'« une » latitude donnée est un pieux mythe (comme le serait, d'ailleurs, la notion de « température moyenne » pour une altitude donnée dans tel ou tel massif). Dans ce second cas, nous avons vu s'imposer des contrastes entre les versants. A l'échelle mondiale c'est l'*exposition des façades océaniques* qui règle tout. Lisbonne est ainsi à la même latitude que New York : juste en face ! Mais la température moyenne annuelle y est supérieure de 4° C à celle de son vis-à-vis nord américain. C'est de Martonne qui eut l'idée de définir comme « anomalie » la différence entre la température moyenne d'une station et celle de la latitude correspondante, ce qui le conduisit à établir un planisphère d'« isanomales »*.

Enfin, s'il est exact que la prise en compte des températures moyennes annuelles permet d'établir des égalités entre les températures des *hautes altitudes* et celles de *hautes latitudes*, il s'agit d'égalités formelles, sinon forfuites sur lesquelles on doit donner un minimum de précisions. Ces égalités formelles peuvent masquer des différences très profondes.

Ces différences portent essentiellement sur les *régimes*, c'est-à-dire sur les variations saisonnières des températures. Quand on compare l'Arctique à nos montagnes, la nécessité de traiter à part l'été et l'hiver éclate. Un ensemble de raisons, pour lesquelles je renvoie le lecteur aux manuels usuels (Péguy, 1970 ; Hufty, 1976) font que les contrastes thermiques entre l'été et l'hiver vont en augmentant régulièrement de l'équateur vers les pôles.

Or, pour tout ce qui touche la biogéographie et l'économie, ce n'est pas tant la rigueur des hivers qui fait les climats froids que *l'absence des étés.* L'archipel François-Joseph et le Nord de l'Athabaska peuvent bien connaître des températures moyennes de février identiques (– 26° C !), nul ne songerait à « ranger » dans un même climat l'archipel glacé soviétique (moyenne de juillet : + 2° C) et les riches plaines où un bref, mais intense été continental permet aux moissons de mûrir autour de Fort-Vermillon...

Accessoirement, la durée du jour l'été (déjà 18 h 45 le jour du solstice à Oslo comme à Léningrad), compensée il est vrai par une brièveté symétrique l'hiver, est un élément important du climat des hautes latitudes, intéressant directement la vie végétale (photosynthèse).

A l'inverse, l'Arctique (non l'Antarctique) se trouve défavorisé par l'accroissement d'épaisseur de la tranche d'atmosphère (la « masse atmosphérique »)

* Les anomalies positives peuvent atteindre 10° dans l'Europe du N.O. (par suite du Gulf-Stream), les anomalies négatives – 10° C en Sibérie extrême-orientale et – 4° C sous les côtes du Pérou, où nous allons en retrouver les effets.

que doivent traverser les radiations. Tandis qu'en montagne, cette masse atmosphérique est au contraire diminuée par l'altitude. Grâce à l'exceptionnelle pureté de son atmosphère l'Antarctique possède, elle, dès le niveau de la mer une perméabilité de l'atmophère aux radiations comparables à celle que l'on trouverait, dans les montagnes de nos latitudes, vers 1 800-2 000 m.

Cette comparaison n'avait pas pour but d'« introduire » à une réflexion les touristes qui sillonnent aujourd'hui le Ladhak ou le Spitsberg. Son intérêt théorique est de souligner les imbrications entre facteurs jouant à des *échelles différentes.*

On pourrait conclure par cette remarque que le climat de montagne devient (d'une façon générale) d'autant plus différent du climat polaire que l'on s'éloigne du pôle... Une lapalissade ? Non. C'est rappeler que le relief ne fait jamais que modifier un certain « climat de base », déterminé essentiellement par la latitude. Dire (comme on l'entend...) que « 4 000 m dans l'Himalaya correspondent à 2 000 m chez nous » est plus que sommaire. C'est *inexact.* Montagnes ou pas, *il n'y a nulle part de climats azonaux.*

Mais, *à l'intérieur d'une même zone* — définie par sa latitude — il reste que la température, en diminuant avec l'altitude, règle pour l'essentiel la *superposition des étages de végétation* (chez nous : collinéen, montagnard, subalpin, alpin). Notamment en ce qui concerne les espèces forestières* qui doivent à leur longévité d'intégrer les variations du climat sur des périodes déjà longues. Combiné avec les variations de l'humidité, le refroidissement en altitude entraîne la stagnation des nuages à certains étages plutôt qu'à d'autres. Ainsi, les montagnes arctiques, alpines, ou africaines sont-elles irréductibles les unes aux autres. Mais les « étages » que le botaniste y reconnaît leur assure un certain air de famille...

La tentation de la cartographie

« Aller du local à un certain emboîtement d'ensembles pour revenir du général au particulier ». C'est en ces termes que j'ai défini, quelques pages à peine plus haut, la démarche du climatologue. N'est-elle pas voisine de celle du géologue ou du « géobotaniste » qui donnent à certains de leurs travaux l'expression graphique d'une *carte*, soit du globe, soit d'un conti-

* Sauf pour l'étage *alpin*, les botanistes réservant par convention ce qualificatif à ce qui est précisément situé *au-dessus de la forêt.*

nent, soit d'étendues plus restreintes ? L'expression de *gisement* est usuelle pour les énergies solaire et éolienne ; celle même de *ressource naturelle* est employée pour l'ensemble du climat. Il existe, selon J.P. Marchand, « une prospection climatique comme il existe une prospection géologique, dépendant de la demande économique » (1985). Or, le « prospecteur » revient du « terrain » avec des cartes.

Le pas a été franchi très tôt, du moins à l'échelle du globe. Hors-texte de gros manuels et cartes murales se sont multipliées. Deux voies étaient offertes à leurs auteurs : les uns « classant » des climats définis au préalable pour reporter ensuite sur la carte l'extension de chacun d'eux, les autres cartographiant *séparément* des « ensembles (par exemple des ensembles thermiques et des ensembles pluviométriques) dont les « intersections » apparaissent alors visuellement. Malgré les très grands services que ces planisphères rendent sur le plan pédagogique, les objections fusent quand on les regarde de près : sur l'un — dû à Köppen — le climat de Montréal se trouve identique à celui de Reykjavik, tandis que de Martonne regroupe sous le même terme de « subtropicaux » les climats de la Grèce, de la Chine du Sud et du Mexique ! Dans ces deux cas, les auteurs sous-estimaient les contrastes saisonniers que l'Allemand Carl Troll devait au contraire tenter de revaloriser.

Mais le plus grave est que tous ces « climats » que l'on s'efforçait de définir *n'ont pas sur le terrain de limites rigoureuses.* Il s'agit en fait de *franges*, (qui se traduisent par des « gradients spatiaux »). De Martonne avait eu conscience de la chose en parlant d'*affinité* entre climats.

Même à cette échelle mondiale, les auteurs abandonnèrent souvent la représentation de « types de climats » pour exprimer le jeu de conditions spécifiques plus ou moins favorables, pour les uns à la végétation (cartes « bioclimatiques » des botanistes), d'autres au métabolisme humain (Max Sorre), d'autres encore aux besoins en eau des cultures (Thornthwaïte). La diversité s'affirmait des besoins à satisfaire : enseignement (« commentaire de cartes », planification, recherche enfin (la carte devenant dans ce cas un document de référence pour les chercheurs d'autres disciplines).

Deux voies s'offrent à qui veut dépasser cette étape assez sommaire de la cartographie des climats du globe.

L'une est de s'attacher plus finement à certains caractères du climat, tels que l'ampleur des variations saisonnières (*amplitude de température*). Cette première orientation conduit à l'établissement d'*Atlas climatiques.* Presque tous les états possèdent aujourd'hui le leur. L'autre recourt à des échelles plus grandes encore qui permettent le figuré de l'ensemble des variables jugées représentatives en chaque lieu, si possible en les hiérarchisant. Cette seconde démarche conduit, à l'instar des géologues, puis des botanistes, à réaliser la « couverture » de l'ensemble d'un territoire national[35]. Dans les deux cas, mais surtout dans le second, le recours à des échelles plus grandes soulève des difficultés que le lecteur est à même d'imaginer facilement.

La première est que la densité — et la qualité — de l'*information* devient vite une donnée essentielle*. Toute cartographie du climat repose en effet sur l'exploitation d'un nombre limité de données provenant des « stations météorologiques ». Pour un nombre donné de celles-ci, la précision que l'on peut espérer du graphisme décroît comme le carré de l'échelle. Et (sauf circonstances très rares) le climatologue ne peut, comme le géologue ou le botaniste, approfondir la connaissance qu'il a d'un secteur limité de son « terrain » en y procédant à des prospections plus fines.

Une autre difficulté vient de l'*homogénéité* souhaitable *des séries* utilisées. Pour dresser un planisphère des climats du globe, nos devanciers du début du siècle disposaient, par exemple pour la Laponie et le Soudan, d'informations ne différant pas foncièrement de celles qui sont aujourd'hui les nôtres. De tels contrastes climatiques ne peuvent être remis en cause. Mais s'agit-il de comparer les « Alpes du Nord » aux « Alpes du Sud », les conclusions des auteurs récents peuvent ne plus être ce qu'était il y a 60 ans l'opinion d'un Ernest Bénévent**. Tout ce caractère « spatio-temporel » de l'information climatique impose ses servitudes — et encore ses énigmes — au fur et à mesure que s'accroît la finesse avec laquelle on désire travailler.

Reste enfin le concept même des « contours » qui pose de plus en plus problème quand on travaille à grande échelle. De Martonne avait, nous l'avons vu, créé le terme d'« affinité ». Certains de nos collègues disaient avec humour que « tout climat était un climat de transition ». Mais une autre tendance s'attachait à préciser des *seuils* : c'était le cas de Max Sorre étudiant la « thermorégulation » de l'organisme humain. Toute une génération de géographes devait s'attacher davantage à déterminer de tels seuils qu'à approfondir les concepts de « franges » et de « gradients ».

Or, ce sont ces concepts qui s'imposent à qui veut définir le climat avec finesse...

L'établissement de ces contours, surtout dans le cas de cartes d'échelles

* Péguy Ch.P., de Saintignon M.F., « L'information climatique en France ». *Ann. de géogr.* 1966, p. 657-672.

** Bénévent E., « Le climat des Alpes françaises », *Mémorial de l'Office National de la Météorologie,* n° 14, Paris, 1926.

moyennes, est le résultat de calculs qui font de la carte l'expression graphique d'un *modèle* (encore un « concept » au cœur de bien des débats chez les géographes !). Les contours respectent des « fourchettes » d'erreurs que l'auteur s'est fixé lui-même *a priori* : « cartographier les climats » n'a donc, comme on le voit, rien de simple.

L'informatique, après avoir contribué à l'amélioration de la cartographie « classique » (collecte, vérification et traitement des données) concurrence maintenant partiellement celle-ci pour ce qui est de l'*expression*. Le développement de la microinformatique joue un rôle considérable dans le reflux de l'édition cartographique classique. La multiplication des logiciels de « cartographique automatique » permet de fournir des cartes « à la demande », au gré de l'évolution des besoins... et de la floraison des concepts. Mais certains regrettent le « fini » des cartes plurifonctionnelles conçues dans les années 50...

Une symphonie avec des dissonances

J'ai évoqué plus haut le réchauffement de l'Europe au siècle dernier : il s'étendit pratiquement à tout notre hémisphère, de 1850 à 1950. Il entraîna une fusion exceptionnelle des grandes masses glaciaires, au point de provoquer un relèvement léger, mais indiscutable du niveau des océans. Les géophysiciens l'estiment à 3 mm/an. Ce phénomène, qui nous place en face d'un « effet » du climat, peut-être inattendu pour certains lecteurs, constitue un véritable « intégrateur » des conditions thermiques régnant sur la planète.

Des obscurités demeurent toutefois dans son interprétation. Le relèvement observé de 1950 à 1980 est de près de 10 cm, soit deux fois plus rapide que pour le siècle précédent : or, les températures de la basse atmosphère avaient précisément cessé de s'accroître dans les années 50. D'autre part, les géophysiciens d'il y a trente ans attribuaient exclusivement cette augmentation volumique des mers à la fusion des glaciers. On sait aujourd'hui qu'une partie doit en être attribuée à la dilatation des couches superficielles des océans[34].

A ces effets de variations climatiques pluriséculaires, et de grande ampleur, se superposent des accidents climatiques plus brefs, rarement prolongés sur plusieurs années, et qui ne touchent que des portions limitées de continents.

Nous connaissons février 1956, et le gel des oliviers provençaux. Ce fut l'hiver du siècle sur tout le pourtour nord de la Méditerranée. Mais c'est sept ans plus tard — en janvier 1963 — que l'Angleterre centrale vit le thermomètre descendre, au dire de Gordon Manley, à des températures qu'elle n'avait pas connues depuis... 1684 ! Un hiver qui devait laisser de mauvais souvenirs dans l'Europe océanique : banquise côtière devant Dunkerque, gel d'un bras de la Loire à Nantes. Vagues de froid — comme de chaleur — déferlent sur tel ou tel secteur de nos continents au gré des aléas des grands courants de l'atmosphère.

Fréquemment, ces accidents thermiques de courte durée s'inversent entre pays relativement voisins. En février 1963, alors que le gel s'appesantissait encore en Angleterre, la température s'élevait à 5° C au-dessus de la normale en Terre de Baffin. A l'échelle des valeurs journalières, les bizarreries peuvent s'exacerber ; le 17 décembre 1879, alors que le thermomètre était descendu à – 22° C le matin au Parc Saint-Maur (près de Paris), il dégelait sur toute la Scandinavie, avec des températures supérieures à + 5° C sur le littoral au nord de Bergen.

Bien vieux que tout cela, dira-t-on. Mais, en juillet 1987 chacun a vu, à la télévision, les inondations de Lombardie (et la fraîcheur de notre été alpestre), les jours mêmes où débutait en Grèce cette vague de chaleur faisant près d'un millier de victimes. Autant de dissonances dans cette lente symphonie qu'est la succession des saisons, des années — ou des périodes géologiques.

Les variations des *précipitations* méritent qu'on s'y attarde davantage. Pour en évoquer la complexité en simplifiant au maximum, je ne citerai ici que des successions d'années entières, et en ne comparant que des couples de villes prises deux à deux. Je retiens le couple Lisbonne-Le-Cap (période commune : 1856-1960), puis deux stations appartenant aux deux façades d'un même « subcontinent », Bombay et Calcutta (1871-1980).

La technique que je suis — élémentaire pour le statisticien — consiste ici à « corréler » les totaux pluviométriques des années successives avec la suite des millésimes. Cela conduit à un « ajustement » qui sur un graphique portant horizontalement les années et verticalement les hauteurs de pluie serait une droite. Le Cap (Captown) et Lisbonne occupent des positions « méditerranéennes » symétriques dans les deux hémisphères. On constate que la pluviosité a décru dans les deux villes tout au long du siècle ; – 8/10 mm/an au Cap, – 65/100mm/an à Lisbonne. J'appelle cette valeur la *dérive**. Le signe « – » (dérive négative) signifie que les précipitations diminuent. Mais des calculs plus fins montreraient que si l'évolution des précipitations paraît s'être faite ainsi dans le même sens au Cap et à Lisbonne *à l'échelle séculaire*, on ne pouvait néanmoins y déceler aucune analogie de comportement, sauf très momentanément à des échelles très fines[35].

Le même calcul effectué entre Bombay et Calcutta donne des résultats tout différents. Dans les deux villes les pluies se sont accrues, plus ou moins régulièrement, tout au long du siècle (dérive positive). A Bombay : + 3,7 mm/an, soit 370 mm sur le siècle entier, ce qui est énorme. A Calcutta, le même calcul donne une valeur environ cinq fois plus faible, mais est, ce qui est plus grave, *dénué de toute signification*[36].

Cette différence de comportement entre les deux stations indiennes est peut-être rendue plus évidente encore par une autre technique : la recherche systématique de périodes d'années consécutives de pluviosité, soit déficiente, soit au contraire excédentaire.

A Bombay, les 30 années de pluviosité minimale se situent de 1898 à 1927 et les 30 années les plus arrosées de 1949 à 1978 : l'écart entre ces deux moyennes trentenaires incluses dans un siècle est de près de 500 mm (1898-1927 : x_0 = 1 673 mm — 1949-1978 : x_0 = 2 168 mm). La période trentenaire la plus pluvieuse se trouve être la plus proche de chez nous, résultat concordant pleinement avec l'accroissement de pluviosité révélé déjà par le calcul de la dérive.

A Calcutta, les positions chronologiques des deux périodes de pluviosité extrêmes s'inversent, avec des totaux annuels moyens de 1 656 mm (1899-1928) et de 1 536 mm (1938-1967) : *à une année près, la période la plus pluvieuse à Calcutta coïncide avec la période la plus sèche de Bombay.* L'écart est, à Calcutta, il est vrai, moindre ; il pourrait suggérer, néanmoins, une diminution progressive des précipitations dans cette dernière ville, résultat inverse de celui que donne le calcul de la dérive (fig. 5). Mais demandez à votre « micro » de refaire ces mêmes calculs systématiques de moyennes pour des périodes, cette fois, de 40 ans (moins usuelles) : voici que la période la moins arrosée va de 1872 à 1911. On voit le piège : le premier calcul place la pluviosité déficiente au Bengale au milieu de notre siècle, le second peut faire penser que le « pire » aurait été connu autour de 1900. De là à dire que tout serait allé mieux depuis, il n'y a qu'un pas... Le fait est que la succession des totaux de pluies annuels à Calcutta offre toutes les apparences d'un joyeux désordre...

---

* Je reviendrai sur ce terme au chap. 9, p. 182 pour en expliciter le sens.

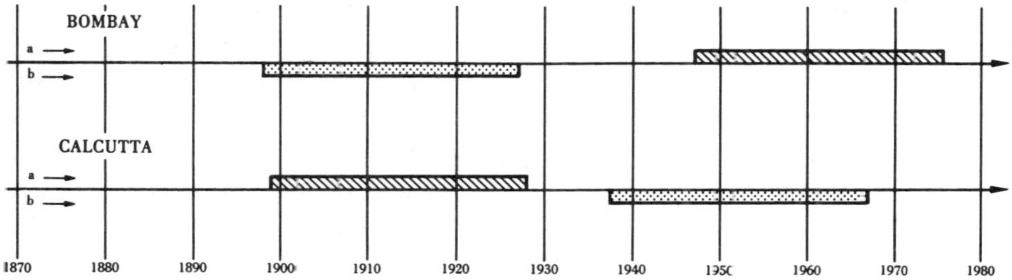

Fig. 5. — *Positions chronologiques des périodes trentenaires les plus ARROSÉES (a) et les plus SÈCHES (b) à Bombay et à Calcutta (séries 1871-1980).*

A une année près, la période la plus pluvieuse à Calcutta coïncide avec la période la plus sèche à Bombay.

En bref, le rapprochement de moyennes calculées sur 30 ou 40 ans à peu près d'un siècle de distance est, à Bombay, significatif d'un accroissement réel de la pluviosité. A Calcutta, le même calcul est *sans signification*. Constation théorique qui va bien au-delà des pluies... Prenons conscience qu'il existe des « séries » de données pour lesquelles un auteur peut faire dire aux moyennes à peu près *ce qu'il veut* — à condition de choisir plus ou moins honnêtement les « bornes » entre lesquelles il calculera sa moyenne.

Échos du Pérou et d'ailleurs*

L'existence de déserts côtiers — tels ceux qui bordent l'Atlantique au sud du Maroc — est un phénomène dont l'origine est connue depuis longtemps : il suffit que l'air présente là, pour des raisons tenant à la circulation générale de l'atmosphère, une tendance à la « subsidence », c'est-à-dire à s'écraser au sol**. La situation devient alors semblable au courant descendant du föhn, au versant « sous le vent » d'une chaîne de montagnes : l'air, nous le savons, en perdant de l'altitude, s'éloignait nécessairement de son point de saturation. La sécheresse s'aggrave quand la côte est baignée d'eaux particulièrement froides. Le contact de celles-ci favorise les brouillards intenses mais rend l'air trop « stable » en le refroidissant à sa base

* Je remercie O. Dolfus et B. Francou pour leur complément d'informations apporté sur le Pérou.

** D'où des pressions anormalement élevées en été.

et interdit les mouvements convectifs sans lesquels il ne peut y avoir de véritable pluie. Or, la configuration des bassins océaniques et la mécanique des masses d'eau sont telles qu'en Californie comme au Maroc, au Pérou comme en Angola, c'est le cas partout, ou presque, à ces latitudes. Un voile épais de nuages bas couvre le littoral une bonne partie de l'année. L'arrivée en avion à Lima est, à cet égard, entre mai et novembre, spécialement spectaculaire : l'appareil plonge littéralement dans *la garua*, épais matelas de stratus bas. Mais de précipitations, point[37].

Je vais me limiter au Pérou, où l'anomalie thermique est la mieux marquée* et, pour les raisons que l'on va voir, la mieux étudiée. Certes, ces eaux littorales exceptionnellement froides interdisent au Pérou d'offrir dans les agences de voyage ces alléchantes affiches qui font, ailleurs, la fortune des Bahamas ou de Tahiti. Mais elles lui apportent un autre atout avec la pêche. Leur richesse en phosphate « permet un développement exceptionnel du plancton, et par suite du poisson et de l'avifaune » (A. Guilcher). Moins spectaculaire que le tourisme de luxe, la pêche et le traitement industriel de l'anchois est aussi une source de dollars ; le Pérou en est le numéro « un » mondial**.

Mais ces eaux, venues en fait tout droit de l'Antarctique, finissent par venir buter, le long du littoral américain, contre une « masse d'eau chaude équatoriale ». Au-delà, adieu fortune de l'anchois, mais l'air n'étant plus refroidi à sa base, c'est aussi la fin des brouillards et le retour des pluies, l'été (austral), sur le rivage.

On ne peut marquer sur une carte « où » se fait cet affrontement brutal des eaux froides et des eaux équatoriales. Ni où se ferait, en vis-à-vis, sur le littoral, le passage du désert côtier à la végétation tropicale. Car ce point est soumis à une oscillation annuelle bien marquée. En juin, le courant froid remonte d'un degré — une bonne centaine de kilomètres — dans notre hémisphère. En décembre il reste au contraire bloqué à trois ou quatre cents kilomètres plus au sud, impuissant à repousser plus loin les eaux chaudes équatoriales qui débordent alors largement sur l'hémisphère austral.

Fait à noter : ces eaux chaudes sont plus légères, et donc plus hautes (jusqu'à une quarantaine de centimètres) que les eaux froides dont elles prennent le relais. Enfin, cette transgression des eaux équatoriales s'accompa-

* La température de l'air sur le littoral est, en moyenne annuelle, inférieure de 4° C à celle de cette latitude. Celle de l'eau, en surface, inférieure à 8° C à ce qu'elle serait sur un globe entièrement océanique.

** Le tonnage d'anchois pêchés au large du Pérou a approché certaines années, les 15 millions de tonnes, ce qui représente le *cinquième* des prises mondiales de poissons.

gne de pluies. En raison de sa date, les Conquistadores eurent tôt de baptiser le phénomène « *El Niño* », du nom de l'« Enfant (Jésus) ».

Ceci se passe tous les ans.

Peu de choses, dira-t-on. Océanographes, géographes, puis économistes ne se seraient pas intéressés comme ils l'ont fait à ce *Niño* si ce balancement saisonnier mineur n'intéressait que quatre cents kilomètres d'un littoral peu peuplé. Tel n'est pas le cas. De loin en loin les choses prennent un caractère excessif au point que le phénomène prend une dimension planétaire. On observe une extension exceptionnelle du courant qui, au lieu de venir mourir vers le 2° latitude sud peut dépasser, dans les cas extrêmes, le 10e parallèle. La température de surface de la mer a pu excéder, parfois de 9° C la « normale ». Enfin, des poussées anormales d'eaux équatoriales peuvent se prolonger jusqu'à plus d'une année entière : dans ce cas les températures continuent de s'élever jusqu'en juin-juillet.

Actuellement — mais l'usage n'en remonte qu'à quelques décennies — le terme de *Niño* n'est employé que pour les seuls cas excessifs de cette oscillation vers le sud des eaux chaudes, et aux dérèglements qui en résultent[38]. Car cette rupture d'équilibres physiques entraîne des incidences remarquables sur le plan des activités humaines. Toutes fâcheuses. La pêche subit de plein fouet les effets de la destruction de l'écosystème marin (au point que l'hydrogène sulfuré provenant de la décomposition des cadavres de poissons retarde à son tour la reconstitution de la faune...). La venue des eaux chaudes sur le littoral désertique arrête la subsidence de l'air, donnant libre cours à de vigoureuses averses tropicales : mais loin que l'eau soit une richesse, elle ravine un sol qui ne disposait d'aucune protection végétale contre l'érosion. Et le jeu diabolique des « interconnexions » entre climats voisins fera que, dans le cadre national péruvien, des sécheresses pourront éprouver la paysannerie andine sur l'Altiplano au moment même où des crues catastrophiques ravageront le secteur désertique du littoral. Plusieurs politologues estiment qu'à dix ans de distance les deux *Niños* de 1972 et de 1982 ont contribué à « destabiliser » le pays[39].

La fréquence de ces *Niños* va être d'une douzaine par siècle. Rien à voir avec ces phénomènes qui mériteront d'être qualifiés de « catastrophiques » pour leur extrême rareté. Par contre, le terme de catastrophe a été retenu (notamment par C.N. Caviedes) en donnant à ce mot la signification précise qu'il a pour certains mathématiciens (Thom et Zeeman)*.

---

* Voir ci-dessous, chap. 8, p. 163.

Le *Niño* de 1982 dépassa en gravité tous les précédents. Le réchauffement de l'océan se fit sentir sur une surface représentant dix fois celle de la France, tandis que le taux en CO_2 de la basse atmosphère doublait. L'étude des *Niños* (outre la gravité de leurs incidences économiques) a entraîné très tôt les climatologues dans des perspectives d'« interconnexions » (ou de « téléconnexions ») climatiques de plus en plus lointaines. Qui s'avèrent être souvent négatives. A des distances encore relativement faibles, les *Niños* graves coïncident, dans une proportion de plus des deux tiers, avec une déficience marquée des précipitations dans les Andes Centrales et l'Avant-Pays amazonien (B. Francou et L. Pizarro). Le niveau du lac Titicaca est ainsi significativement plus bas les années de fort *Niño*.

Au-delà, ce sont les tragiques sécheresses du *Noroeste* brésilien que l'on a tenté de corréler avec les *Niños*. Concordances qui apparaissent en porportion insuffisante pour prouver quoi que ce soit, mais déjà trop forte pour ne pas poser problème. Mieux : un taux de concordance qui n'est ni meilleur ni pire paraît exister entre les années à *Niño* et un durcissement de la sécheresse au Sahel ou en Éthiopie, son extension au Bengladesh, voire à la Chine Centrale. Et pendant ce temps des trombes d'eau s'abattent sur les Philippines, ou le Chili Central, des pluies très supérieures aux normales sur la Méditerranée se faufilaient jusqu'en Afghanistan. Déjà, en janvier 1973, les météorologues américains avaient rendu ce malheureux *Niño* responsable des neiges abondantes qui tombaient à ce moment-là sur leur pays. Bref, une planète détraquée !

Responsable ? Un mot vite lâché, et dangereux. La science n'a à prendre ni le visage, ni le langage d'un tribunal. Je reviendrai, dans un prochain chapitre, sur les problèmes que posent les relations de *causalité* en climatologie. Problèmes envisagés aujourd'hui avec plus de prudence qu'au siècle dernier. Hypothèse que l'on peut par exemple formuler ici : le *Niño* et la sécheresse du versant atlantique (ou même de l'Altiplano) ne dériveraient-elles pas l'un et l'autre d'un *troisième* fait pour le moment encore inconnu de nous ?

Pourtant, les climats de la planète ne sont pas tout entiers suspendus aux rythmes qui règlent le ballet des eaux et de l'atmosphère dans le Pacifique.

Dès 1765, un historien du Groënland faisait état de ce que les hivers froids de ce pays, alors colonie danoise, étaient souvent concomitants avec des hivers tièdes au Danemark, et inversement* ; sentiment que toutes les

* Garnier R., 1981, p. 52.

études ultérieures devaient confirmer. La connaissance des pressions au sol, puis des « sondages aérologiques » devait apporter sur l'atmosphère de toute la calotte boréale des informations dans le détail desquelles il serait hors de propos d'entrer ici, mais toujours *parfaitement cohérentes entre elles.* Ce qui pouvait passer autrefois pour bizarrerie du thermomètre ne peut plus être considéré par le physicien du globe comme quelque fait du hasard. C'est l'« oscillation thermique Groënland-Europe du Nord ».

Franchissons deux siècles après la première mention d'une telle curiosité, et déplaçons-nous vers le Sud. Le contraste va apparaître cette fois dans la répartition des pluies. Voici l'automne 1969 ; dans les Alpes françaises, une saison d'une sécheresse exceptionnelle : du 20 septembre au 6 novembre il était tombé pratiquement nulle part plus de 5 mm de pluie* (sauf en Maurienne et en Tarentaise) : un phénomène dont l'« occurrence » présente une rareté d'ordre centenaire. Le Drac au Sautet — l'un des repères majeurs de l'hydraulicité française — avait vu son débit tomber à 9 m^3/sec., la valeur la plus basse depuis le début des observations, en 1935. La fin de l'été, chaude et ensoleillée, avait permis au raisin de mûrir dans les jardins de Briançon, ce qui ne s'était pas vu depuis les étés de la guerre...

Ceci, pour l'Europe...

Mais plus au Sud, au même moment, à moins de 1 200 km de là, la Tunisie est ravagée par les pires inondations qu'elle ait sans doute jamais connue. Des morts par centaines. Des dégâts par milliards. Quatre épisodes orageux qui n'épargnent guère que le Nord du pays et dont le premier (26-28 septembre) fait près de 400 morts et 100 000 sans abris. Les tourmentes suivantes se succéderont comme des vagues d'assaut jusqu'au 29 octobre, faisant moins de victimes, mais accumulant les ruines. Dans certains cas, le total des précipitations d'octobre dépassera le *double* du précédent record enregistré jusque-là pour une station donnée**, et dans une région déjà pourtant connue par la variabilité interannuelle de ses pluies. Compte tenu des conditions d'occupation du sol, le terme de catastrophe a pu être avancé ici sans ambiguïté.

---

* de Saintignon M.F., 1970

** Sfax, octobre 1969 : 463 mm. Précédent record, octobre 1957 : 144 mm. Moyenne mensuelle d'octobre : 34 mm. (Poncet, « La catastrophe climatique de l'automne 1969 en Tunisie », *Ann. de géogr.* n° 435 (1970), p. 581-595.

Un nouveau dieu pour les « météos » : l'océan...

Chacun sait que la température s'abaisse, normalement, quand on va vers les pôles pour s'élever, au contraire, si l'on se dirige vers l'équateur. Fait exact, qui demande à être précisé tout de suite sur deux points. Nous connaissons le premier : c'est aux latitudes moyennes que l'effet d'une variation donnée de latitude est le plus fort. L'autre est qu'il n'y a pas de *symétrie thermique* entre les deux hémisphères.

Il y a tout juste un siècle des géographes, surtout allemands, s'ingéniaient déjà à calculer quelles températures théoriques devaient régner aux différentes latitudes. Sans ordinateurs. Sans la vue dynamique que nous avons aujourd'hui du problème... Mais ce fut suffisant pour s'apercevoir que l'équateur était en fait moins chaud, et les pôles moins froids, que ne le voulaient leurs équations. De l'équateur à chacun des pôles, des processus interviennent qui introduisent une certaine égalisation de l'atmosphère à la surface du globe. C'est-à-dire qui créent en un transfert irrégulier, mais continu, de chaleur des basses vers les hautes latitudes.

Quels processus ? deux fluides peuvent en être le siège : l'atmosphère et les océans.

C'est à l'atmosphère que l'on pense d'abord. Dès l'entre-deux guerres, les spécialistes proposèrent des schémas (on dira plus tard des « modèles ») de la circulation atmosphérique d'après des lois bien établies*. Les résultats en étaient satisfaisants dans l'ensemble. Mais sans plus.

Depuis une ou deux décennies, les géophysiciens mettent en avant les fonctions de l'océan. Certes, les géographes parlaient depuis longtemps de « climats océaniques » et de « climats continentaux ». Mais ils attribuaient à la mer un rôle surtout passif, lié à sa « capacité calorifique ». Aujourd'hui, l'on insiste sur ses fonctions *dynamiques*. Les courants, d'abord, qui permettent aux eaux chaudes de gagner des latitudes plus élevées (le « Gulf stream »), ou à l'inverse à des eaux froides d'approcher de l'équateur (le courant de Humboldt au large du Chili et du Pérou). Mais l'océan, avec ses « masses d'eau » pratiquement non miscibles, joue un rôle plus large encore dans la répartition planétaire du « fait thermique ». J. Merle (1980) résume le « rapport de forces » existant entre océans et atmosphère par trois chiffres : (i). ils forment 72 % du « plancher » de l'atmosphère (contre 28 %

* Parmi celles-ci la fameuse « force de Coriolis » qui, pour un observateur terrestre, dévie les corps en mouvement sur leur droite dans l'hémisphère nord et leur gauche dans l'hémisphère sud (la force s'annule à l'équateur). On sait que dès le début de ce siècle, les artilleurs en tenaient compte pour leurs tirs à longue portée.

pour les continents et les inlandsis) ; (ii). la capacité calorifique des océans est 1 200 fois celle de l'atmosphère, (iii). la « dynamique océanique » entraîne une «redistribution » géographique de l'énergie des océans selon des constantes de temps beaucoup plus longues que (pour) l'atmosphère (J. Merle)[40].

Cette dernière ne conserve la « mémoire » d'une perturbation que pendant trois semaines au plus*. Dans les océans, les courants superficiels s'effectuent à l'échelle de temps d'une large fraction au moins de l'année. Quant aux courants profonds, lents, mais aux masses gigantesques, on parle aujourd'hui d'acheminements portants sur plusieurs siècles... Un rapport de l'ordre de 1 à 50 000. On pourrait ajouter que le CO_2 est dissout dans les mers dans une quantité 60 fois plus grande que celle entrant en mélange dans l'air.

Non seulement la mer participe à l'égalisation (relative !) des températures sur le globe mais le caractère tourbillonnaire des courants dans les grands bassins océaniques contribue à entretenir les contrastes thermiques relativement brutaux des latitudes moyennes (45° – 50°).

Or, cette sorte d'« accélération » de la composante méridienne du flux thermique aux latitudes moyennes est d'une portée immense. Près des pôles, comme de l'équateur, l'air tend (sans pour cela stagner) à constituer des *masses* homogènes. Froides ou chaudes : humides ou sèches. A l'intérieur de celles-ci les lois de la physique jouent (ou presque) comme en laboratoire. Le météorologue a été ainsi amené à dénommer *masses d'air* de vastes cellules atmosphériques approximativement homogènes dans le sens horizontal, qui ont acquis certaines propriétés en stagnant sur une région géographiquement uniforme, et ont la faculté à se déplacer ensuite en gardant quelque temps l'essentiel de leurs propriétés initiales. Mais aux latitudes intermédiaires — les nôtres — où des conditions homogènes d'échauffement ne peuvent se maintenir sur de vastes espaces, il est très rare de voir s'établir, et se maintenir, de telles « masses d'air ». Nos régions sont normalement une zone d'« affrontement » entre des influences venues de latitudes soit plus élevées, soit plus basses. Ce n'est pas un hasard si l'on appelle « fronts » ces contacts brutaux et mouvants opposant à nos latitudes, des masses d'air se chassant l'une l'autre.

Sur le second point (l'asymétrie), je me limite à l'essentiel. De part et d'autre de l'équateur, et vers lui, soufflent les alizés : du Nord-Est dans notre hémisphère, du Sud-Est dans l'autre. Vents d'une régularité extrême dont les navigateurs d'antan savaient faire le plus grand usage. Or, leur « convergence » s'effectue, non vers l'équateur géographique, mais vers un

* Je reviendrai sur cette expression qui peut paraître curieuse de « mémoire » d'un milieu physique ; v. ci-dessous. chap. 7.

« équateur météorologique » situé en fait dans notre hémisphère. Car la physique de l'atmosphère manque, en fait, totalement de symétrie. Qui s'en étonnerait ? L'hémisphère austral est mieux fourni en océans que le nôtre, plus riche en glace également (la superficie de l'Antarctique représente huit fois celle du Groënland). *Tout se passe comme si un certain « équilibre » de chaleur devait être maintenu entre les deux hémisphères météorologiques* : celui du Sud devant compenser par une surface plus grande l'insuffisance de températures élevées.*

Mais cette dissymétrie météorologique *et* climatique des hémisphères n'est pas fixée une fois pour toutes. Elle fluctue selon les « types de temps »**, les saisons, les années, sans doute les siècles. Elle est le reflet d'un équilibre instable, sans cesse remis en question. Au sein des masses d'air et des « masses d'eau » océaniques, depuis que le monde est monde, se joue entre nos deux hémisphères une gigantesque partie de bras de fer...

L'année australe 1982-83 a permis des observations remarquables sur le Pacifique. Océanographes et météorologues en ont appris beaucoup, grâce à la possibilité qu'elle a offerte de replacer un *Niño* d'ampleur exceptionnelle dans son cadre planétaire.

Tous les ans c'est, nous l'avons vu, un affaiblissement de l'alizé austral qui permet, autour de Noël, au flux des eaux équatoriales plus chaudes de se mettre en branle... vers le Sud.

Mais, de loin en loin — les années à *Niño* (au sens actuel du mot) — l'affaiblissement de l'alizé s'est trouvé précédé l'année immédiatement antérieure, *par un renfoncement de celui-ci.* Quand tombe le vent, les eaux superficielles chaudes refoulées vers l'Indonésie refluent vers l'Amérique. Comme un ressort qui se détendrait d'autant plus vivement qu'il aurait été fortement comprimé auparavant. Une onde se propage, à la vitesse de 130 km par jour. Un courant gringalet, le « contre-courant équatorial », qui existe en tous temps, se trouve subitement renforcé. Mais c'est surtout en raison d'un transfert de chaleur d'Ouest en Est — disons des Salomons aux Galapagos — que ces « années à « *Niño* » apparaissent comme remarquables sur le plan du Pacifique tout entier.

Dans ces cas extrêmes la mer, qui n'est plus rafraîchie par le souffle de l'alizé, devient une chaudière. Or, à ces latitudes, les pluies vont de pair avec la température : à Christmas, il est tombé, d'août à octobre 1982, 530 mm de pluie pour une moyenne de 74 mm seulement (Doumenge). Surtout, ces eaux pacifiques surchauffées favorisent la formation de cyclones

* Calottes respectivement situées de part et d'autre de l'équateur météorologique.

** Le « type de temps » représente l'organisation spatiale des masses d'air, des fronts et des pressions conçue à une échelle de durée allant de 1 à 5 ou 6 jours.

(pour lesquels on a noté qu'une température de la mer supérieure à 28° C favorisait la « genèse »): une succession de *cinq* cyclones de forte intensité, ne faisant certes qu'une dizaine de morts, mais des dégâts considérables dus surtout aux vagues de tempête sur les atolls bas[41].

Pendant que la Polynésie était ainsi ravagée par les eaux, l'Australie subissait les effets d'une sécheresse apparemment sans précédent.

Onze millions d'hectares de terres cultivées y demeurent sans récoltes, ou n'y peuvent porter de bétail, pour cette année-là. 40 000 hectares de forêts détruits par les incendies. Des milliers de fermes endommagées. Melbourne même atteint par une tempête de sables suffocants : tel était le bilan de l'été austral 1982-83 pour l'Australie orientale. Curieuse boucle, qui enserre ainsi le Pacifique, certaines années, d'excès opposés, où l'homme ne trouve nulle part l'équilibre qui lui serait propice.

Curieuse boucle ? Il y a plus de cinquante ans, l'Anglais Sir Gilbert Walker, étudiant les *pressions* barométriques sur l'ensemble du Pacifique sud, remarquait que quand celles-ci se trouvaient anormalement élevées sur l'Australie du nord (Port-Darwin), elles tendaient au contraire à fléchir sur l'île de Pâques, le tout selon un rythme irrégulier et lent de trois à sept ans se superposant aux variations saisonnières de la pression qui sont normales à ces latitudes. C'est la « Grande Oscillation Australe ». Pour des raisons pratiques, cette oscillation est aujourd'hui mesurée sur une distance plus courte, entre Port Darwin et Papete (Tahiti). D'autre part, les pressions ainsi mesurées sont, mois par mois, « corrigées des variations saisonnières » (expression maintenant familière aux Français !) de façon à ne laisser subsister que l'oscillation de longue période : l'amplitude de celle-ci, après correction, est de 6 à 7 millibars. Le sigle usuel est le S.O.I. (*Southern Oscillation Index)*[42]. Or, l'on a constaté que tous les cas d'apparition du *Niño* correspondaient à des cas de pressions à Darwin (corrigées comme il a été dit) supérieures aux pressions de Tahiti. C'est-à-dire en période d'oscillation australe négative, sans pour autant qu'une telle situation de l'atmosphère entraîne nécessairement l'existence du courant. Mais, par contre, une oscillation australe positive joue, vis-à-vis du *Niño* un rôle totalement inhibiteur. Ainsi, si la cause locale de cette catastrophe climatique est bien, au Pérou, l'extension anormale vers le Sud, parfois un millier de kilomètres, d'un courant marin chaud, une cause plus lointaine, à l'échelle d'un océan qui couvrent près du tiers du globe, doit être recherchée dans une affaire — infime — de pression atmosphérique. — Alors, le « cercle vicieux » ?

Un mot qu'il ne faut jamais prononcer à la légère...

Mais voici qui surprendra sans doute. Le Cauca est un affluent du Rio Magdalena, en Colombie. Hémisphère nord et versant caraïbe. Or, les ingénieurs de la *Corporation Autonoma Regional del Cauca* viennent d'établir

(1984) un « modèle » de prévision statistique des débits de cette rivière en prenant en compte essentiellement le S.O.I. Les débits mensuels vont se trouver d'autant plus élevés que, de longs mois auparavant la pression à Tahiti aura été plus élevée qu'à Port-Darwin.

De Port-Darwin au bassin supérieur du Cauca : plus de *dix-sept mille kilomètres*. Il n'y a sans doute pas d'exemple comparable, sur la planète de « téléconnexion » s'établissant entre des faits physiques presque aux antipodes l'un de l'autre.

Stupéfiant ? Non pas. Les géophysiciens ont de plus en plus tendance, aujourd'hui, à mettre l'accent dans leurs analyses sur le déséquilibre existant dans le bilan énergétique des deux hémisphères et sur le rôle de l'océan dans leurs transferts d'énergie. Ce sont des déplacements de l'« équateur météorologique », donc de la convergence des alizés, qui entraînent sur le Pacifique l'apparition de l'« Oscillation australe »*.

Regardez plutôt un globe terrestre. Non une carte d'atlas — sur laquelle tout est aplati et dont l'éditeur aura, neuf fois sur dix, placé l'Europe au nombril de sa « mappemonde » —. Mais un globe. Vous y découvrirez que tous nos continents sans exception (l'« Eurasie » étant considéré comme un continent unique), sont, sur l'une de leurs façades, bordés par le Pacifique (ou par l'Océan indien).

L'Océan Atlantique, qui compte pour moins de 30 % de l'océan mondial, n'échappe pas à des phénomènes similaires, de taille plus modestes : nous avons noté la « téléconnexion » climatique Groënland-Europe du Nord. L'« anticyclone des Açores »** tantôt remonte en latitude, tantôt reflue vers le tropique, et voilà comment telle saison, que nous avons vue anormalement sèche en Europe, connaît des précipitations inouïes en Afrique du Nord. Bien plus, des phénomènes locaux absolument comparables au *Niño* péruvien peuvent apparaître en Angola par suite d'un retrait du courant de Benguela***.

Alors, sont-elles si curieuses ces concomitances entre le *Niño* péruvien et la carence des pluies au *Noroeste* ? Curieuses, ces sécheresses en Chine quand les pluies se font diluviennes aux Philippines ?

C'est le contraire qui serait étonnant.

---

* On doit retenir en tout cas que l'étude du *Nino* a été le premier, et restera l'un des plus remarquables exemples de collaboration « interdisciplinaire » entre météorologues et océanographes.

** Un anticyclone est une aire recouverte par des pressions sensiblement plus élevées que la moyenne (supérieures, par exemple, à 1 020 mb). Leur extension spatiale est supérieure à celle des basses pressions.

*** Le fait s'est produit en 1925 et se trouve signalé par R. Garnier (*La météorologie*, 1978).

Chapitre 6

LE CLIMAT CHANGE, LES HOMMES AUSSI

Donc, le climat d'une année n'est pas celui d'une autre. Le climat d'une décennie, d'un siècle, d'un millénaire n'est pas celui du siècle, du millénaire précédent.

On en eut conscience au début du siècle dernier. Il y eut la découverte des glaciations quaternaires : je renvoie à Robert Vivian (1974) pour les blocs erratiques et les anciennes moraines. De leur côté, des astronomes s'attachèrent aux variations théoriques que le climat de la Terre « aurait pu » connaître*. Les historiens faisaient enfin remarquer qu'un dessèchement paraissait avoir affecté nombre de régions jadis prospères de l'Orient... Une convergence d'énigmes. Mais, à la veille de la Seconde Guerre mondiale, nos connaissances restaient sur tout cela bien théoriques et trop floues.

C'est au cours des années 50 que tout se précipita...

Coup sur coup, l'on parvint à extraire du fond des mers des « carottes » de sédiments que les géologues surent dater (par voie isotopique), tandis que les organismes recueillis fournissaient des indications sur la tempéra-

* Milankovitch établit, vers 1920, une théorie intégrant toutes les anomalies connues des mouvements de la Terre pour proposer une reconstitution des climats du passé fondée sur l'analyse des causes ayant pu modifier celui-ci.

ture de l'eau au moment de leur dépôt. Puis, le fameux « carbone 14 » donna l'âge des matières organiques du temps jadis (plus exactement, la date de la mort des organismes). Une découverte qui valut à son auteur, W.F. Libby, le prix Nobel de chimie en 1960. Un autre américain, F.A. Douglass, renouvela par une analyse plus subtile le décompte des *cernes* — les anneaux de croissance des troncs d'arbres. Léonard de Vinci avait déjà signalé qu'il y avait là le moyen de connaître l'âge de nos plus vieilles forêts. E.A. Douglass, dans son *Tree Ring Laboratory* de Tucson, Arizona, allait porter cette *dendrochronologie* à l'âge de l'atome et de l'ordinateur. Progrès encore, les mêmes années, dans l'étude des vieux pollens que l'on trouve dans les sédiments du Quaternaire : la *palynologie*. Voilà le tour fait, vers 1960, des progrès réalisés dans notre connaissance des climats anciens — la *paléoclimatologie*. Une véritable réaction en chaîne entre découvertes qui se recoupent. Une convergence de techniques qui se complètent.

Ce seul exemple pour en souligner la portée : la dendrochronologie est imbattable sur le plan de la *précision*. Elle a ainsi permis de confirmer, pour un passé échappant aux observations météorologiques, l'existence de ces « téléconnexions », souvent négatives, que des données numériques nous avaient révélées pour le siècle dernier. Son rôle est irremplaçable dans l'étude de l'extension ancienne des anomalies. Lliboutry signale ainsi que « les époques pluvieuses dans le bassin du Colorado ont été des époques sèches dans la région de Banff (Alberta) et réciproquement ».

Un tour d'horizon ? Exact, sans doute, il y a vingt ans. Mais, rebondissement, depuis, de la paléoclimatologie avec les *forages glaciaires* à travers les inlandsis depuis 1966 au Groënland, depuis 1968 en Antarctique. On y pensait depuis longtemps. Car l'accumulation des strates annuelles de neige, sur un glacier, ne devait-elle pas constituer comme un « totalisateur » des climats successifs ? Comme les cernes de quelque gigantesque être minéral ? Mais les difficultés furent techniques, et logistiques. Je ne m'attarderai pas sur ces derniers progrès, tant en raison de la compléxité des techniques d'analyse que du fait que les enseignements qu'ils apportent vont bien au delà des limites chronologiques relativement étroites que je m'assigne : il s'agit là de *centaines de milliers d'années*.

Certitudes, énigmes, hypothèses

Une question se pose à nous, qui est de « situer » le climat des tout derniers siècles — notre histoire — à l'intérieur des climats que le monde a pu connaître au cours des derniers millénaires. Replacer l'histoire dans la préhistoire.

Le fait le plus saillant est ici que le climat ayant immédiatement suivi la dernière déglaciation a été momentanément plus chaud, et plus sec, que celui d'aujourd'hui (je me borne à examiner le cas de l'Europe). C'est la « *Wärmezeit* » des auteurs germaniques (« *hypsithermal* » pour ceux qui préfèrent parler grec...). L'une des preuves nous en est fournie par la présence de pollens de noisetiers dans les tourbières scandinaves, bien au nord de la limite actuelle de cette plante. Ainsi encore le chêne-vert — l'« yeuse » — plante typiquement méditerranéenne réussissait-il à s'implanter en Normandie. En soumettant leurs pollens à l'épreuve du C^{14}, on a daté cet optimum thermique de 4200 à 3200 avant J.C.*. Le Roy Ladurie a créé pour ce temps-là l'expression pittoresque de « millénaire ensoleillé ». Coïncidence ou non, c'est alors le début de l'agriculture dans l'ensemble Gaule-Germanie, et ces débuts se font d'ailleurs par le Nord**.

Telle serait la « borne » de nos climats que nous pouvons poser vers le « chaud ». Cherchons-en une vers le « froid ».

Une réponse nous sera donnée ici par les glaciers alpins. Un remarquable site pro-glaciaire du Tyrol — la « Bunte Moor »***, une tourbière placée à l'aval du glacier de Fernau, permet d'identifier, et de dater, plusieurs poussées glaciaires successives : entre 1400 et 1300 avant J.C. la langue terminale s'avança à *750 mètres* en avant de sa position connue pour 1850, date, on le sait, d'un maximum récent de la glaciation. Pour les archéologues, le XIVe siècle avant J.-C., le « minoen récent ». Sur le continent, la barbarie et le froid.

Si l'on considère que les sept à huit derniers millénaires, de façon à englober le réchauffement rapide postglaciaire et, au Sahara, une extension des lacs sur laquelle je reviendrai au chapitre suivant, on constate que le climat a oscillé pendant ce temps entre certaines *limites*. En se bornant à l'aspect thermique des choses, le « millénaire ensoleillé » de Le Roy Ladurie en fixerait la limite supérieure et l'épisode froid au second millénaire avant J.C., la limite inférieure. Donc l'histoire, *stricto sensu*, reste comprise entre les « bornes » climatiques de la préhistoire récente. Mais une ques-

* Ou 6150-5150 BP (BP = « before present »), le « present » restant fixé par convention à 1950.

** Le Roy Ladurie 1983, t. 1, p. 147-148. — J'emploie les expressions de « Gaule » et de « Germanie » en un sens purement géographique, sans me préoccuper des ethnies qui pouvaient alors peupler ces territoires.

*** Site signalé dès 1932 par Kinzl ; étude reprise par Mayr, en 1964 avec les techniques de « datation abolue ».

tion se pose alors à notre curiosité (et c'est ce qui donne une « actualité » à ce type de recherches) : ces limites peuvent-elles être présumées stables — à travers par exemple le prochain millénaire — ou peut-on imaginer une raison quelconque qui pourrait faire redevenir le climat de la planète (telle qu'elle est actuellement peuplée, et « organisée ») plus chaud qu'il y a 7 000 ans, ou plus froid qu'il fut il y en a 3 300 ?

Cependant, une question allait se trouver posée comme « en travers » de toute la paléoclimatologie : celle d'éventuelles modifications de la *circulation atmosphérique* au cours de cette fin du Quaternaire, et des premiers siècles de l'histoire... Et surtout, de modifications intervenant dans la circulation océanique : les « paléotempératures » trouvées pour les océans étaient souvent incompatibles avec l'existence d'un Gulf-Stream tel que nous le connaissons. Les pionniers en la matière furent les Scandinaves, notamment G. Peterson dès avant 1950.

On a vu que cette « circulation générale » se fait à nos latitudes, d'Ouest en Est (Tchernobyl, ce fut l'exception !). Le problème revenait donc à définir, par rapport à la situation actuelle, des écarts, ou des déviations que pouvaient présenter des « types de circulation » plus anciens : d'en inférer les anomalies climatiques qui s'en trouvaient induites. Il serait hors de question d'entrer ici dans des détails[43].

La véritable « histoire du climat » — celle des historiens — commence avec les « douceurs de l'an Mil » (en fait, un peu plus tôt).

Ce fut d'abord l'expansion vers le nord des Vikings. Au début, de vagues histoires de hors-la-loi, auxquels le Ciel a souri comme jamais peut-être à personne. Avant la fin du Xe siècle, des proscrits de Norvège avaient eu la chance de trouver l'Islande au bout de leurs proues. De là, Éric le Rouge, à son tour banni, atteint le Groënland en 982. Trois ans plus tard, il revient chercher des colons pour s'y installer. Exemple bientôt suivi[44]. Moins de deux générations plus tard, les fermes vikings s'étirent sur le littoral occidental sur quelques quatre cents kilomètres. Soixante dix églises. Deux évêchés. Tout cela totalement inconcevable de nos jours : mais au temps des « douceurs de l'An Mil » c'étaient, au Groënland des possibilités à coup sûr supérieures à celles d'aujourd'hui de subsister par l'élevage, sans doute même par la pêche. C'étaient, très probablement aussi, des conditions maritimes plus favorables : traversées plus sûres, et surtout plus courtes.

Douceurs polaires : douceurs alpestres. Après la « péjoration » contemporaine des grandes invasions, prévalut dans les Alpes un temps plus chaud, et sans doute plus sec qu'aujourd'hui. Preuves « paléoclimatologiques » dans les tourbières, preuves archéologiques aussi fournies par de vieux canaux d'irrigation aujourd'hui hors d'usage, et pour de bonnes raisons : ils allaient chercher de l'eau dans les torrents là où un refroidissement ultérieur a permis à la glace de recouvrir l'ancien captage — et d'y demeurer encore (Glacier d'Aletsch, Valais). Ailleurs, ce sont des moraines datant du XVIIe siècle qui ont recouvert les canaux (Glacier du Lys, Val d'Aoste). Comme les glaciers, en avançant, ont détruit des arbres dont on sait aujourd'hui dater la mort au ^{14}C, tout cela est admirablement connu. Tel est le cas de l'*Oberriederin*, détruit par une avancée du Glacier d'Aletsch en 1215.

Mais ce réchauffement n'allait pas être que bénéfique partout.

Dans les mêmes temps que les fiers drakkars touchaient des côtes jusqu'alors insoupçonnées de tous, les Sarrazins fréquentaient nos rivages méditerranéens. Pirates du Nord, pirates du Sud, disaient nos vieux manuels d'histoire de l'école primaire. Synchronisme bizarre. Mario Pinna propose une autre explication*. Qu'il y ait eu des pirates sarrazins sur les côtes du Languedoc ou de la Toscane, certes. Mais, dans de nombreux cas, les destructions qu'on leur impute sont telles qu'elles paraissent relever de la légende. Notre collègue italien avance l'hypothèse d'une remontée générale du niveau des mers consécutive à la fusion des glaciers. A l'époque post-carolingienne, ce relèvement aurait pu atteindre le double de celui constaté en notre siècle. Sur une mer sans marée, cela suffisait, selon Pinna, pour perturber gravement les équilibres littoraux. Perturbations dans l'écoulement des fleuves côtiers. S'y ajoutait, pour les fleuves issus de la haute montagne, une augmentation de leur « charge » due à une transformation du régime fluvial lié au réchauffement. Enfin, cette lente remontée rendait saumâtre l'eau des nappes phréatiques les plus externes. Certains sites d'habitat antique étaient abandonnés parce que de gigantesques coupoles de glace fondaient à six mille kilomètres de là...

Dans les Alpes, s'observaient de bien curieuses choses.

Voici le Haut Valais. Il est peuplé de populations germaniques qui s'y sont installées après la chute de l'empire romain. Avaient-elles déjà profité d'un léger redoux ? Toujours est-il qu'elles ont débordé, dans un second temps, le versant italien des Alpes, en contournant le massif du Mont-Rose... A Gressoney, à Alagna, à Macugnaga on parle des dialectes germaniques. Cette petite minorité, jadis plus étendue, s'appelle les « Walliser ». Quand

* Pinna M., 1981, p. 136 — 1984, p. 154.

diable sont-ils venus, même s'il ne s'est agi que de quelques centaines de familles, et par où ? Aujourd'hui ces cols frontaliers ne sont plus guère fréquentés que par des skieurs, et encore y sont-ils montés en téléphériques !

Est-ce là trop s'attarder sur une « minimigration », alors que ma plume folâtre sur la planète entière ? Mais, pour le touriste monté du bas Val d'Aoste, ces quelques villages constituent une énigme. Une provocation pour ce que l'Européen croit savoir. Et tout cela, à notre porte.

Le texte fondamental date de 1218 : l'évèque de Sion (en Valais), qui avait des fiefs en Val de Gressoney, mendate un de ses hommes pour les faire recenser. Bref, il s'agirait de droits plus ou moins tombés en désuétude. Mais certains en tirent argument pour placer la migration des *Walliser* avant 1218, d'autres, au contraire, après. Au demeurant, les linguistes distinguent dans cette minuscule population germanophone deux « étages » de dialectes ayant évolué séparément, et les *Walliser* eux-mêmes ont conservé la tradition orale de deux migrations distinctes*.

Certes, le passage par des cols de haute altitude — le Théodule à l'Ouest, le Monte Moro à l'Est — a été pratiqué, l'été, pour des échanges commerciaux légers, jusqu'à la veille de la première guerre mondiale. Mais on ne conçoit pas que la mise en place d'une population de plusieurs centaines de familles, avec un bétail nombreux, ait pu se faire par ces mêmes cols, sans que les conditions physiques aient été sensiblement différentes de celles que nous connaissons aujourd'hui (et *a fortiori* de l'état que nous leur verrons prendre aux XVIIe et XVIIIe siècles).

Excès de pluies... excès de froid...

Si les choses s'avèrent parfois complexes en montagne, les historiens donnent au climat des plaines, de Charlemagne aux guerres de religions, une image plus simple. Sans doute était-il alors à la fois un peu plus chaud et sec qu'aujourd'hui, avec surtout des saisons plus contrastées entre elles. Certes, l'histoire témoigne pendant ces siècles de véritables catastrophes démographiques : mais un consensus paraît s'être établi chez les historiens pour en rendre responsables en premier lieu les épidémies — peste noire et autres. Non l'« inclémence des cieux »[45].

* Ma documentation concernant le Val d'Aoste a été facilitée par l'obligeance de P. Janin, que je tiens à remercier ici.

Ceci à deux exceptions près toutefois : d'une part des « intermèdes » pluvieux et froids, courts mais sévères, portant principalement sur les étés. D'autre part une tendance au refroidissement portant sur l'année entière qui se prolongera jusqu'à un siècle et demi de nous. Tendance assez forte et persistante pour que les historiens, surtout anglais, aient pu parler de *petit âge glaciaire.*

Voyons — rapidement — ces deux affaires, en ne « jouant à l'historien » que pour mieux situer le présent. Et penser, peut-être, aux climats que pourraient connaître nos arrière-petits-enfants.

Les « intermèdes » pluvieux, aux étés pourris. Le plus ancien connu en détail (je ne citerai que celui-là) est la séquence pluvieuse et froide des années 1315-1319. La France fut frappée principalement en 1315. Campagnes noyées sous des déluges d'eau (autant cette fois l'hiver que l'été). Guillaume de Nangis nous montre le spectacle, dans le diocèse de Chartres* « d'une grande foule d'hommes et de femmes sur plus de cinq lieues... portant avec dévotion des statues de saints et de pieuses reliques afin de les faire bénir...». Nos connaissances se font beaucoup plus précises sur l'Angleterre, grâce aux travaux de l'historien anglais John Titow. Étudiant les comptes de l'évêché de Winchester, celui-ci a eu la chance de pouvoir décompter *à la fois*, année par année et sur un siècle et demi, les « types de saisons » et les rendements en grains réalisés**. Or, de 1313 à 1320 — sur huit ans — il en compte sept ayant été « humides et froides ». Quant au rendement, il tombe à 2,47 grains pour un en 1315 (blé d'hiver semé à l'automne 1314) et à 2,11 pour un à la moisson suivante. *Deux cent onze grains récoltés pour cent semés* ! Sur chaque récolte, il fallait naturellement conserver la semence suivante. Autant dire, à ce compte, que la terre n'est plus qu'un garde-manger.

Miracle ! Ces mêmes Anglais (ou du moins, cette fois Fletchner) ont retrouvé ces années humides et lugubres dans... les vieilles poutres de bâtiments construits immédiatement après cette série noire, autour d'Oxford notamment. J'ai évoqué plus haut cette dendrochronologie » mise au point par Douglass. Les cernes les plus larges correspondent à des années ayant présenté des conditions favorables à la croissance de l'arbre, et les plus minces, à l'inverse, à des années médiocres. Avec cette importante réserve que je ne peux que signaler : dans la forêt boréale, les « bonnes années » doivent avoir des étés longs et chauds, dans nos régions ce sont les pluies qui commandent la croissance[46].

* Je cite d'après Le Roy Ladurie, 1983, t. I, p. 50.
** Titow J., 1960 et 1970.

Or, un trait de génie a été d'appliquer cette méthode de décompte des cernes non plus seulement à des arbres vivants, mais à des bols provenant de constructions anciennes. Ici encore, ce sont les Américains de Tucson qui réussirent cet exploit à l'occasion de fouilles concernant de vieux *pueblos* indiens. Le principe était d'identifier de proche en proche des séquences caractéristiques correspondant à des séries d'années bien typées. Il suffisait d'y penser. Et les Anglais retrouvèrent dans leurs vieilles poutres les cernes épais de ce début du XIVe siècle. J'allais dire des cernes gras, tant les rythmes saisonniers qui conduisaient autrefois, sous nos latitudes, les peuples à la famine sont bénéfiques à nos forêts.

Et le froid ?

Ce furent les contrées scandinaves, qui avaient profité les premières des « douceurs de l'an mil », qui souffrirent le plus précocement d'une péjoration du climat.

La relative prospérité du Groënland ne dura guère que deux siècles. Les premières difficultés paraissent être venues du côté des glaces bloquant l'entrée des fjords, puis la traversée même d'Islande au Groënland serait devenue plus longue et périlleuse. Le cap Farvel devait être contourné à des latitudes de plus en plus basses. Un processus irréversible s'établissait, qui devait mener à sa disparition la colonie désormais isolée. En 1492 le pape nomme encore un évêque à Gardar : il ne pourra jamais rejoindre son poste et en rendra compte en déclarant que depuis quatre-vingt ans aucun navire n'avait pu aborder le Groënland.

Un consensus s'est établi chez les historiens, surtout scandinaves, pour attribuer essentiellement cette disparition de la population « Viking » du Groënland à un refroidissement du climat. Les géographes vous diront que dans tous les pays et dans tous les temps une population vivant aux extrêmes limites des conditions du peuplement humain — aux marges de l'*oekoumène* — est nécessairement sensible à toute modification, même faible, de son environnement. Mais nous avons, ici, la chance de posséder un terme de comparaison qui est l'Islande. Terre relativement voisine, d'accès plus aisé, mais où la vie était parfois à peine moins rude qu'au Groënland, l'Islande fournit d'abondantes preuves de péjoration climatique à la fin du Moyen-Age. Des fermes ont existé au XIIe siècle que les glaciers devaient recouvrir par la suite*. Sur les rares terres où les céréales étaient cultivées, les années où elles n'arrivaient pas à maturité se faisaient plus fré-

* Quelquefois au XVIIe siècle seulement.

quentes. Le tout sur un fond de stagnation, ou de régression du peuplement. Au Groënland, la parole était aux archéologues. A partir de 1920 les Danois se mirent à fouiller vieilles fermes et vieux monastères. D'après les dernières inhumations, le peuplement scandinave aurait disparu dès la fin du XIVe siècle dans le Nord de la colonie, vers les années 1460 dans le Sud[47].

Ceci dit, l'hypothèse de la cause *exclusivment climatique* n'est pas sans faille : on ne sait quelle relation existe, même chronologique, entre cette disparition des Normands et l'arrivée des Inuits. L'examen minutieux des inhumations a montré que celles-ci avaient été parfois faites dans un sol qui n'avait jamais gelé définitivement qu'assez longtemps plus tard... On peut, bien sûr, invoquer les maladies, la terrible peste noire, à supposer qu'un navire l'ait jamais apportée la-bas. Penser à des rivalités entre clans, à l'endogamie... Le forage glaciaire de *Camp Century* au Groënland est venu confirmer dans l'ensemble l'interprétation climatique, tout en la nuançant dans le détail. Il trahit en effet un refroidissement brutal et massif du Groënland à partir du milieu du XIIe siècle, mais qui laisse place à des rémissions, notamment vers 1260, puis 1330. Ici comme dans les Alpes, affaires d'oscillations dont on ne connaîtra peut-être jamais les détails... Quant à ces *Inuits*, revenus sur une terre déserte certes au XIe siècle, mais que leurs ancêtres auraient vraisemblablement occupée au cours de migrations antérieures, leur existence ne fait que poser un autre problème, car de telles migrations, qui jouent à l'échelle du millénaire, ne sont pas indépendantes du climat. Pour ce qui est du Moyen-Age, il reste de faits physiques bruts d'une part — la prolifération des glaces marines — le témoignage de l'Islande voisine de l'autre, qui confirment bien à l'« oscillation climatique ».

Me permet-on un aveu ? J'ai toujours été fasciné moi-même par ces problèmes de la « fin » des civilisations et des cultures. De leurs processus terminaux. Je songe à tant de peuples de l'Asie ancienne. A l'Espagne wisigothique, comme à la fin de la latinité de ce qui avait été l'Afrique rommaine... Certes, les historiens invoquent mille raisons. On ne peut, pour chaque cas, les invoquer toutes à la fois. Que souligner ? L'« environnement » (comme cela paraît avoir été le cas ici) ? La biologie ? Une incrédulité collective à la survie même du groupe ? J'aimerais que soit créé un jour, quelque part dans notre Occident, un Institut consacré à l'agonie des Civilisations.

Dans la seconde moitié du XVIe siècle on constate, partout où l'altitude le permet, à une augmentation de tailles des glaciers : scandinaves, mais cette fois surtout alpins. Leurs langues progressent dans les vallées, à travers forêts, prés, cultures, poussant parfois jusqu'aux premières maisons.

Je n'entrerai pas dans les détails de ce *petit âge de glace* : son étude (et celle du réchauffement qui l'a suivi) ont focalisé toute l'attention de le Roy Ladurie, et servent de cœur à son gros ouvrage (paru en 1967, réédité en 1983). Le lecteur curieux des choses de Savoie ou de Suisse y suivra, avec la minutie d'un procès verbal, les vicissitudes de ces immenses appareils que sont la Mer de Glace ou le Glacier du Rhône. Je ne fais qu'évoquer les massifs alpins plus méridionaux, où l'homme de terrain a aussi beaucoup à apprendre de l'évocation du passé. Qui connaît la Gyronde? Réplique méridionale et un peu palote de l'Arve, elle descend d'un massif dont les sommets voisinent — et, pour l'un deux, dépasse — les 4 000 mètres d'altitude pour se jeter dans la Durance à l'Argentière. Le fond de la Vallée était occupé - disons, pour fixer les idées, du temps de Jeanne d'Arc ou des guerres d'Italie — par un alpage qu'un document, et quelques lois inexorables de la « physique du globe » allaient faire passer à l'histoire. En 1505, Louis XII cède à un certain Geoffroy Carle, Président du Parlement du Dauphiné, un ensemble de biens comprenant, entre autres, le fond de la vallée du Pelvoux. A la mort du Président, sa femme administre cette portion des biens de leurs enfants : c'était la fameuse « Madame Carle » dont des milliers d'alpinistes, puis de visiteurs du Parc des Écrins, devaient un jour apprendre à connaître le nom... Mais son « Pré » ne devait guère lui survivre autrement que par ce paradoxe toponymique : avant la fin du XVIe siècle, une formidable poussée du Glacier Noir et du Glacier Blanc, s'étant rejoints et bousculant tout sur leur passage dans leur commune conquête, recouvrait le fond du Pré. Pour deux bons siècles. Avec des fluctuations mineures qui nous demeurent inconnues...

Coïncidence ? Au Japon, pays des fleurs et des hivers froids, des moines notent scrupuleusement si un lac proche de leur monastère est gelé. C'est le lac Suva, et ces archives remontent à 1444 ! Or, ce lac, auquel il arrive certains hivers de ne pas geler du tout (car la variabilité interannuelle de l'hiver nippon est grande !) a connu *une fois* une période plus que séculaire avec gel tous les hivers. Et quand cela ? Exactement de 1560 à 1680, au moment de l'offensive glaciaire, non seulement chez nous, mais en Scandinavie, au Caucase, en Alaska. L'un de ces faits communs à tout notre hémisphère dont les *températures*, sinon les précipitations, témoignent nous le savons parfois.

A quelque chose malheur est bon. Cette longue phase froide allait faciliter la préservation de la neige, l'été, dans les montagnes, voire de la glace dans certaines cavités karstiques. Neiges et glaces qui rendront plus supportables les chaleurs. A Ajaccio, dit un texte administratif de 1643 « le Conseil des anciens avait la sage prévoyance de faire approvisionner la ville de neige : c'était le moyen de rendre buvable l'eau des puits saumâtres de la cité »*. Ne sourions point : en Afghanistan, à la veille de l'intervention soviétique, des camions descendaient encore de la neige des montagnes vers Kaboul. Dans le Jura, où l'expression de *glacier souterrain* correspond tout-à-fait à la réalité physique des choses (car il ne s'agit plus ici de neiges persistantes d'un hiver à l'été suivant, mais de glace à formation lente) on cite la « Froidière de Chaux » dont la plus ancienne description connue remonte à 1584. En 1901, on en aurait retiré encore 191 *tonnes* de glace**. Là où ils ne disposaient pas de ce type de glace naturelle, les seigneurs avaient quand même leurs « glacières » en leurs manoirs : on y conserverait de la glace récoltée chaque jour, l'hiver, sur les étangs. Ceci jusque dans le nord de l'Anjou. Nous sommes là, à la vérité, devant l'esquisse d'un fait de civilisation : cette neige ou cette glace permettait à la Cour pontificale comme à celle du Sultan d'agrémenter leurs festins de sorbets...

Une saison ne fait pas l'année

En fait, une étude plus attentive des faits conduit à penser que ces trois siècles ne constituent pas un « bloc » de grands froids homogènes. La sévérité n'a été continue qu'en ce qui concerne l'insuffisante chaleur des étés et des débuts d'automne tandis qu'autour de 1700 des hivers plus doux réapparaissaient, sinon de façon définitive, tout au moins pour les soixante premières années du siècle.

Il est indispensable d'essayer de regarder les choses *saison par saison.* Les géographes nous apprennent qu'à côté des climats « maritimes », tel celui de la France, existent des climats « continentaux » : en Hongrie, il fait à la fois plus froid l'hiver et plus chaud l'été qu'à Paris. Les premiers historiens qui s'hypnotisaient sur des périodes de « refroidissement » ou de « réchauffement », et accumulaient des témoignages sans tenir compte de la *saison* à laquelle ils se rapportaient couraient à des reconstructions illusoires... Pourquoi ne pas admettre qu'il pouvait y avoir « aussi » des années, ou des groupes d'années, les unes plus maritines, les autres plus continentales. Les hivers où l'on traversait la Seine à Paris sur la glace pouvaient très bien s'intercaler entre des étés torrides en Beauce... Cette hypothèse de travail a fini par acquérir droit de cité. Il suffisait d'y penser. Et d'être un peu géographe...

* De Planhol X., 1968.
** Le Roy Ladurie, 1983, t. I., p. 167, t. II, p. 139.

Notre méthode va donc être d'examiner séparément comment ont évolué, par grands ensembles, depuis le XVᵉ siècle, d'abord les hivers, ensuite les étés. Dans le cadre limité de cet ouvrage, et de la part d'un non-historien, il ne peut s'agir que de dégager quelques grands traits.

Les hivers. — Les Français, qui gardent volontiers de Jeanne d'Arc l'image sulpicienne d'une bergère en tenue d'été imaginent-ils que notre héroïne nationale a connu des hivers, non certes sibériens, mais déjà franchement polonais ? Que la campagne était livrée aux loups, la terreur sur laquelle les témoignages sont unanimes. Au pire, les villes même n'y échappaient pas. Ce *Journal d'un Bourgeois de Paris*, auquel j'ai fait de larges emprunts dans mon premier chapitre, ne manque pas d'évoquer leurs méfaits : morts déterrés dans les cimetières, enfant mangé à Paris-même, de nuit (décembre 1437). Deux ans plus tard : « les loups firent irruption et étranglèrent quatre ménagères, et le vendredi suivant ils en estropièrent aux environs de Paris dix-sept, dont il en mourut onze de leurs blessures » (16 décembre 1439). Ne parlons pas des épidémies dont, l'hiver du moins, les intempéries devaient bien pour certaines être plus ou moins complices : « Il advint que, *de l'agrément de Dieu* un mauvais air corrompu chût sur le monde, lequel mit plus de 100 000 personnes à Paris dans un tel état qu'elles perdirent le boire, le manger et le reposer (et que) les hommes, à force de tousser, furent rompus par les génitoires toutes leurs vies » (février 1414).

Pas drôle, ce quinzième siècle...

A côté de cela, mineurs mais significatifs sont les témoignages d'escholiers, de gens de parlement ou d'église notant l'un avoir ramené dans son chapeau du vin débité à la hache, l'autre que l'encre de son greffier gelait dans son écritoire, un autre encore qu'il fallut un jour, en l'église Saint André-des-arts, à Paris, placer un réchaud sur l'autel pour que le vin ne gelât point avant d'être consacré et consommé...

Que l'on aille pas croire que les régions méditerranéennes aient échappé à de telles rigueurs*. Les premiers témoignages en sont seulement plus tardifs : l'extrême fin du XVᵉ siècle. Au lendemain même du voyage de Christophe Colomb, le port de sa ville natale, Gênes, est gelé à Noël 1493. C'est

---

* Données essentiellement empruntées, pour le XVIᵉ siècle, à la fig. 30 de Le Roy Ladurie, 1983, t. II, p. 16-17.

au tour de Marseille de voir son port — le Vieux Port d'aujourd'hui — de l'être en janvier 1506. Durant le XVIe siècle le Rhône à Arles sera gelé huit fois, dont sept au cours d'une période de quarante ans allant de 1556 à 1595*. Dans un ordre d'idées voisin, le « gel à mort » des oliviers est constaté sept fois dans la France méditerranéenne de 1565 à 1600, alors qu'il ne l'avait été que deux fois dans la première moitié du siècle. Les boulversements climatiques de février 1956 nous ont bien montré que c'était *l'hiver* qui tuait cet arbre. Tous ces témoignages d'hivers froids, fréquents à travers le XVIe siècle et le début du XVIIe siècle diminuent en nombre par la suite pour ne réapparaître, avec plus de modération, que de 1760 à 1840 environ.

L'Europe du Nord possède de son côté de riches indications relatives aux périodes de gel de ses surfaces en eau. Aux Pays-Bas, les archives ont conservé ainsi les dates d'interruption à la navigation pour cause de gel du canal. Haarlem-Leyden, et ce de 1634 à 1756, puis à nouveau de 1814 à 1839 : riche source exploitée avec sagacité par De Vriès**. Des données publiées par cet auteur j'ai tiré les éléments du très simple tableau ci-dessous, qui souligne bien le « tournant » du début du XVIIIe siècle, où les hivers rudes se font moins fréquents.

Nombre d'années ayant connu un certain nombre de jours de *gel* du canal :	1651-1700	1701-1750
moins de 30 jours	26	40
de 30 à 60 jours	13	7
plus de 60 jours	11	3

N.B. Chacune des deux périodes comparées l'une à l'autre comportant cinquante « cas », il suffit de doubler les valeurs du tableau ci-dessus pour les transformer en « pourcentages ».

On remarque que le nombre des hivers où le canal ait gelé « plus d'un mois » se trouve divisé par deux et demi (10 contre 24) en passant d'un siècle à l'autre et celui des gels de « plus de deux mois » presque divisé par quatre.

* Le gel des grands fleuves nous est relativement bien connu par les documents d'archives car il était affaire, non de curiosité scientifique, mais de police : le franchissement des ponts donnait parfois lieu à la perception de péages, ou autres taxes, auxquelles l'embâcle du fleuve permettait aux voyageurs et aux marchands de tenter de se soustraire, non sans risque de se noyer.

** De Vriès, 1977, p. 200. — Le maximum possible est de 90 (ou 91) jours, puisque le décompte des jours de gel ne porte que sur les jours de gel des seuls mois de décembre à février.

Au delà encore, vers le Nord, nous disposons d'indications similaires pour la Néva à Saint Petersbourg (Léningrad) et le lac Kalavési en Finlande. A Riga, c'est la date de l'ouverture du port sur la Baltique, lors de la débacle des glaces, qui est consignée dans les archives de la ville depuis 1528.

L'existence d'hivers doux pendant la première moitié du XVIIIe siècle a constitué un répit certain dans la sévérité de notre climat européen. Mais les températures estivales, elles, uniformément déficientes sur trois siècles, suffisent à légitimer cette expression de « petit âge glaciaire ».

Car l'été, saison des moissons, restait bien la saison capitale sur le plan économique.

Les étés. — Pour celui-ci, et le début de l'automne, les documents de base sont les riches séries annuelles conservées en certaines archives, des dates d'*ouverture des vendanges*. Le principe est que des vendanges précoces suivent nécessairement de « beaux » étés, tandis que ceux qui auront été dépourvus de chaleur et de soleil conduiront à des vendanges plus tardives. Une analyse plus poussée portant sur les années pour lesquelles nous disposons déjà de données météorologiques, permet de préciser que pour un vignoble donné la maturité du raisin est « corrélée » avec plusieurs variables, dont la plus significative est la température moyenne de la période avril-septembre. Technique simple, s'intégrant dans le cadre le plus général de la « phénologie »[48]. Le grand mérite de son application systématique aux vendanges en revient à A. Angot, suivi par H. Duchaussoy et M. Garnier*. Mais c'est surtout l'ouvrage d'Emmanuel Le Roy Ladurie qui a fait connaître cette technique de recherche à un large public**.

L'application de la *phénologie* aux vendanges ne va pas toutefois sans une réserve : les dates dont il est fait état figurent dans des documents de caractère administratif, et c'est toujours une *autorité* locale qui décide de l'ouverture — du « ban » — des vendanges, compte tenu, bien évidemment, de l'opinion d'experts désignés pour suivre le mûrissement du raisin. Mais décision d'autorité. Or, des considérations partiellement étrangères au climat peuvent intervenir dans de telles décisions. La recherche d'un vin au taux d'alcool supérieur peut conduire à retarder la vendange. Non sans conflits. Dans la Côte d'Or, les petits vignerons étaient systématiquement partisans de vendanger tôt, quitte à se contenter de piquette, tandis que les vignerons cossus, pourvus de réserves financières étaient plus favorables à des vendanges tardives : option pour la qualité, mais souvent assortie d'un

* Angot A., 1983. — Duchaussoy H., 1934. — Garnier M., 1955.
** Le Roy Ladurie, 1983, t. I., p. 60-94.

certain risque*. Plus les siècles passent, et plus l'on peut imaginer que prennent du poids, dans la fixation des bans de vendanges, ces facteurs « non-climatiques » que sont l'état des stocks, le raffinement du goût des amateurs de vin, l'extension du commerce, plus tard la possibilité de rassembler une main-d'œuvre plus nombreuse pour vendanger en un temps plus court : bref, la constitution d'un « marché » du vin[49].

Ces réserves étaient à faire. Il reste que la généralisation de ces études — depuis un siècle —, leur présentation aisée sous forme de graphiques en font l'une des pièces de choix de l'« histoire du climat » du XVe siècle à nos jours.

Ici encore, comme je l'ai fait plus haut pour les glaciers, je vais renvoyer le lecteur aux nombreux graphiques de Le Roy Ladurie concernant les vignobles languedociens, bourguignons ou suisses qu'il a étudiés[50]. J'évoquerai simplement le cas d'un vignoble du Comtat dont les dates de vendanges peuvent être confrontées aux fluctuations glaciaires de la Haute Durance. Les archives du couvent des Augustins de Pernes montrent un recul des vendanges d'une vingtaine de jours, qui s'est effectué ici pour l'essentiel, dans la seconde moitié du XVIIe siècle**.

Au cours de ces dernières années, un chercheur suisse, Christian Pfister, est parvenu à établir des « séries » phénologiques d'un type semblable concernant les récoltes de céréales sur le Plateau Suisse (1611-1825). Il bénéficiait à dire vrai ici de conditions particulières : la levée de la dime était précédée d'inspections servant à déterminer la date de la moisson et ces documents nous sont parvenus***. Les dates de la moisson sont d'autant plus précoces que la température aura été élevée en *mai* et *juin*. Nous avons donc là un indicateur phénologique qui précise les enseignements donnés par les dates des vendanges[51].

Dans la mesure ou tout ce qu'apporte les historiens traduit bien les réalités physiques des saisons, c'est là la confirmation, au milieu du XIXe siècle, de la fin de ce *petit âge glaciaire*. Et c'est ensuite ce réchauffement qui nous est déjà familier.

---

* Laurent R., 1957.
** Le Roy Ladurie, 1983, t. II., annexe 12, p. 114-169, col. 36. Certaines années manquantes sont facilement interpolables par les vignobles voisins.
*** Pfister C., 1975.

L'incessante dialectique de deux savoirs

L'étude des siècles — des millénaires — du passé dont cet échantillonnage vient de donner une image imparfaite est fascinante à bien des égards. Son moindre intérêt n'est peut-être pas de nous inciter à une certaine modestie en ce qui regarde l'« émergence » — en fait, toute récente — de notre Europe en matière de niveau de vie alimentaire. Des provinces entières étaient, du temps de Jeanne d'Arc, réduites par un excès de froidure ou de pluies à un état guère moins piteux que celui des pays dont la télévision nous montre aujourd'hui les villages ravagés par la sécheresse. Et, dans la première moitié du règne de Louis XV, la France agricole subissait des aléas climatiques sans doute comparables à ceux de l'Inde d'il y a trente ans. Les uns s'extasieront sur les progrès de l'agronomie réalisés en peu de générations. Les autres supputeront les risques de retour d'intempéries que notre pays a connues il y a peu de siècles : affaire de tempérament plus que de raison.

Mais à côté de tels sujets de méditation, l'histoire du climat nous interpelle par bien des questions. Questions de méthodes ; questions de but ; questions d'interprétation.

Les méthodes. — Si l'on retient, comme je l'ai fait, les sept ou huit derniers millénaires, il convient de préciser les parts qui reviennent respectivement, dans cette quête du passé, aux hommes de « technique » et aux historiens de métier.

C'est le Roy Ladurie qui a établi avec netteté la distinction à établir entre l'*apport* de l'historien à la construction d'une « histoire physique » du climat et l'*utilisation* éventuelle par celui-ci de ce qu'il peut avoir appris du climat d'une époque pour en démonter mieux les rouages économiques et sociaux. Histoire du climat d'une part, histoire ET climat de l'autre[52]. Distinction qui venait à point : parmi les historiens d'une génération précédente, n'en avait-t-on pas vu certains « expliquer » les migrations des Mongols en Asie Centrale par les variations des pluies, et dater ensuite ces périodes pluviales par ce que l'on pouvait supposer de la chronologie de ces migrations ?

« Quel serpent se mordit jamais mieux la queue ? » ironise à ce propos Le Roy Ladurie. Clio est en fait *tour à tour* évocatrice du climat et narratrice des malheurs que celui-ci ferait subir aux humains. Elle est, comme le dieu Janus, biface. L'historien — *au moins pour les grands siècles de l'histoire* — a la maîtrise des deux problèmes. Il est le roi.

Mais, à bien y réfléchir, « rien n'est simple ». Mario Pinna a fait récemment des réserves sur le ton ironique de Le Roy Ladurie*. A trop distinguer subtilement ces deux fonctions chez l'historien, ne va-t-on pas au devant d'un certain cartésianisme et de ses dangers ? Ces fameux Mongols me porteraient plutôt à croire qu'il n'est pire vice dans l'art de raisonner qu'un trop extrême souci de se garder des « cercles vicieux ». Soulignons simplement que la tranche du passé sur laquelle règne notre dieu Janus ne dure, grossièrement, que du XIIe au XVIIIe siècle. A l'amont, l'historien ne peut faire mieux que replacer les civilisations qu'il décrit dans des « contextes naturels », reconstitués par des physiciens. Les résultats obtenus sont extrêmement plausibles et après le XVIIIe siècle** l'historien, non seulement n'a plus à contribuer à l'histoire physique du climat, mais va à l'occasion se servir de celle-ci — écrite désormais par les physiciens. *Il y a renversement des rôles.* Qui pourrait traiter de l'état politique de l'Europe orientale en 1921-1922 sans se préoccuper des « hauteurs d'eau » tombées ? Quel tableau de la société américaine des années 30 serait complet dont l'auteur ignorerait si les *Raisins de la Colère* avaient simplement jailli de l'imagination d'un romancier de génie ou étaient l'expérience vécue, des années durant, de la sécheresse et des vents de sables de l'Oklahoma ? La réponse est l'affaire des météorologues américains.

Depuis le léger redoux que fut Lascaux, avant même le « pessimum » wurmien, jusqu'à ce mois de mai 1985 où l'on attend, en Éthiopie, une problématique saison des pluies, je vois se poursuivre à travers les siècles, entre le travail du naturaliste ou du physicien et celui de l'historien, comme l'incessante dialectique de deux savoirs...

Question de but : après tout, à quoi tout cela sert-il ? Que l'on ne s'y trompe pas. Les géophysiciens qui se préoccupent de plus en plus de « scénarios » relatifs à nos tout prochains siècles considèrent les climats du passé comme des *éléments* de « modèles » (d'autres éléments en seraient par exemple la démographie galopante de larges secteurs de la planète, ou les risques liés à certaines activités humaines dont le passé ne peut donner d'exemple). Ce peuplement, ou ces nouvelles formes d'activité, sont-ils susceptibles de modifier les limites, relativement étroites, entre lesquelles nous avons vu osciller le climat au cours du « postglaciaire » ou ne fera-t-il que moduler cette alternance de phases chaudes et froides dont nous avons reconnu l'existence au cours de ces derniers millénaires ? Sans modifier l'ouverture de la « fourchette » ?

---

* Pinna M., 1984, p. 54.
** Ou le XIXe siècle selon les cas.

Question d'interprétation, enfin. Tous les témoignages que l'on recueille sur les climats d'antan étaient, jusqu'à une date relativement récente, généralement interprétés dans le sens d'une *évolution d'ensemble* du climat. On parlait de *variations climatiques* (évolution continue ou cyclique, les « périodes » des cycles pouvant aller de quelques décennies aux unités de temps dont usent les géologues). Mais s'agit-il de « variation » ou de « variabilité » ?

La *variabilité* du climat implique une attitude d'esprit toute différente. Elle suppose que les variables climatiques se « dispersent » de façon aléatoire. Sans rien, précisément, qui évoque la présence d'une tendance ou d'un cycle de quelque échelle que ce soit. Le fait que l'on choisisse souvent aujourd'hui des « valeurs centrales » plus significatives que les moyennes arithmétiques de nos grands-pères ou des lois de distribution s'ajustant mieux à la réalité des faits que la vieille « loi de Gauss » ne change rien à la philosophie des choses.

La variabilité ne peut être étudiée que dans le cadre chronologique d'un climat implicitement stable. Elle implique l'hypothèse de la *stationnarité* du climat, hypothèse qui a ses limites. Les statisticiens savent aujourd'hui d'ailleurs « tester » cette stationnarité.

Variation, variabilité. Le monde scientifique, fort cloisonné lui-même entre spécialistes d'origines diverses, mit quinze ans à prendre conscience de l'antinomie de ces deux concepts. Antinomie provisoire, très vraisemblablement. D'ici cinq ans, d'ici dix ans, quelque jeune chercheur nous aura démontré que c'était là l'un de ces faux problèmes dû au manque de recul avec lequel nous considérons les choses. Nous sommes des myopes, qui regardons (et pire : apprenons à regarder) des années, deux faces d'un objet avant que l'un de nous découvre qu'il s'agissait du *même* objet. Parce qu'il aura créé le concept qui nous manquait, ou su rebâtir un « système » selon une logique appropriée.

Variation, variabilité : l'évolution des concepts est datable avec précision grâce à deux documents. Le « National Climate Programm Act », voté par le Congrès américain en 1978, se bornait à envisager une amélioration de la prévision des *variations* climatiques, à toutes échelles de temps (time). En février 1979, — quelques mois à peine plus tard — le Colloque de Genève, déjà cité, n'omet certes pas les bénéfices à attendre d'une amélioration de la prévision à toutes échéances, mais, pour la première fois, place sur le même plan que celle-ci l'étude de la variabilité des climats et de l'influence de cette variabilité sur le « Mankind ».

Gageons que ce virage ne passera pas inaperçu à l'historien des sciences de demain. Ni peut-être à celui de la philosophie.

Émergence et mutation des contraintes*

Le climat change. Les hommes aussi.

Parfois en s'adaptant. Plus souvent par le jeu de facteurs économiques et techniques, ou encore d'une autre organisation spatiale du peuplement. Ainsi, une « ressource » peut-elle avoir été exploitée, puis négligée. Tel aspect du climat, considéré comme une contrainte en un siècle, ne plus être ressentie comme telle en un autre. Des considérations qui doivent guider l'historien dans les reconstitutions qu'il nous propose du passé, comme l'économiste dans ses perspectives d'équipement à long terme.

Vous vous rappelez notre Europe du XVIIIe siècle, avec ses vingt ou trente mille moulins à vent ? Ces éoliennes qui s'imposaient dans nos paysages au lendemain de la première guerre mondiale ? Images aujourd'hui disparues. L'historien de demain dira-t-il qu'il y a aujourd'hui moins de vent ?

Après la Libération, les services techniques de la jeune EDF s'avisaient que vent il y avait, et qu'il était chez nous sensiblement plus fort l'hiver que l'été. Il en résulte que les « régimes » (saisonniers) d'une éventuelle production éolienne d'électricité et de la production hydraulique se seraient trouvés approximativement complémentaires... Mais le projet fut « classé » en raison des perturbations gigantesques qu'il aurait apportées au paysage : appareils de 75 m de haut pouvant n'être distants que de 400 m les uns des autres. La mise en chantier d'une nouvelle génération d'équipements hydroélectriques, puis le plan nucléaire devaient faire rentrer dans l'ombre les projets grandioses d'« aérogénérateurs ».

Dans l'agriculture, les exemples abondent de conditions socio-économiques contrecarrant le jeu des facteurs physiques. Nous l'avons vu à propos de l'olivier en Haute-Provence, et dans certains cas de la vigne. C'est encore l'historien G. Roupnel qui rappelle que les sécheresses d'été étaient mieux supportées par nos aïeux que par les agriculteurs d'aujourd'hui. Voici le maïs : c'était, dans les années 20, une espèce dont la culture était limitée,

* Marchand J.-P., 1980 — Charre J., 1981.

vers le Nord, par ses exigences thermiques. Aujourd'hui, les généticiens ont mis au point des variétés se contentant de moins de chaleur, mais exigeant en revanche plus d'eau. Le climat ne change pas, les paysages changent, parce que l'homme s'en est mêlé.

En 1927 un géographe, Daniel Faucher, décrivait dans sa thèse* ce qui était de son temps les paysages ruraux du Rhône moyen : des vergers de pêchers en « position d'abri », loin des plaines réputées venteuses et froides. Aujourd'hui, ces plaines sont conquises par des vergers de grande culture, « modification du paysage qui ne peut guère correspondre à une quelconque succession des phases climatiques différentes » (P. Dubesset).

Quittons l'agriculture. Ce nouveau cas confine à l'humour : avant son indépendance, l'Irlande, jusque-là partie intégrante de la Couronne britannique, dépendait entièrement de la houille qu'elle tirait de la grande île voisine. Après l'indépendance, l'autarcie énergétique fut un objectif prioritaire pour le gouvernement de T.V. Cosegrave. Dès 1925, une centrale était mise en chantier sur le Shannon à Ardnacrusha qui, au début des années 30, suffisait à couvrir en totalité les besoins du pays en électricité**. Et que trouve le visiteur actuel ? Cette même centrale n'assure plus que 3 % des besoins en courant de la République. Une catastrophe climatique a-t-elle vouée le Shannon à des débits dérisoires ? Nenni. La foule des plaisanciers s'est seulement abattue depuis une dizaine d'années sur les lacs et cours d'eau d'Irlande, mettant les autorités dans l'obligation de maintenir les plans d'eau à leurs plus hauts niveaux. Fini, l'âge d'or des turbines. On y supplée par des centrales chauffées à la tourbe. Ou par des nouvelles importations de combustibles nobles que ne compenseront que partiellement les devises (360 millions de £ Ir. en 1980) apportées par les touristes. Quelque 7 % de son PNB. Mais qui eût dit que l'Irlande, la plus riche nation d'Europe en « eau écoulée » avec la Norvège et la Suisse (11 400 m^3 d'eau par habitant et par an), serait amenée à renoncer en partie à l'usage de cette richesse. Ou à en user de la façon la plus « statique » qui soit : en faire des « plans d'eau ».

Atmosphère et météores sont différemment perçus selon les techniques. On imagine mal la diversité des domaines soumis à des contraintes atmosphériques qui se sont trouvées modifiées au cours des dernières décennies du seul fait de l'évolution des techniques.

---

* Faucher D., *Plaines et bassins du Rhône moyen entre Bas-Dauphiné et Provence*, Valence, 1927.

** Marchand J.P., 1985, p. 151.

Voici l'aviation commerciale. Elle se trouvait jadis beaucoup plus soumise que la nôtre aux conditions régnant dans la basse atmosphère, aux altitudes auxquelles on naviguait alors. Nos jets se moquent davantage aujourd'hui, sauf circonstances exceptionnelles, du « temps qu'il fait ». Mais la prévision du vent à douze, vingt kilomètres, est devenue une nécessité. Et par ailleurs nos « gros porteurs » s'essoufflent singulièrement au décollage par temps chaud, du fait de la moindre densité de l'air. Pour un quadriréacteur de 130 tonnes en charge la perte de poussée est de 400 kg pour chaque élévation de température de 1° C. Un écart positif de 5° C correspond donc au poids de 15 à 18 passagers et de leurs bagages. D'où des marges de sécurité à conserver qui tiennent compte des températures maximales susceptibles de se produire en fonction de la ligne et de la saison.

Agriculture, industrie, transports : des contraintes disparaissent, ou permutent, au cours des âges. Des contraintes naissent aussi. Voici que certaines caractéristiques mêmes de l'atmosphère au-dessus d'un lieu, auxquelles l'homme avait pu rester indifférent pendant des millénaires, se dévoilent, parfois brutalement, comme un nouveau plan dans un horizon. Ainsi en est-il de la température qui règne *au-dessus de nous*. Nos grand-pères se moquaient éperdument des températures à 400, 500 mètres au-dessus de leurs têtes. Nous, non. Car les villes constituent de véritables « îlots de chaleur ». Non seulement par suite du chauffage, mais parce que les murs sont de véritables « capteurs » solaires. Cet air chaud des villes s'élève au-dessus d'elles, comme dans une cheminée. Ce qui permet à l'air d'alentour, plus frais (et aussi moins polué) de prendre sa place. Mais si, pour une raison quelconque, l'atmosphère au-dessus des villes est, en altitude, déjà formé d'air plus chaud, venu par exemple de régions voisines, la cheminée ne « tire » plus. L'air échauffé — et vicié — de la ville ne monte plus. Les fumées d'usine, au-dessus d'une certaine hauteur, plafonnent et s'étalent en un voile épais. Pendant des millénaires, l'homme avait vécu strictement à l'« interface » de l'atmosphère et du sol. Aujourd'hui, la révolution industrielle est venue le mettre en contact avec cette nouvelle réalité qu'est, au moins dans sa partie basse, la structure verticale de l'atmosphère. Ainsi tel domaine d'activités, où l'on croyait n'avoir jamais que faire du « temps qu'il faisait » se découvre soudain régi par l'atmosphère.

Je n'ai pas parlé dans ces pages d'hydroélectricité — sauf une allusion de caractère anecdotique. Volontairement. Pourtant, l'*hydrométéorologie* fit l'objet de recherches fructueuses : j'eus la chance de connaître personnellement certains des ingénieurs qui y excellèrent. Mais le rôle du climat est devenu, dans ces domaines, mineur. Par rapport à ce qui mérita, à ses débuts, le nom de « houille blanche », neiges et glaciers n'alimentent plus, par leur fonte qu'une bien maigre portion de ce qui est turbiné aujourd'hui sur la planète. Le relais a été pris sur tous les continents par des « basses chutes » permettant de turbiner des débits prodigieux. On sait calculer le

« potentiel équipable » d'un cours d'eau : l'unité en est le « térawattheure » (TWh), soit le milliard de kilowatts-heure en année moyenne. Constatons simplement que ce « potentiel équipable » est, pour la France, huit fois plus petit que pour le Brésil... Ou que l'équipement d'un *seul* fleuve du Québec, au nom qui fleure bon la « Belle Province », mais que bien peu de Français doivent connaître — La Grande — dépasse d'*un quart* l'hydroélectricité de la France entière*. Devant ces réalisations du Nouveau-Monde, peut-être demain d'Asie ou d'Afrique[53], la quasi-totalité de nos usines alpestres font figures de légionnaires romains face à des chars d'assaut. Sans qu'on y puisse rien.

Pour le géographe, pour l'historien de demain (et pourquoi pas celui d'hier ?), nos Alpes offrent matière à méditer.

Elles furent le berceau de la « houille blanche ». La puissance des usines y était le fruit d'un mariage heureux entre la vigueur du relief et l'abondance des précipitations que ce même relief contribuait à entretenir. Vint l'ère des vastes drainages et des basses chutes : plantées au cœur de la péninsule européenne, les Alpes entretenaient maintenant cet effet fâcheux de disséminer le drainage en une poussière de bassins versants. Pauvre Europe ! Les politiciens de Strasbourg sont-ils conscients de ce que le Rhin mériterait tout juste de figurer parmi les *sous-affluents* de l'Amazone ? Mais le rideau se lève sur un troisième acte : le touriste s'étonne, l'écologiste s'indigne, d'assister depuis quelques années à une certaine reprise des chantiers de construction de barrages jusqu'à des altitudes dépassant 2 200 m : il s'agit en fait de réservoirs destinés à ce que l'eau y soit remontée par pompage aux heures creuses pour dégager un surcroît d'énergie aux heures de pointe. Technique, non de *production*, mais de *gestion* de l'énergie dont la nécessité s'est trouvée confirmée par le développement de l'énergie nucléaire dont on sait que la production n'est pratiquement pas modulable. Ni le climat**, ni l'« hydrologie physique » n'ont rien à voir en l'occurrence. Curieux retour des choses : ces massifs, où était née la houille blanche, un moment défavorisés par le morcellement de leurs bassins versants, trouvent dans l'énergie de leur relief une compensation inattendue sur le plan de la gestion du nucléaire.

Ailleurs, des terroirs jadis riches avaient été abandonnés par les agriculteurs, et se retrouvent mis en honneur des siècles plus tard. Par d'autres techniques.

Les rapports de l'homme et de la Nature, c'est souvent une affaire de « retour des choses ».

---

* Cotillon J., « L'hydroélectricité dans le monde », *La houille blanche*, n° spécial, 1978, n° 1-2.

** Pour être tout à fait complet, il faudrait signaler que ces réservoirs sont soumis à une certaine évaporation, conditionnée, elle, par leurs environnements climatiques.

Chapitre 7

RÉTROACTION ET SYSTÈMES

A l'école des inlandsis

Cent trente pages. Beaucoup pour un « tour d'horizon ». Bien peu pour cette réalité multiforme et fluctuante que nous avons entr'aperçue : le « temps qu'il fait » est rarement le même à Dunkerque qu'à Perpignan, rarement le même aujourd'hui ici qu'il y a quinze jours. Mais chaque chose vient en son temps, et à sa place.

Hors de leurs « contextes », toutes les données climatiques que l'on peut évoquer — tant de millimètres d'eau ici, tant de « degrés à l'ombre » là — n'ont pas plus de sens, chacune, qu'une pièce d'un « puzzle » qu'aurait égarée un enfant. Ces quelques millimètres de bois coloré n'ont aucune signification. Il faut retrouver toutes les pièces du jeu, comparer entre elles non seulement leurs formes, mais leurs couleurs (ce bleu ? — Est-ce celui du ciel, ou de la mer ?) pour pouvoir tenter cette reconstitution de proche en proche, par morceaux, du paysage, ou de la scène qui était l'objet même du jeu. Ainsi, notre climat aux changeantes facettes évoque-t-il pour moi, parmi nos jeux, les pièces d'un unique et gigantesque puzzle que la vie entière d'un chercheur ne parviendrait jamais à reconstituer entièrement.

Les gens de ma génération n'ont pas appris cela aux écoles. Pour moi, cette complexité, cet équilibre, cette unité de la planète m'ont été révélés par un géologue auquel je me dois de rendre ici hommage : André Cailleux*.

---

* A. Cailleux (pseudonyme d'André de Cayeux), 1907-1986.

Appelé à participer en 1948 à la première des « Éxpéditions » de Paul-Émile Victor au Groënland, ce géologue du Quaternaire fut vite conquis par les splendeurs — et les énigmes — de l'inlandsis. L'homme était à la mesure des problèmes. Paul-Émile Victor nous a laissé une description de sa première rencontre avec A.C. : « je fus surpris de l'étendue et de la diversité de ses préoccupations. Tout, pour lui, semblait motif à intérêt et à action ». Près de quarante ans plus tard, il laissait une bibliographie immense où l'on trouvait, à côté de travaux de géologie et de géomorphologie, des réflexions sur la pensée scientifique de Sénèque, des calculs statistiques sur les dévaluations comparées de l'assignat et du mark allemand, des articles sur le relief et la géologie des planètes ! Peut-être pas l'un des penseurs les plus « pointus » de notre siècle, mais à coup sûr une curiosité d'esprit égale à celle des «Grands » du XVIIIe. Tel est l'homme dont notre génération a appris ce qu'était l'*inlandsis*, qui parla le premier d'« autocatalyse d'altitude ». Bref, qui ouvrit (sans en être peut-être conscient lui-même) les portes de nos disciplines à la « pensée systémique ».

Mais, avant d'en venir au Groënland, deux concepts sont à préciser en ce qui concerne les glaciers[54]: le *temps de réponse* et l'*effet de taille*. On se rappelle l'histoire de ce *Glacier Blanc*, dans le Massif du Pelvoux : son avancée à travers le « Petit âge de glace », son recul spectaculaire à partir de 1850. Depuis la moitié de ce siècle, les températures, on le sait, ont cessé de s'accroître, les glaciers en général cessé de reculer. Certains ont réattaqué, reprenant une partie du terrain perdu, tel le Glacier des Bossons au Mont-Blanc. Au Glacier Blanc, la reprise devait attendre la fin des années 70. Que se passait-il ? Depuis une dizaine d'années déjà, on avait pu observer un « gonflement » de la partie supérieure du glacier (la « zone d'accumulation »). Mesurable, non visible pour l'alpiniste. Dans l'immense gouttière blanche d'où jaillit la face nord des Écrins, la neige s'accumulait davantage (et se transformait en névé). La fonte de l'été se faisait trop courte pour qu'elle disparût. Insensiblement, le niveau du glacier s'élevait. Déjà son bilan s'était inversé. Mais il aura fallu attendre qu'il se gonfle ainsi par le haut de deux ou trois mètres, que l'énorme masse se « mette en charge », qu'une « onde de crue » s'y forme, pour provoquer enfin la poussée subite de la langue. Quinze ans entre les causes climatiques — neige en excédent, fusion déficitaire — et le phénomène enfin visible d'un sentier, qui frappera l'imagination des touristes.

Bref, un glacier réagit aux sollicitations qui tendent à modifier son équilibre, et même sa forme, avec un certain *temps de réponse*. Une réalité que l'on ne doit jamais perdre de vue quand on veut parler de « mécanismes » ou de « processus » dans les affaires de notre planète. J'aurais pu prendre cent autres exemples que mon modeste glacier. Tenons-nous bien :

les océanographes, dans leur domaine, parlent aujourd'hui de « temps de réponse » de l'ordre du million d'années !

Le second fait qu'il faut garder présent à la mémoire est qu'*il y a des glaciers de toutes tailles* : quelques-uns de quelques dizaines d'hectares, et le chef de file — l'Antarctique — approchant les quatorze millions de kilomètres carrés, environ vingt fois la superficie de la France.

Cette extrême diversité de leurs dimensions vaut aux glaciers des comportements, à certains égards, bien différents. Les *micro-glaciers* sont conditionnés par leur environnement climatique sans paraître pourvoir exercer, à l'inverse, aucune action sur celui-ci. Les processus ne sont là pas réversibles : un hypothétique réchauffement de 1° à 2° C, étalé sur vingt ou trente ans, provoquerait la disparition d'un nouveau lot de petits glaciers alpins (plusieurs dizaines pour la France), tandis qu'un refroidissement du même ordre ne suffirait pas à assurer leur reconstitution. Les masses glaciaires de *taille moyenne* contribuent par contre à refroidir toute l'année leur environnement immédiat : des vents froids s'écoulent en effet, par gravité, dans les vallées qui y prennent origine (*vents catabatiques*). Mais autour des inlandsis — Groënland et Antarctique — ces mêmes vents qui débouchent sur les fjords... ont des effets inverses ! Ce sont là des vents « chauds » (?), ou du moins tièdes. Au Groënland, le phénomène a été reconnu dès 1889. Pour certains, ce vent pourrait contribuer à hâter la fusion des langues glaciaires et l'équilibre du glacier se trouverait ainsi bouclé, si j'ose dire, par l'atmosphère*.

Petit ou grand, il faut pour qu'un glacier existe qu'une quantité de neige suffisante y subsiste au terme de chaque « cycle » (alimentation/fusion) pour qu'elle se transforme en névé, puis en glace. Or, les plus grands ne sont pas à cet égard les mieux lotis. Comptées pour leurs « valeurs en eau », les neiges du Groënland ne représentent guère plus que les précipitations annuelles de la moitié méridionale du Tchad, et celles de l'Antarctique moitié moins. Mais le temps de réponse de ces gigantesques appareils est très long. En quelques centaines de millénaires, grâce à une disposition du terrain qui s'y prêtait, la neige a pu s'entasser sur deux mille mètres d'épaisseur, parfois plus : ainsi les parties élevées du glacier, grâce auxquelles il s'alimente en neige fraîche et qui échappent à la brève fusion estivale, deviennent-elles de plus en plus étendues : l'inlandsis (une fois formé) tend à « s'auto-entretenir ». C'est à ce mécanisme, qu'il est le premier à avoir

* Au Groënland, la plupart des langues glaciaires *flottent*, si bien qu'elles fondent à la fois par-dessus et par-dessous.

exposé clairement, qu'André Cailleux a donné le nom d'*autocatalyse d'altitude*[55].

Ce n'est pas tout. On sait que les continents « flottent » sur un soubassement formé d'une matière lourde profonde, dont la densité est de l'ordre de 3. Dans ces conditions, un inlandsis dont l'épaisseur dépasse 2 000 m entraîne, pour le continent qui le porte, une surcharge de l'ordre de 1 800 tonnes au mètre carré. Plus qu'il n'en faut pour le faire s'enfoncer dans son tréfonds. A l'inverse la fonte d'un inlandsis de cette taille fait remonter le continent qui s'en trouve allégé. C'est ce qu'on appelle l'*équilibre isostatique**.

C'est ce phénomène qui fait que la Baltique paraît, sous nos yeux se vider, la mer descendant par endroit de 5 cm par siècle. De Geer a montré que c'était en fait le continent qui *continuait* de se relever, quoique l'inlandsis ait disparu là depuis quelque 10 000 ans. L'équilibre isostatique implique un « temps de réponse » particulièrement long. Très tôt, l'on eut l'idée de s'appuyer sur la vitesse — inégale — de ce relèvement pour estimer l'ampleur de l'antique inlandsis de l'Europe du Nord. L'hypothèse s'est révélée féconde.

Quant à la première face de l'isostasie, c'est-à-dire l'enfoncement d'un continent sous la surcharge glaciaire, elle ne pouvait être connue qu'en appliquant aux glaciers actuels les techniques de sondage sismique. La chose fût faite au Groënland par les expéditions polaires françaises et l'épaisseur sondée dans la région centrale dépassa 3 000 m. L'inlandsis reposait donc sur un socle se déprimant régulièrement vers l'intérieur, au point de se trouver localement en dessous du niveau de la mer. Le Groënland n'avait décidément rien du « haut plateau englacé » auquel croyaient nos arrière-grand-pères...

Bien entendu, dans un cas comme dans un autre, la réaction de l'inlandsis, ou de son socle, aux causes possibles de déformation n'est pas instantanée. Elle se fait avec un certain temps de réponse.

Mais Cailleux — dès 1952 — va plus loin. Il calcule l'altitude à laquelle remonterait le Groënland dans l'hypothèse où la glace viendrait à disparaître. Résultat : 740 mètres. Toutes marges d'erreurs largement admises, une altitude très insuffisante pour que, dans des conditions climatiques supposées invariées, la neige puisse « persister » d'une année sur l'autre : « On doit conclure que si le Groënland venait à être libéré de glace, le climat

* Cailleux A., 1952.

général restant par hypothèse inchangé, le socle central ne porterait pas de glaciers. Le paysage y rappelerait le Nord canadien ou le Nord sibérien. Sur les sommets bordiers seulement, des glaciers locaux seraient possibles » (Cailleux A., 1952, p. 12). D'où cette conclusion, d'une immense portée épistémologique en ce qui concerne toutes les sciences s'intéressant au globe (et à ses habitants...) que *deux états d'équilibre paraissent également compatibles avec le climat actuel* du Groënland : l'un — celui que nous voyons — avec socle rocheux au niveau de la mer portant une coupole de glace de 3 000 m d'épaisseur ; l'autre (hypothèse d'école, peut-être !) : socle entre 500 et 900 m d'altitude, libre de glace comme l'est aujourd'hui le « bouclier canadien ». Seules, les chaînes bordières porteraient dans cette alternative quelques glaciers locaux*. Un dernier enseignement qu'en tire Cailleux est des plus importants : « on peut penser qu'un état intermédiaire évoluerait, suivant l'altitude de la glace et le climat, soit vers un extrême, soit vers l'autre, *il ne serait pas stable. Une loi joue, du tout ou rien* » (*op. cit.* p. 13).

C'était là le concept de « Système ». C'est-à-dire un ensemble d'éléments en interaction dont certains sont maintenus en équilibre par le jeu de ces interactions mêmes. Un concept clairement conçu par A. Cailleux avant que le mot n'existât, ou du moins que son usage n'ait pris son extension actuelle.

Auto-oscillations, régulation

Donc, l'inlandsis est un « Système » (fig. 6). Il tend à s'accroître indéfiniment par autocatalyse d'altitude. Mais ce développement est freiné par l'apparition, dans les basses couches de l'atmosphère, de hautes pressions dues à la plus forte densité de l'air froid (l'« anticyclone pelliculaire »). Les précipitations, nécessaires à l'alimentation du glacier, vont donc très brusquement diminuer, tandis que l'effet de föhn va activer la fusion des émissaires.

Ailleurs (en Antarctique) c'est l'effet de la latitude et le contour même du socle continental qui auront le plus grand rôle. Et si, malgré tout, une série de bilans annuels positifs, sur l'un ou l'autre de nos deux islandsis, devait amener celui-ci à « se gonfler », l'enfoncement isostasique ferait que pour chaque mètre d'épaisseur qu'il aurait gagné, Groënland ou Antarctique s'enfoncerait de quelque 25 centimètres davantage dans son tréfonds.

---

* En fait, si l'un des deux états est actuellement réalisé, et non l'autre, c'est en raison de l'*héritage* dont l'état actuel d'un « système » n'est jamais indépendant.

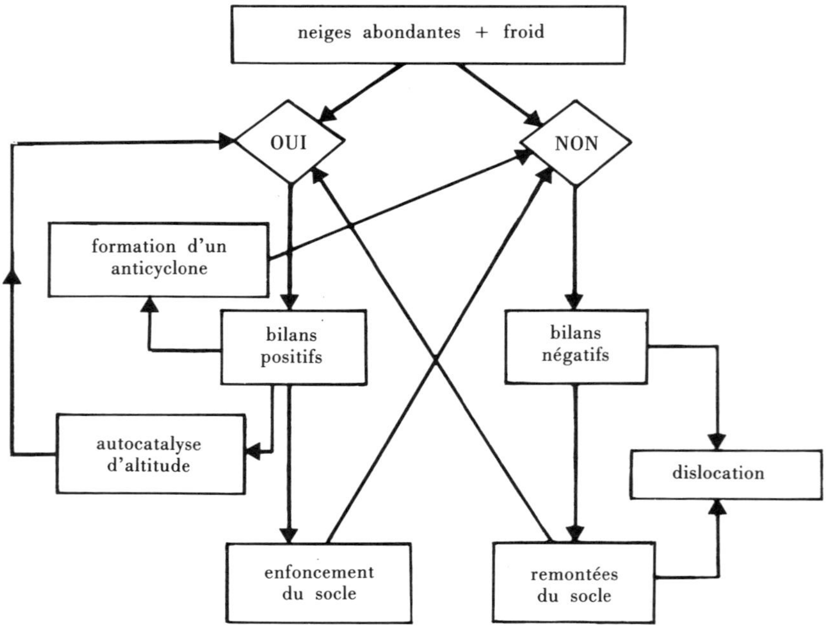

Fig. 6. — *L'inlandsis, un système.*

On appelle le jeu des facteurs indirects qui peuvent ainsi moduler les aspects cumulatifs d'un processus une *rétroaction.* Si cette rétroaction a pour résultat d'accentuer, de proche en proche dans le temps, le cumul des effets du processus naturel, elle est dite *positive.* Si au contraire elle tend à ramener le phénomène à son état initial, on parlera de *rétroaction négative**. L'autocatalyse d'altitude est l'un des meilleurs exemples que l'on puisse donner de rétroaction positive, tandis que l'entrée en jeu des facteurs limitant l'extension d'un inlandsis constitue une rétroaction négative.

Les glaciers — ces inlandsis surtout sur lesquels je viens de m'étendre — m'ont toujours paru constituer l'exemple le plus frappant d'un « équilibre » s'établissant sur la planète entre les jeux de facteurs, ici encore purement physiques. Mais ces « états », ces « processus », ces « équilibres » sont des concepts d'une extrême généralité, auxquels les inlandsis ne devaient me fournir qu'une sympathique initiation. Trois exemples vont évoquer l'extrême diversité de leur usage. Il y a un « Système » qui maintient à un taux constant (approximativement 0,50) la portion du globe couverte par les nuages. Un autre maintient, tel un gigantesque thermostat, la température moyenne

* La rétroaction est quelquefois appelée *feed-back.*

du globe (environ 15° C pour la base de l'atmosphère) : un équilibre doit s'y établir entre les radiations reçues du Soleil et la déperdition due aux radiations, soit réfléchies* soit réémises (sous forme d'infra-rouge) du simple fait que la terre ait été chauffée. Gardons ce sentiment que sur notre planète « tout se tient » et que le moindre changement apporté par exemple à la nébulosité du globe, ou à l'extension des banquises, entraînerait des modifications en chaîne.

Mais il y a mieux encore : la position en latitude de la zone tempérée, qui nous paraît si naturelle, résulte en fait de l'interaction de divers facteurs, parmi lesquels la *transparence de l'atmosphère* (valeur moyenne voisine de 0,60), la teneur de l'atmosphère en CO_2 et... la vitesse de rotation de la Terre sur elle-même. Toute modification de l'un ou de l'autre de ces paramètres provoquerait un déplacement en latitude de la zone tempérée.

La plupart des équilibres que j'ai évoqués jusqu'ici sont *stables* (au moins dans les limites d'une certaine échelle du temps). Dans certains cas, le retour à la position d'équilibre se fait avec un certain déphasage, qui implique *l'existence d'une mémoire dans le système.* Certes, l'évocation de la « mémoire » d'un glacier prête à sourire. Nous savons que l'océan possède lui aussi une mémoire.

D'autres équilibres sont *instables* : c'est que les rétroactions qui se produisent en cas d'apparition d'une déviation aléatoire se font, cette fois, toutes dans le même sens. Ici encore, tout repose le plus souvent sur des variations de l'albédo.

Voici le cas d'un territoire où de larges plaques de neige alternent encore, au début de l'été, avec le sol nu. Le tout sur des centaines de kilomètres carrés**. Dans ce cas, au fur et à mesure que le sol se dégage de la neige, l'albédo moyen de la région diminue et celle-ci absorbe plus de chaleur. En outre, dès que la couverture neigeuse tombe en-dessous d'une épaisseur de 15 à 20 cm, le sol subit les effets de réchauffement et la neige se trouve comme « prise à revers ».

Instable encore, du fait de l'albédo, la banquise arctique elle-même. Tout au moins à partir du moment où une certaine portion de celle-ci se trouverait fondre plusieurs étés de suite (soit par suite d'une « séquence » de conditions climatiques exceptionnelles, soit — on y a pensé — du fait de

* Le rapport des radiations réfléchies aux radiations incidentes est nommé *albédo*, d'un mot latin qui signifie « blancheur ». L'albédo de la neige fraîche atteint aussi 0,9, contre 0,1 à 0,2 pour la forêt équatoriale, très sombre.

** On peut citer l'exemple de la péninsule du N.O. de l'Islande, où un glacier a survécu jusqu'au XVIIIe siècle (le Gläma), et qui est aujourd'hui à peu près dégarnie de neige « à la fin du plus grand nombre des étés » (c'est la fréquence du phénomène qui compte).

l'homme). A latitude égale l'océan libre absorbe en effet trois fois plus de chaleur que la banquise. Un abaissement de l'albédo polaire, même à l'origine purement local, entraînerait de proche en proche un réchauffement gagnant tout l'Arctique et peut-être — certains le redoutent — des modifications irréversibles dans la circulation atmosphérique générale[56] : de tels exemples expliquent que la rétroaction ait pu évoquer, chez les systémistes, l'image d'une « boucle ».

Mais l'« irréversible » est-il le même pour le physicien, le géologue, ou l'historien ? De nombreuses mutations profondes de notre environnement contiennent en germe l'éventualité, à échéance inconnue, d'une mutation inverse. L. Lliboutry a créé le terme d'« auto-oscillation » pour désigner ce fait qu'un glacier peut varier de part et d'autre d'une position centrale* sans autre raison que les propriétés internes du glacier lui-même. Il qualifie ce phénomène d'*oscillation de relaxation* (amplitude à peu près fixe, période très variable) par opposition aux oscillations dues simplement à l'*inertie* (type : le pendule) qui, elles, ont une période fixe et une amplitude variable[57].

Certains lecteurs se seront peut-être étonnés de ce que j'approche des deux tiers de cet ouvrage sans avoir parlé « volcans ». Deux éruptions récentes — le St Helens, Washington, U.S.A., le 18 mai 1980, puis El Chichon, Mexique, le 5 avril 1982 — ont en effet ramené l'attention sur une éventuelle action du volcanisme sur le climat. Actualité renforcée encore par un anniversaire : le centenaire de la fameuse éruption du Krakatoa, dans les îles de la Sonde, le 27 août 1883. Mais il m'avait paru nécessaire d'avoir pris connaissance — sommairement — de ce qu'était un certain « système planétaire » avant d'examiner les actions susceptibles de venir en troubler le fonctionnement.

Les contemporains avaient mis très tôt en rapport l'éruption du Kratatoa, puis celle du Katmaï (Alaska, 1912), avec des refroidissements affectant plusieurs mois des secteurs étendus de la planète. Ce refroidissement (de l'ordre de 0,3 à 0,5° C sur un an pour notre hémisphère) avait été attribué par les savants d'autrefois à la constitution d'un écran de cendres qui aurait voilé le soleil. Aujourd'hui, l'accent est mis, non sur les cendres qui se déposent en quelques mois, mais sur des aérosols de gouttelettes d'acide sulfurique projetées jusqu'à 70 km et qui mettent plusieurs années à s'éliminer après avoir formé un anneau continu autour du globe. L'éruption du Chichon, au Mexique, projeta moins d'un kilomètre cube de cendres,

---

* « Position centrale » n'est pas synonyme de « position moyenne ».

mais aurait injecté dans la haute stratosphère quelque 500 millions de tonnes de matières *en y incluant les gaz**. L'hypothèse ainsi rajeunie permet à son tour de nouvelles investigations dans le passé : les « carottes » extraites de l'inlandsis apportent une information sur les aérosols d'acide sulfurique que contient l'atmosphère au moment des précipitations neigeuses — c'est-à-dire sur l'activité du globe dans la mesure, précisément, où celle-ci peut influer sur les températures.

Il y aurait une histoire à écrire de l'émergence dans nos jargons, dans nos « langues de bois » respectives, de ce mot de *système*. Les économistes, les physiciens (Lliboutry emploie le mot en 1965 dans son *Traité* sans éprouver le besoin d'en expliciter le sens), les géographes y auront recours une dizaine d'années plus tard (Durand-Dastès, 1975).

Dernière étape : à la Conférence *On Climate and Mankind* (Genève, 1979) L. Gates définissait enfin, dans toute son extension, le « Système climatique » : « ... (it) consists of the *atmosphere..*, the *cryosphere...*, the *surface lithosphere* and the *biosphere* (comprising, by extension, man himself)». Définition entièrement satisfaisante en tous points (même si sa transposition dans le cadre institutionnel n'irait pas sans poser quelques problèmes !).

Compliqué, tout cela ? Que le lecteur pressé en retienne seulement que sur notre planète « tout se tient ». Les phénomènes que l'on y observe sont solidaires entre eux, dans l'Espace et dans le Temps. Aucune « compréhension » ne nous est accessible d'aucune parcelle si l'une ou l'autre de celles-ci nous échappe.

Un « puzzle », si l'on veut. Malheureusement quelques précisions sont encore utiles, qui exigent un recours au « jargon ».

L'objet de l'*analyse systématique* est le plus souvent de rendre compte de cette autorégulation qui maintient l'un (ou plusieurs) éléments du système en position de stabilité. Cela peut-être la stabilité d'une variable, telle que le volume (donc, l'altitude du point culminant) d'un inlandsis, ou une stabilité géographique de position sur le globe, comme c'est le cas pour la ligne de convergence des alizés qui traduit un équilibre de force entre les deux hémisphères. C'est la raison pour laquelle le « systémiste » s'attache davantage à l'étude des relations existant entre les éléments d'un système qu'à des caractères propres à chaque élément pris isolément[58].

L'albédo des continents, que j'ai évoqué à plusieurs reprises, se trouve enfin modifié par *l'intervention de l'homme*. D'abord, les *grands défriche-*

* Cette évaluation est faite dans l'atmosphère même, grâce à des satellites.

ments qui ont permis l'extension des civilisations agricoles. : l'accroissement de l'albedo qui en serait résulté aurait entraîné, d'après Flöhn, un relèvement de 0,13° C de la température moyenne de l'ensemble du globe. Quant à l'*irrigation*, elle contribue, à l'inverse, à réduire l'albédo des cultures (les cultures irriguées sont plus « sombres » que les cultures sèches, souvent extensives qu'elles remplacent). Un calcul portant sur les surfaces irriguées en 1975 conclut à un réchauffement mondial de 7/100 de degré C (le plus souvent, ces deux facteurs jouent, avec un certain délai, en sens inverse). Chiffres qui apparaissent insignifiants, mais il s'agit d'une moyenne *portant sur la planète* : océans et inlandsis échappent à ces mécanismes.

Le Sahara en tant que « système »

Le problème de l'existence, de la localisation et de la plus ou moins grande sévérité du Sahara s'éclaire d'un jour nouveau quand on s'essaie d'en retracer l'histoire depuis la dernière glaciation et que l'on replace le tout dans une perspective « systémiste ».

Je rappelle que les déserts sont dus à la « subsidence » de l'air au-dessus d'eux, cet affaissement de l'air pouvant atteindre 1 cm par seconde. Qu'importe qu'il puisse y avoir de la vapeur d'eau ? Celle-ci, en se réchauffant, s'écartera nécessairement de son point de saturation. La principale zone où s'observe cette subsisdence se trouve comme « calée » entre les perturbations qui effectent nos latitudes et — au sud — une autre aire pluvieuse qui s'étend de part et d'autre de l'« équateur météorologique »*. Subsidence et hautes pressions vont de pair.

Mais, très tôt, les naturalistes avaient reconnu que le Sahara, dans ses limites actuelles, avait connu des périodes de répit dans son aridité. On parla de « pluviaires » pour respecter une consonance formelle avec les époques « glaciaires » qui avaient sévi plus au nord... La première idée suggérée par les faits était que ces pluies du Sahara avaient été effectivement contemporaines des glaciations, ce qui impliquait des *variations d'étendue*, comme une sorte de pulsation du désert. Mais une autre thèse prévalut, selon laquelle entre les pluviaires du Nord et du Sud du Sahara il n'y aurait pas eu synchronisme, mais *alternance*. Position avancée par J. Tricart dès 1956 : « Le Nord du Sahara aurait connu, lors des périodes glaciaires euro-

---

* J'identifie cet équateur météorologique avec la « ligne de convergence intertropicale » (C.I.T.).

péennes, des pluviaux atténuant son aridité. Au contraire, le bord sud du désert serait alors devenu plus aride et le climat sec aurait envahi les régions actuelles de la savane du Soudan.»*

Cette vision des choses a été très longtemps enseignée chez les géographes (et les naturalistes). Elle a le mérite de concevoir un processus valable à toutes les échelles de durée. De fait, de nos jours, tous les étés, l'aridité saharienne « envahit » tout le bord sud de la zone méditerranéenne, au moment même où les pluies tropicales débordent, elles, sur le Sahel. Six mois plus tard les faits s'inversent, et tandis que « nos » pluies tempérées affectent l'Afrique du Nord le désert sera, lui, refoulé vers le Sud... A travers toute l'année un espace sans pluie sépare les deux domaines humides, tempéré et tropical. Mais il oscille, en conservant une superficie pratiquement constante. La façon la plus pédagogique d'exposer les pluviaux sahariens est certainement de retenir cet aspect des choses comme constituant un « modèle » valable *à toutes échelles de temps.* Emmanuel Le Roy Ladurie s'est montré spécialement sensible à cette présentation des faits[59].

Le malheur est qu'elle ne correspond pas à la réalité, telle que les progrès des datations absolues nous permettent aujourd'hui de la reconstituer.

Le Sahara a été occupé autrefois par des lacs**. Peu profonds, certes, et aux contours indécis, mais dont le Tchad paraît offrir l'image d'une relique[60]. Le remplissage de ces lacs s'est effectué à plusieurs reprises, une dernière fois entre 9 500 et 4 500 BP avec une courte oscillation aride d'un millénaire entre 6 500-5 500 BP. Confrontée à la déglaciation cette période correspond *à la phase du recul le plus rapide* des glaciers.

Ce « Sahara des Tchads » était couvert d'une steppe parsemée d'arbres et parcourue par une faune originale et variée. Certains indices font penser que l'homme vivait, dans les lieux favorisés du moins, en sédentaire. Tout ce paysage et cette vie auraient disparu, peut-être fort rapidement, vers 4 500 BP (2 500 avant J.C.). Largement assez tard pour avoir permis le développement de civilisations célèbres pour leurs peintures rupestres. Et peut-être aussi à une date ayant permis à une partie de ces populations d'assurer leur survie par un repli vers l'Égypte qui émergeait à l'histoire...

---

* Tricart J., 1956.

** Je remercie P. Rognon pour des compléments d'information qu'il a bien voulu me fournir sur ce sujet.

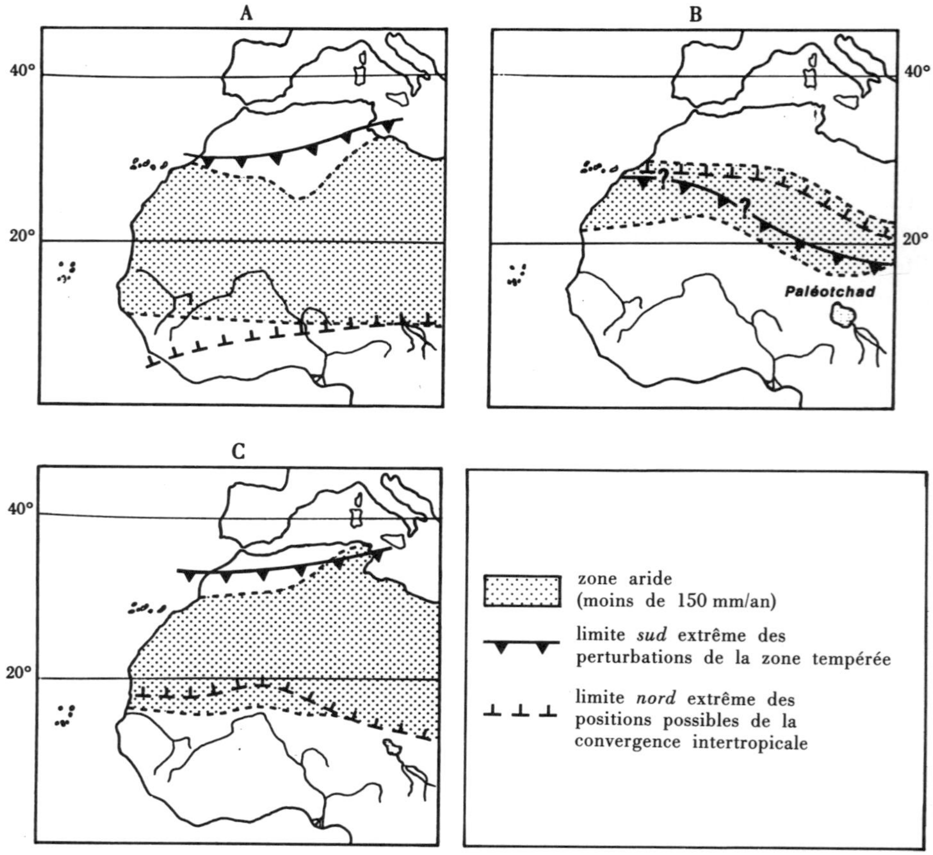

A. Situation vers 16 000 B.P. (second maximum de la dernière glaciation).
B. Situation vers 7 500 B.P. (phase de transition).
C. Situation actuelle.

Fig. 7. — *Cent soixante siècles de la vie du Sahara* (principalement d'après N. Petit-Maire, *La Recherche*, 1984, contours simplifiés et modifiés).

Un croquis (fig. 7) constitue sans doute la meilleure façon de schématiser cette évolution en la remplaçant dans l'espace nord-ouest africain. En A et C figurent les deux positions extrêmes correspondant, l'une au maximum d'une glaciation (pour le Würm, vers 16 000 BP), l'autre aux conditions actuelles. En période glaciaire, le Sahara était (nous l'avons vu) plus grand qu'aujourd'hui, mais occupait surtout une position plus méridionale : le Sénégal manquait d'eau pour rejoindre la mer tandis que, vers le Nord, des précipitations « méditerranéennes » régnaient sur une Algérie ventrue, tout le bassin de la Saoura se trouvant inclus dans cette aire pluvieuse. De l'une à l'autre des positions A et C, le centre de gravité du Sahara s'est bien déplacé en fonction plus ou moins grand dynamisme des glaciers arctiques. La théorie proposée il y a trente ans par J. Tricart est donc, sur ce point, exacte.

Du moins à l'échelle « multi-millénaire », qui permet de considérer globalement glaciaires et interglaciaires...

Mais une première réserve paraît s'imposer : en période glaciaire, l'évaporation, sur des océans beaucoup plus froids qu'aujourd'hui, devait se trouver affaiblie. Donc, nécessairement, les pluies elles-mêmes moins abondantes. Le Sahara était décalé vers le Sud, mais aussi plus vaste, plus sévère[61].

Les découvertes de ces dernières années nous obligent à admettre d'autre part que le *passage* d'une situation A à une situation C ne s'est pas fait par un déplacement « en bloc » du Sahara. Les remontées vers le Nord des deux limites Sahel/Sahara et Sahara/zone méditerranéenne sont deux éléments d'un système, liés entre eux, certes, mais *répondant aux impulsions externes avec des « temps de réponses » différents.* Non seulement les quaternaristes nous affirment que le désert « vrai » était alors réduit au tiers, à peine, de sa largeur actuelle, mais l'étude fine des alluvions et de la faune fossile les a conduits à penser que les précipitations, sans jamais atteindre des totaux importants, étaient mieux réparties dans l'année que les précipitations tropicales, ou méditerranéennes d'aujourd'hui. D'où l'hypothèse de travail que les précipitations tropicales aient pu, du moins au début de l'époque pluviale, remonter suffisamment vers le Nord pour qu'elles viennent « chevaucher » la limite méridionale des précipitations méditerranéennes les plus extensives. Le tout, avec des fréquences significatives.

Tout cela, sur un fond de paroxysme de l'activité atmosphérique globale (évaporation, circulation, précipitations...) coïncident avec la « pointe » de rapidité du retrait des glaces.

Mais une origine lointaine à rechercher peut-être dans la dissymétrie de l'englacement des deux calottes polaires, dont il faudrait pouvoir retracer l'évolution millénaire par millénaire. Et à rechercher aussi dans cette « mémoire » océanique qui vient retarder sélectivement les rétroactions.

Les théories qui s'affrontaient dans les années 50 (Büdel, Tricart...) ne faisaient pratiquement aucune place à l'océan dont on devait reconnaître par la suite le rôle majeur*. Entre autres faits, des mécanismes analogues au *Niño* (remplacement de l'*upwelling* par un courant chaud) sont très vraisemblablement intervenus sur le littoral mauritanien à un stade ou un autre

---

* Ci-dessus, chap. 5, p. 102.

de l'évolution et ont dû contribuer à cette remontée vers le nord des précipitations tropicales.

Le recours à un mécanisme planétaire ne veut pas dire, pour autant, que des facteurs *locaux* n'aient pas eu à jouer. Des variations de l'albédo du sol ont contribué, dans les deux sens, à déstabiliser l'équilibre. De nos jours, au Sahel (où les arbres paraissent à première vue bien rares !) une enquête a montré (1975) que la consommation moyenne de bois par habitant était estimée à 1 kg par jour. 40 % seulement de ce bois se renouvellera par régénération naturelle. Une famille de quatre personnes « déboise » ainsi son hectare par an, et le Sahel compte 60 millions d'habitants... Les tentatives actuellement en cours de prévision de la température mondiale pour un futur relativement proche prennent en compte, en général, un relèvement escompté de l'albédo de 0,2 à 0,35. A ce changement s'ajoutent les méfaits de l'érosion par le vent. Tels sont l'essentiel des processus de « désertification ». En sens inverse, le développement de la végétation une fois amorcé, et *a fortiori* la formation de nappes lacustres, feraient diminuer l'albédo et limiteraient les dégâts de l'érosion. Dans les deux sens, le mécanisme tend à faire « boule de neige », par une boucle de rétroaction positive.

On aurait tort de considérer la construction de telles théories, et leur critique, comme des spéculations purement académiques.

Tous les plans de développement de ces régions soudano-sahéliennes établis de 1920 à 1955 ont été conçus dans une période de précipitations relativement abondantes et sont incompatibles avec la pluviosité actuelle. Une mise en valeur correcte ne peut reposer que sur une estimation des nappes aquifères qui sont en fait (le mot est ancien) de l'*eau fossile*. Le cubage souterrain de cette eau dépend de l'étendue des anciennes nappes lacustres, mais plus encore peut-être des *durées* pendant lesquelles l'eau a pu se « mettre en charge ». « Il est désormais prouvé — écrit Rognon* — qu'il est impossible d'évaluer les ressources en eaux souterraines de ces régions sans faire appel à cette alternance de pluviaux et d'aride. » A cet égard, les estimations des premiers voyageurs qui avaient imaginé que cette recharge des nappes sahariennes avaient pu s'effectuer pendant des époques glaciaires pèchaient donc par excès puisque nous savons maintenant que ces nappes se sont rechargées à une époque certes plus proche de nous, mais pendant une durée beaucoup plus courte qu'une glaciation. Or, ce facteur *durée*

* Rognon P., « Rapport d'introduction aux XIIIe Journées de l'Hydraulique », Paris, 1974, p. 10.

de la phase de recharge est fondamental : la présence de lacs n'implique nullement, à elle seule, que les réserves souterraines du bassin versant aient pu se recharger entièrement.

Un dernier point : l'hydrologie africaine présente des variations récentes qui nous sont connues, mais doivent être interprétées avec circonspection. Une légère remontée des eaux du Tchad a été observée entre 1953 et 1964 : elle correspond à un abaissement de températures locales. Il semble donc qu'il faille distinguer, dans les cycles hydrologiques du Sahara et de ses bordures, des *oscillations majeures*, liées à l'extension des précipitations tropicales (les hautes eaux correspondent à la phase de recul le plus rapide des glaciers, donc à un réchauffement de notre hémisphère) et des *oscillations mineures*, liées elles à des variations de l'évaporation (les hautes eaux correspondant cette fois à des températures plus froides).

Donc, pour deux échelles de temps différentes, effets de sens contraires d'une même « cause ». Nous voilà bien loin des mécanismes simplistes évoqués dans les années 50. Tout se passe *comme si un phénomène, en changeant d'échelle, changeait nécessairement de structure.* Seul, le langage systémiste permet d'envelopper de telles réalités dans leurs ensembles.

Ces propos touchant l'« équilibre des choses » méritent qu'on y revienne : on peut en tirer aujourd'hui beaucoup plus.

Revenons aux glaciers, qui constituent ici encore la plus pédagogique des écoles. Lliboutry a montré* que pour des conditions climatiques données (définies ici, mais je n'entre pas dans le détail, par l'altitude d'une « ligne d'équilibre ») *deux* états très différents de l'englacement étaient en général possibles selon que l'on se trouvait en phase d'avancée, ou au contraire de recul[62]. On pourrait, je crois, à quelques modifications de vocabulaire près, démontrer la même chose des grandes masses forestières (Amazonie, Congo, etc.). La formation de celles-ci suppose un climat forestier C que j'imagine avoir succédé à un climat non forestier antérieur (par exemple par insuffisance hydrique) A. Mais tout climat intermédiaire, que je nommerai B, entraînerait des paysages totalement différents selon que l'oscillation climatique en question se ferait « vers la forêt » (de A à C), ou en s'écartant au contraire des conditions qui maintenaient en équilibre la forêt préexistente (de C à A).

Considérations lourdes de signification : elles conduisent à impliquer que *l'état d'aucun point de la planète n'est le résultat d'un équilibre statique*, il demeure totalement dépendant des états passés. L'état, même physique,

* Lliboutry L., 1965, p. 797, d'après Tronov.

de la planète comporte toujours et partout des *héritages*. Au risque de paraître parodier le titre d'un ouvrage dû à la plume d'un collègue de renom, j'écrirai que le « TERRITOIRE » DU GÉOGRAPHE COMPORTE NÉCESSAIREMENT LE PASSÉ*.

Certes, nos grands Anciens — Brunhes ou Demangeon — auraient sans doute souscrit à cette formule. Mais en pensant à l'Ile de France ou à l'Attique. A l'« occupation du sol » sur ces grands terroirs où les civilisations se sont stratifiées depuis le néolithique... Il n'en est que d'autant plus remarquable que ce paradigme de l'*héritage* puisse être appliqué, d'abord, aux grandes entités physiques, ou biogéographiques, du globe.

Systèmes courts, systèmes longs

Dans l'un ou l'autre des systèmes que j'ai passés en revue, l'homme était parfois intervenu, déjà, comme un élément. Le plus souvent du fait d'une modification de l'albédo des continents que sa constante progression devait entraîner. Beaucoup plus tardivement, par la pollution de l'atmosphère même. J'ai choisi, pour terminer ce chapitre, les cas de deux systèmes dans lesquels la présence de l'homme occupe une position plus centrale.

Je n'avais que l'embarras du choix. J'ai choisi, en premier lieu, le « système » de l'ancienne agriculture irlandaise et de sa rupture au cours de la « Grande Famine » (1845-1849).

En second, l'intégration aux économies des pays arides (ou à étés secs) des types d'irrigation qui leur sont propres.

L'Irlande et la « Grande Famine ». — Le lecteur connaît sans doute l'essentiel des faits : une chute de plus de la moitié de la population irlandaise, due en partie à la mortalité, partie à l'émigration vers l'Amérique, ces deux faits induits eux-mêmes de conditions climatiques catastrophiques. Ceci, en plein milieu du XIXe siècle**.

En fait, une séquence de récoltes désastreuses, tant en pommes de terre

---

* Emmanuel Le Roy Ladurie a publié un recueil de ses articles sous le titre *Le territoire de l'historien*, Paris, 1973.

** Population de l'île en 1841 : 8 200 000 habitants, dont 6 851 000 dans les limites de l'actuelle République. Population de celle-ci en 1979 (dernier recensement) : 3 369 000.

qu'en blé. Pour la pomme de terre, rien que de très compréhensible : c'était la culture la moins mal adaptée au climat de l'île. L'estomac de l'Irlandais vivait au rythme de cette production et de ses aléas. Mais le blé ? Ici intervient le poids de l'histoire. La terre d'Irlande n'appartenait pas aux paysans, mais à de grands propriétaires n'habitant pas l'île. Statut de type colonial, résultant de la conquête anglaise. Pour payer leurs fermages, il fallait aux Irlandais une culture d'exportation, et seules les céréales nobles pouvaient faire l'objet d'un commerce. Ajoutez un régime foncier féroce, qui imposait aux tenaciers irlandais des loyers élevés, sans leur assurer en retour ni bail, ni quelque garantie que ce soit contre une éviction sans délai en cas de non-paiement de leur loyer. Il y avait donc, pour nos malheureux bonshommes, conjonction de deux aléas : que le mildiou étende ses ravages, et ils manquaient de nourriture. Que l'évolution de la saison se fasse défavorable à la moisson : ils risquaient de se faire jeter dehors par les propriétaires qui récupéraient leurs biens. Il faudrait aller aujourd'hui au Brésil pour retrouver des paysans soumis à ce point aux aléas et à la rigidité d'un régime social de type colonial.

J.P. Marchand a eu le grand mérite de regrouper ces relations complexes en un « système »*. Deux « entrées » : la population, soumise aux processus de son renouvellement démographique et le régime foncier de « landlorisme », plus généralement même le libéralisme de l'époque victorienne qui se refusait à toute intervention dans ce que l'on considérait comme des mécanismes « naturels », non seulement à l'échelle locale, mais en ce qui concernait aussi les relations entre la colonie et la métropole.

Le système de l'ancienne économie irlandaise s'organise ainsi (figure 8) autour de deux « boucles », — la boucle « subsistance » (à droite), liée à la récolte de pommes de terre, la boucle « monétaire » (à gauche) liée à celle des céréales. L'une et l'autre sont soumises à des conditions aléatoires — le climat —, symbolisées sur la figure par des dés à jouer. L'une et l'autre de ces productions sont modulées de deux façons. D'une part, le jeu des facteurs physiques qui conditionnent les rendements. D'autre part, un ensemble de faits induits du système social et de la démographie, regroupés ici sous le vocable « mode de faire valoir » (prix de fermage élevé, absence de bail, plus encore, des tenures de taille insuffisante). Ces modes de faire-valoir du sol ne sont pas, au demeurant, indépendants du reste : ils sont fonction à la fois de degré de réussite de la boucle monétaire et de la démographie, liée aux ressources alimentaires (la réussite parfaite des deux cultures entraînerait un excédent de population, d'où une diminution

---

* Marchand J.P., (1983) 1985. — La présentation graphique adoptée ici diffère, dans sa forme, de celle de J.P. M.

de la taille des tenures...). Nous sommes là devant un cas de rétroaction typique que le diagramme évoque par une boucle. Parmi les « sorties » du système figurent la surmortalité et l'émigration (près de trois millions d'hommes en tout...). A côté de l'émigration aux U.S.A., à laquelle font tout de suite penser quelques grands noms, l'exode vers ce qu'il nous faut bien appeler la métropole devait fournir aux Anglais une main-d'œuvre à bas prix. Les effets allaient s'en combiner avec les investissements rendus possibles par le loyer des terres (c'est-à-dire la vente des céréales) pour contribuer à l'industrialisation de la Grande Bretagne.

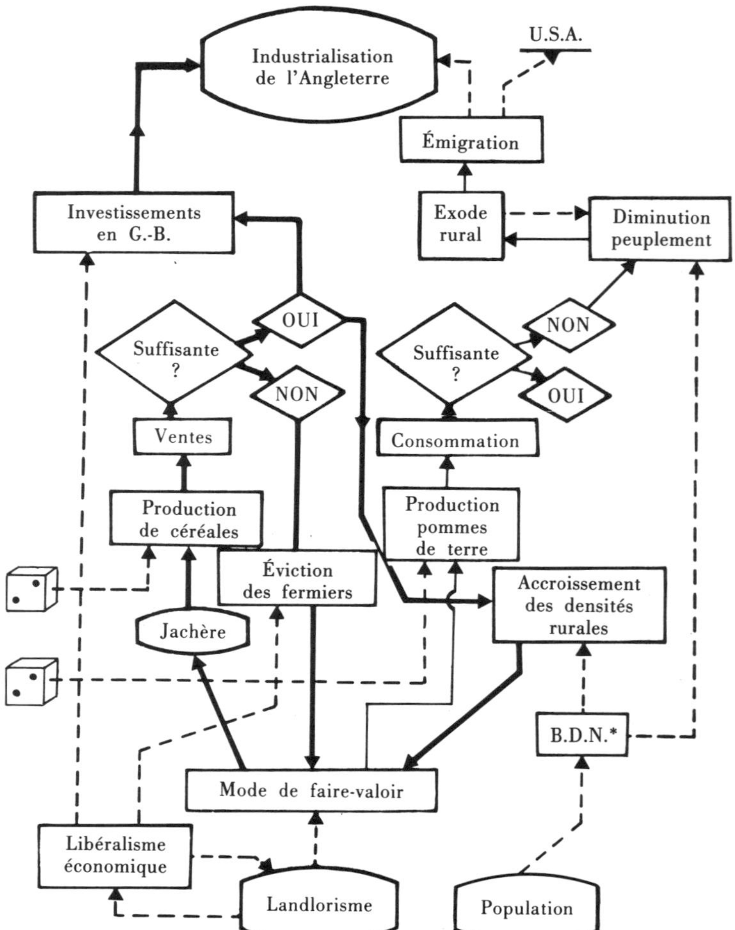

Fig. 8. — *Le système de l'ancienne économie irlandaise* (d'après J.-P. Marchand).

* B.D.N. : Bilan démographique net.

Le « système », on le sait, s'est effondré en cinq ans. Que l'on aille pas s'imaginer quelque catastrophe physique, voir quelque déluge. Nous savons que les deux cultures en cause (mais surtout le blé) sont sensibles à une pluviosité excessive du mois d'août. Le mildiou de la pomme de terre dépend en outre de conditions synoptiques plus précises. Jetons-nous sur les chiffres : à Dublin-Phœnix Park, la pluviosité moyenne (1838-1876) a été pour août de 75 mm. L'été irlandais n'est pas sec ! La moyenne de cinq mois d'août de la période critique (1845-1849) s'élève à... 86 mm. *Onze millimètres* de « trop » par an ! J'ai déjà trop parlé des « moyennes » pour rendre ce chiffre dérisoire responsable du désastre. Les faits doivent être vus année par année. Mais même en poussant l'analyse plus loin[63], il en ressort bien que l'essentiel n'est pas dans telle ou telle donnée météorologique, mais dans cette réalité que la culture du blé était, en Irlande, tout à fait aux marges de sa rentabilité. L'île n'a peut-être reçu, au cours de ses cinq ans, que 100 à 150 mm d'eau en trop. Mais tombée exactement quand il ne le fallait pas.

Le géographe d'aujourd'hui, auquel la logique formelle est devenue moins étrangère qu'à nos anciens, ne peut s'empêcher de rapprocher de tels faits d'histoire agraire avec ces équilibres physiques dont j'ai évoqué plus haut la fragilité. La « chiquenaude » peut paraître insignifiante, mais elle s'insère dans une « boucle » qui en multiplie les effets. C'est l'analyse interne du système qui permet d'en prévoir la désarticulation.

Dans le cas de la crise irlandaise, s'agissait-il d'ailleurs d'une désarticulation ? J.P. Marchand fait remarquer (*op. cit*, p. 248) que si l'Irlande devait, elle, rester éprouvée de façon irréversible (malgré le retour à des conditions estivales normales dès 1850), le point de vue anglais est différent. Il s'agit, pour la « Couronne », du passage d'un certain équilibre, qui impliquait un surpeuplement au moins potentiel, à un équilibre situé à un niveau plus bas, mais laissant intacts les revenus des *Landlords* et quelques sacro-saints principes tant économiques que politiques. Il y aurait eu un « réajustement » comme pour un glacier passant brutalement d'un certain état d'équilibre à un autre. Mais se placer au point de vue anglais, c'est déjà construire *un autre système.*

Les sous-secrétaires d'État au Trésor de Sa Gracieuse Majesté de l'époque eut un mot qui nous paraît féroce. Il écrivit voir dans la famine « l'intervention directe de toute sage Providence pour résoudre les plaies de l'Irlande ».

Un système « finalisé ».

L'irrigation du type « pays arides ». — J'ai signalé plus haut l'existence de deux types de terres irriguées. Très différents*. Je ne retiens ici que le cas de l'irrigation ayant pour but d'utiliser de l'eau, captée et/ou stockée pour la circonstance, en vue de pallier une déficience, normale ou aléatoire, de l'eau de pluie nécessaire aux cultures.

Pour simplifier l'exposé, j'élimine encore deux cas, importants certes, mais qui constituent des déformations tardives du système. L'un est, dans nos pays, le développement de l'irrigation dite « de complément » (celle-ci, qui s'étend jusqu'au Danemark, régularise, ou accroît, des productions déjà rentables en conditions normales). L'autre est ce fait qu'un accroissement de l'irrigation peut conduire à la surproduction et à la *mévente*...

Le diagramme (figure 9) comporte deux entrées : le climat, d'une part, à certaines insuffisances duquel l'objectif est de remédier, un ensemble de traditions agraires, d'autre part, véritable patrimoine humain du pays à la veille de la rénovation projetée.

Le climat conditionne à la fois « l'offre d'eau » et les évaporations de toute nature dont la région est le siège. L'eau disponible sera à son tour modulée par divers *taux* correspondant aux techniques utilisées. Il y a un « rendement » de l'eau. Ainsi, l'irrigation classique méditerranéenne, dite « à la raie », a été progressivement relayée par *l'irrigation par aspersion*, puis par le *goutte à goutte* (conduites enterrées donnant aux cultures, au niveau des racines, la quantité d'eau dont elles ont strictement besoin**). Je rappelle que l'objectif de l'irrigation est de faire « évapotranspirer » de l'eau par les cultures, la production de biomasse, donc la récolte, devenant pratiquement proportionnelle à cette eau évapotranspirée.

Maïs — fait capital — une partie de l'eau fournie aux cultures échappe en fait à cette destination et est donc, biologiquement parlant, fournie en pure perte. Dans des proportions variables, selon précisément la technique choisie. Là où règne l'irrigation méditerranéenne, c'est souvent moins de 40 % de l'eau comptabilisée à l'amont des « périmètres » qui entre en fin de compte dans un cycle de production de biomasse. Avec l'irrigation par aspersion, cette proportion est déjà doublée. Avec le goutte à goutte il n'y a presque plus d'eau qui soit, biologiquement, inutilisée.

---

* Chapitre 2, p. 43.

** Cette évolution des techniques s'est faite conjointement avec l'extension des terres irriguées, si bien que les « irrigations de complément » ont été presque toutes faites, d'emblée, par aspersion.

Ce taux d'utilisation de l'eau est primordial, et donne à réfléchir aux planificateurs. L'irrigation à l'ancienne, c'est, certes, un rendement déplorable de l'eau au strict point de vue agronomique, et à l'échelle *d'une* parcelle. Mais l'eau ruisselée, ou infiltrée, n'était pas perdue pour tout le monde. La « colature », pour employer le mot des agronomes, permettait la réalimentation de nappes situées plus à l'aval. Bilan de l'opération : moins de la moitié de l'eau intégrée à un cycle biologique local, mais plus de la moitié remise en circulation dans un cycle hydrologique régional. A l'inverse, les formes modernes d'irrigation ont de meilleurs rendements à l'échelle de la parcelle, mais entraînent par contre, à l'échelon régional, des perturbations pour un cycle de l'eau qui s'était réajusté, au fil des millénaires, en tenant compte des irrigations à la raie[64].

Par ailleurs, l'évaporation totale d'une zone irriguée croît plus que proportionnellement avec sa surface. C'est ce que l'on appelle l'« effet d'oasis ». Les régions mises en culture dans (ou en bordure) des déserts deviennent le siège d'un « appel d'air ». Les bordures des grands deltas du Nil et de l'Indus connaissent, elles aussi, un surcroît d'évaporation. Il y a là une boucle de rétroaction liant l'évaporation au site et à l'extension de la surface cultivée : on pense à cet « effet de taille », déjà entrevu à l'occasion de phénomènes purement « physiques ».

Dernier détail : l'eau perdue (localement) par les colatures lessive les engrais que l'on aurait éventuellement utilisées. D'où, dans l'irrigation à l'ancienne, un recours accru aux produits chimiques. Et de gros risques de pollution des nappes ainsi rechargées...

Tout ceci apparaît dans la partie *gauche* du diagramme.

La partie *droite* comporte essentiellement deux branches. La plus interne exprime l'élaboration des *besoins en eau* qui peuvent être « modulés » à plusieurs niveaux. J'en distingue deux, auxquels se rapportent des taux que l'on doit bien distinguer. Certains faits sont incorporés au paysage agraire (les haies de cyprès qui diminuent l'évaporation). D'autres dépendent, semaine après semaine, de l'évolution des cultures au cours d'une même campagne agricole. Leurs effets se situent à deux échelles différentes de temps : stratégie et tactique*.

La branche externe correspond enfin à des « flux d'information ». C'est la « Recherche agronomique » (j'y inclus toute l'expérience acquise au cours des générations successives) qui commande cette modulation des besoins en eau. Aujourd'hui, la mise en œuvre par les services *ad hoc* des informa-

---

* Sur cette distinction entre « stratégie » et « tactique », voir Péguy Ch.-P. « Climat et décision ». *La météorologie* n° 26 (1981), p. 41-56 et ci-dessous chap. 9, p. 107.

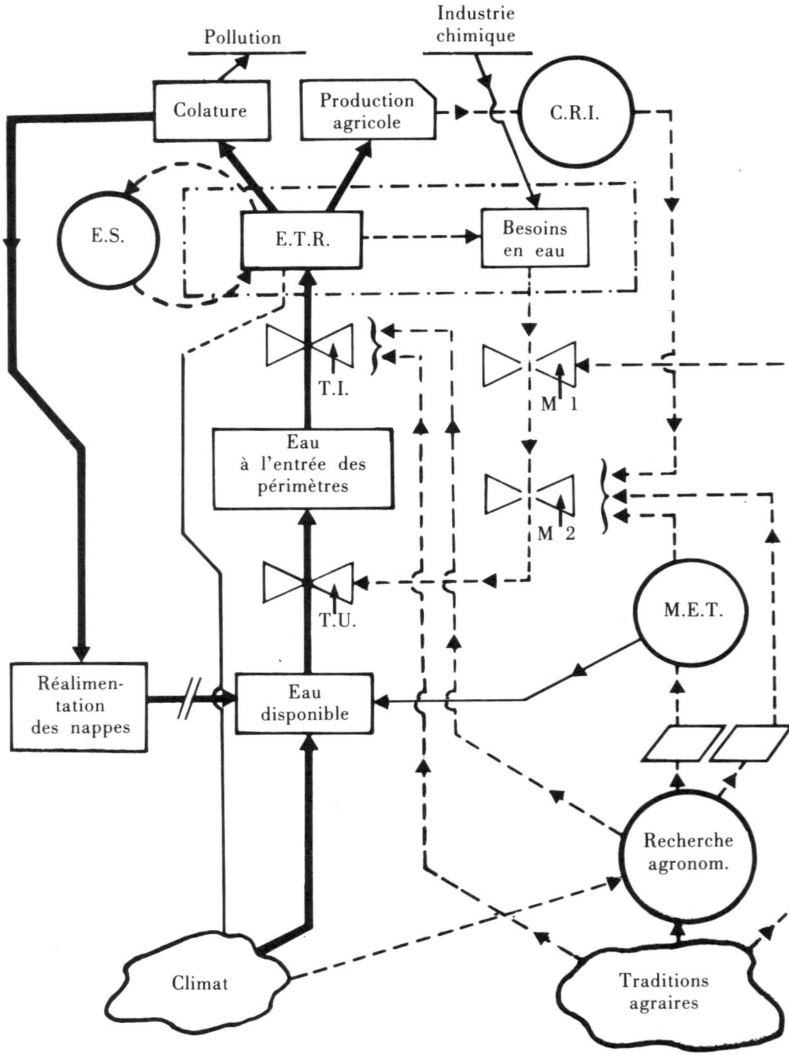

Fig. 9. — *« L'irrigation en tant que système (cas des régions semi-arides et méditerranéennes). »*

tions relatives à la teneur en eau des sols, puis la prévision météorologique, ont permis des économies d'eau considérables. Reste une dernière ligne de flux : elle matérialise les enseignements tirés, après chaque campagne du déroulement de celle-ci.

Les deux exemples retenus permettent de donner à la Recherche climatique un objectif plus ample, et mieux équilibré, que le *Climatic System* défini

Le trait fort se rapporte au parcours physique de l'eau (depuis les précipitations jusqu'à la réalimentation des nappes par les colatures).

Autres traits : flux d'information, ou relations logiques.

Le système comporte deux entrées : le *climat*, et un héritage de *traditions agraires* antérieures (l'évolution démographique y est incluse).

ETR = Evapotranspiration potentielle.

ES = extension spatiale de l'aire irriguée.

Les besoins en eau sont modulés par les taux M1 et M2 : M1 = modulation à long terme (ex : diminution de l'évaporation par des arbres « brise-vent ») et M2 = modulation à court terme.

Le flux d'eau est modulé par les taux TU et TI : TU = taux global d'utilisation de l'eau (à l'amont des périmètres) et TI = technique d'irrigation utilisée (raie, aspersion, goutte à goutte, etc.).

MET = « contexte météorologique » (« suivi » agro-météo - prévisions).

Deux stratégies sont concevables : A si l'on prend en compte MET / B si cette prise en compte est impossible (par exemple : rotation de l'utilisation de l'eau, chaque usager pouvant en disposer un jour déterminé de la semaine).

voici dix ans par L. Gates. Il ne suffit pas d'ajouter, comme le fait notre collègue anglo-saxon, l'espèce humaine à la biosphère, comme une sorte d'« extension ». L'homme *agit* sur l'atmosphère, conditionne éventuellement les « météores », ou au contraire s'y adapte. Bref, une *réaction consciente* de l'homme en face du climat et de ses aléas.

Il y a ainsi en fait *deux types de systèmes* dans lesquelles l'on est amené à prendre en compte les phénomènes atmosphériques. Dans les plus simples, l'homme n'est qu'un « habitant » de la Terre, un « occupant ». Dans la seconde, il intervient en « ré-agissant » au climat. La connaissance scientifique (que je fais ici remonter aux plus anciennes traditions) est la pièce maîtresse de cette réaction, d'éventuelles modifications du temps, puis des climats, en constituant son terme, encore largement utopiste.

Je propose de parler de « *systèmes courts* » et de « *systèmes longs* ».

Les luttes savantes d'aujourd'hui qu'évoque J.P. Marchand (en Irlande) contre la « douve du foie » (la distomatose hépatique du mouton due à l'excès d'humidité des pâturages), ou contre le mildiou de la pomme de terre constituent deux exemples d'une boucle caractéristiques d'un « système long » dans lesquels la recherche (et dans le second cas la prévision) jouent un rôle fondamental.

Naturellement, des systèmes courts peuvent avoir leurs lignes de flux internes, purement « physiques » ou purement « humains ». J'emprunte une fois de plus, grâce à J.P. Marchand, un exemple du premier cas à l'Irlande. Un été sec y entraîne, comme partout, une baisse de la production hydroélectrique. Mais celle-ci ne se répercute pas intégralement sur l'économie du pays : les étés secs y permettent une récolte plus aisée de la tourbe, et un séchage plus rapide de celle-ci. Cette source d'énergie locale fluctue ainsi en sens inverse de la première. Parmi les lignes de flux purement « humains », il faut souligner ce que j'appelle la « boucle monétaire » qui anticipe, ou au contraire retarde, exacerbe ou estompe les effets de contraintes physiques. Durand-Dastès citait, il y a déjà vingt ans, le cas de l'Inde pour laquelle le développement de l'économie monétaire a rendu les famines « sélectives et prématurées »* ; sélectives parce que les artisans des campagnes sont plus durement frappés que les agriculteurs, prématurées parce que la spéculation contribuait à les déclencher bien avant l'époque de la « soudure ».

Les mécanismes monétaires développés à la suite d'accidents climatiques peuvent être subtiles. Dans certains cas, les grands propriétaires jugent intéressant de faire crédit à leurs tenanciers des sommes dont ils ne peuvent s'acquitter. Mais ces créances sont alors libellées au cours élevé des grains en années de disette et, le temps revenu des vaches grasses, il faut aux tenanciers les récoltes de plusieurs bonnes années pour rembourser leurs dettes, du fait de la chute des cours. Ainsi des conditions voisines à celles qui avaient provoqué la « Grande Famine » en Irlande peuvent-elles, dans des contextes sociaux pourtant assez proches, entraîner des développements tout différents.

En Amazonie, un proverbe amérindien nous assure que « la forêt, le fleuve, la pluie, les terres *font* l'Amazonie. Si un seul de ces éléments était enlevé, l'Amazonie mourrait ».

---

* Durand-Dastès F., *in* George P. et Lacoste Y., *La géographie active*, Paris 1964, p. 162-166.

L'Amazonie : un système.

Tout est dans tout, et chaque partie du tout, non pas « est », mais *devient*, de telle manière que toutes s'équilibrent dans l'éternel Devenir.

Merveilleuse convergeance des cultures profondes, à travers les continents et les siècles. L'un de ces propos vient de la conscience collective de tribus vivant à près de dix mille kilomètres de chez nous. L'autre, par lequel j'ai maladroitement résumé ce que l'on croit savoir de la pensée d'Héraclite, nous fait « remonter » vingt-cinq siècles.

Jusqu'aux Temps modernes, qui virent triompher en Occident des modes de penser hyperanalytiques, l'homme paraît avoir ressenti cette nécessité d'une vision globale du monde. Tout devient incompréhensible, dans un système, dès lors que l'on écarte de son esprit l'un quelconque de ses éléments.

Aujourd'hui, complexité et globalité reprennent peu à peu leurs places (et l'observation des faits économiques y a été pour beaucoup). Mon propos était de montrer que l'étude — non pas *des* climats — mais du système climatique était l'une des occasions qui nous étaient offertes de transcender les logiques propres au contenu de chaque discipline pour chercher « une logique générale du comportement des contenus » (K.E. Boulding). Ainsi reconstituons nous ce « puzzle », attentif à ce que la pièce jusque-là rejetée soit bien celle dont on aura besoin pour combler le dernier vide...

Mais un puzzle où vous vous apercevriez, à ce moment même qu'à l'autre bout du jeu l'image qui vous avait jusque-là servi de modèle s'est — déjà — estompée. Brouillée. Redessinée. Le « Devenir ».

Chapitre 8

PHÉNOMÈNES EXCEPTIONNELS ET PHÉNOMÈNES RARES

Les catastrophes naturelles d'origine atmosphérique

Le terme de « catastrophe », quand il est appliqué aux phénomènes naturels, évoque des images bien précises : éruptions volcaniques, séïsmes, mais aussi ouragans des Antilles, pluies diluviennes, inondations... Ceci, parfois, chez nous. Qui s'en souvient ? Les 31 janvier et 1er février 1953 une inondation « mixte » (j'appelle ainsi le fait que la gravité en fut accrue par un relèvement momentané du niveau de la mer) fit, en deux jours, 2 117 morts aux Pays-Bas et en Angleterre. Bien entendu, je ne retiendrai ici que les seules catastrophes d'origine atmosphérique, quitte à évoquer l'ensemble de ces faits dramatiques pour y établir des pourcentages.

Mais, dès que l'on cherche à définir ce terme avec précision, on voit que la catastrophe correspond à deux concepts d'ordre très différents. Un concept banal, presque trivial, qui ne fait état que de la rareté du phénomène et de la gravité des effets induits. Dans une toute autre optique, certains théoriciens définissent avant tout la « catastrophe » comme *rupture* d'un système. J'adopterai cette optique dans un second temps.

Dans son sens général, on exigera d'une catastrophe que le « temps de retour » du phénomène soit très grand*. Plus d'une génération, plus d'un

* Le « temps de retour » d'un phénomène est l'inverse de sa probabilité d'occurrence.

siècle, voire d'un millénaire ; lors de la crue du Guil de 1957 le torrent a charrié des blocs dont la taille n'avait pas été atteinte depuis les flots de la déglaciation. Disons tout de suite que la tendance est *aujourd'hui* de considérer comme catastrophiques des événements d'une bien moins grande rareté... D'autres s'attachent davantage au nombre des victimes. A l'inverse, certains parlent enfin de catastrophe pour des phénomènes n'ayant causé que des dégâts matériels, sans victimes — telle cette gelée des caféïers du Parana évoquée plus haut (figure 1). Mais l'emploi des termes de catastrophes, ou de « cataclysmes » ne paraît justifié, en pareille circonstance que par des mécanismes économiques liés, précisément, à la grande rareté de la cause physique.

Mais que faut-il entendre par « rareté » ? On ne peut négliger un facteur *spatial* : la réponse différera selon que l'on considère une petite région, ou un continent. Prenons le cas des cyclones : l'occurrence de ceux-ci *en un point ou un autre* (ou plutôt, selon une trajectoire ou une autre) croît très vite avec la surface considérée. Une douzaine par an, à titre d'exemple, pour l'Océan indien. A cette échelle spatiale, peut-on parler d'« exceptionnel » ? Pour l'habitant de la côte du Texas, l'*aléa est temporel :* un cyclone peut le toucher en septembre prochain. Ou peut-être ses arrière-petits-enfants le subiront-ils en septembre 2100. Pour le météorologue de l'âge satellitaire, l'*aléa est spatial.* Il se passera toujours « quelque chose » dans la basse atmosphère. Mais où ?

Une estimation des *pertes en vies humaines* reste très difficile, par suite de l'inégalité de l'information jusqu'au début du XXe siècle. Je suis cependant tenté de remonter jusqu'en 1815 de façon à y inclure l'éruption du Tambora (92 000 victimes) qui est la plus ancienne éruption volcanique pour laquelle nous disposons de données sérieuses. Au prix de grosses approximations on peut proposer un total de sept à huit millions de morts sur 160 ans. Ceci en se limitant aux catastrophes « strictes », c'est-à-dire en écartant les famines. Les proportions entre les quatre rubriques classiques seraient : inondations 56 % (premier rang dû aux fleuves chinois) — séïsmes 22 % — cyclones 19 % — éruptions 3 %. On constate tout de suite que les phénomènes d'origine atmosphérique seraient responsables des *trois-quarts* des victimes, ceux d'ordre « tellurique » d'un *quart* seulement. Des pourcentages auxquels on laissera un caractère approximatif et provisoire, car un seul évènement de grande taille (surtout en ce qui concerne les séïsmes) peut remettre en cause ce que l'on a appelé la « hiérarchie des catastrophes ».

La catastrophe la plus remarquable a présenté d'ailleurs un caractère composite : le 12 novembre 1970 le Bengale était balayé par une « onde de tempête » liée elle-même à un cyclone. On compta « officiellement » 242 000 morts*. La « résonnance » politique fut ici immédiate. L'incapacité du gouvernement pakistanais à assumer la reconstruction de ce qui constituait encore la « Province orientale » du pays contribua puissamment à développer l'agitation qui devait déboucher, l'année suivante, sur l'indépendance du Bengladesh.

Dans ces désastres, le rôle de la topographie est omniprésent : le lit de certains fleuves s'élève du fait de ses propres alluvions (et l'endiguement par l'homme ne fait qu'aggraver les choses...), tandis que les atolls bas sont balayés par les vagues des cyclones.

Derrière ces quatre « grands » des fléaux de la nature, il faudrait compter avec des phénomènes d'un ordre de grandeur très inférieur, mais qui cumulent d'année en année leurs effets : victimes des « vagues de chaleur » ou des tempêtes de neige qui ponctuent tragiquement les saisons aux U.S.A. A un degré en dessous encore dans l'échelle des grandeurs, nous aurions les avalanches alpestres...

N'oublions pas, par ailleurs, que les *circonstances* propres à chacun de ces événements (surtout pour ceux qui restent d'une taille modeste) jouent un grand rôle. Une crue récente du Gers (8 juillet 1977), sur laquelle je vais être amené à revenir quelques pages plus bas, menait cette rivière à Auch à 3 m au-dessus de l'étiage dès le début de la matinée. L'eau devait atteindre la cote de 5 m à midi et 7,76 m (niveau record) à 15 h 45. On compta *cinq* morts dans les quartiers bas de la ville. Chiffre étonamment faible, qui ne s'explique que parce que le cataclysme s'est développé en plein jour. On n'ose pas imaginer le nombre des victimes qu'aurait entraîné un phénomène hydrologique identique survenant huit à dix heures plus tôt.

Enfin, tout commentaire correct du nombre de victimes sur une longue période doit tenir compte, d'une part, de l'accroissement démographique continu (la population du globe ayant plus que quintuplé en 160 ans), et d'autre part des progrès de la prévision et de la prévention. J'y reviendrai.

Le lecteur n'aura pas manqué de constater que je n'ai pas parlé jusqu'ici des *famines* dues souvent (mais non toujours) à la sécheresse. Ceci malgré les exemples, sous nos yeux, du Sahel, du *Noroeste* brésilien, de l'Éthiopie. L'usage est en effet de ne prendre en compte, parmi les « catastrophes »,

* Il y a dans de tels cas double effet de la dépression barométrique elle-même (la mer se comportant comme un véritable « baromètre naturel » et du vent provenant du large qui « pousse » littéralement l'eau à la côte. — Un phénomène similaire, quoique de gravité moindre, avait affecté les 31 janvier et 1er février 1953 les côtes de la Mer du Nord : plus de 2 100 victimes et des centaines de milliers de têtes de bétail perdues en Angleterre et aux Pays-Bas.

que les séïsmes, les éruptions, les inondations et les cyclones. Or, à la différence de tous ces événements qui sont des phénomènes brutaux et bien définis, dans l'espace comme dans le temps, les sécheresses tirent leur gravité de leur grande extension spatiale et de leur durée*. Leurs effets sur la démographie passe, en jargon systémiste, par une « boucle » économique introduisant un plus ou moins long temps de réponse. Enfin, un grand nombre de famines historiques ont coïncidé avec des troubles (1921 en Russie), et c'est de façon quelque peu artificielle que les autorités locales elles-mêmes tentent, après coup, d'établir dans ces calamités de grande taille les parts revenant respectivement aux conditions climatiques anormales et aux destructions du fait de guerre**.

Cinq grandes famines — au moins — ont sévi sur la planète depuis un peu plus d'un siècle et demi. L'Irlande, dont le cas a été analysé dans le chapitre précédent, famine due non à la sécheresse, mais à un excès d'humidité (1845-1850 : un million de morts). La Chine en 1877-1879 : sécheresse, neuf millions et demi de morts***. La Russie en 1921 : sécheresse, 5 053 000 morts. Au Bengale, sécheresse en 1942-1943 : certains ont avancé le chiffre de trois millions. Au Sahel enfin (et dans d'autres régions intertropicales) depuis quinze ans plus de 400 000 victimes. Il semble que l'on reste encore dans une « hypothèse basse » en proposant le chiffre de dix-neuf millions de morts pour la surmortalité due ici ou là dans le monde (depuis 1815) à des distorsions de la répartition spatio-temporelle des pluies ou aux effets induits des catastrophes classiques. Certains témoignages dont la critique est mal aisée pourraient faire porter ce chiffre à 22 ou 23 millions. *Le plus grand nombre de victimes de ces dérèglements du milieu sont ainsi des pertes induites, ou dues à des phénomènes cumulatifs sur une longue durée.*

Par rapport aux autres causes de mortalité le total auquel nous sommes conduits — quelque 26 à 30 millions — dépasserait de peu le nombre des morts attribués à la « grippe espagnole » de 1918 qui aurait fait plus de 21 millions de victimes. Par ailleurs (et en prenant cette fois 1914 comme date initiale) les « catastrophes naturelles » auraient entraîné des pertes représentant près du *dixième* de celles de guerres. C'est peu, et c'est beaucoup****.

Après les pertes en hommes, les « dégâts ».

---

* Je reviens ci-dessous, dans ce chapitre même, sur les sécheresses.

** Pour La Russie, les statistiques officielles font état de 5 053 000 morts imputables à la famine et de 1 180 000 à la guerre civile. Population totale en 1917 de l'ordre de 110 millions d'habitants.

*** Famine au Brésil l'été austral suivant : 100 000 morts pour le seul état de Ceara.

**** Foucher M., 1982.

Ceux-ci sont à la fois bien, et mal connus. Du fait de l'hétérogénéité de la législation, et de la diversité des usages en ce qui concerne les assurances.

La Chine publie des chiffres de victimes des catastrophes naturelles, mais n'a jamais fourni aucune estimation de dégâts. En France, les dégâts portant sur les bâtiments publics ne peuvent être pris en compte correctement. La comptabilité publique n'introduit pas en effet, chez nous, de distinction entre la réparation de dégâts ayant affecté le domaine public et toute autre forme d'investissement. Ce sont, par exemple, les mêmes chapitres budgétaires qui permettent ici de reconstruire un pont emporté par une crue et là d'en élargir un autre pour satisfaire aux besoins accrus de la circulation[65]. En Australie, les subventions versées par l'État au titre de réparation de dommages ont atteint A$ 215 millions de 1961 à 1974 dont 51 % au titre des sécheresses et 42 % au titre des inondations. Bel équilibre ! Mais ce chiffre ne comprend pas l'indemnisation des victimes de cyclones qui est couverte par d'autres dispositions budgétaires. Quant au recours par le chercheur aux archives des compagnies d'assurances (ou plutôt de réassurance)* il se heurte entre autres au fait que dans le Tiers-Monde les cultures d'exportation sont le plus souvent assurées, alors que les cultures vivrières ne le sont pas. L'information que nous possédons est en fait précise, mais biaisée : sa mise en œuvre exige un sérieux savoir-faire. Le chiffre de 45 à 50 milliards de dollars a été avancé par certains comme estimation des dégâts pour la période 1901-1975. Mais la Chine n'est pas prise en compte. Et, même ainsi, ce chiffre me laisse le sentiment d'une terrible sous-estimation. Parmi les types de risques, les cyclones viendraient cette fois, en tête (47 %) suivis des séïsmes (29 %) et enfin des inondations (23 %)**.

Il n'est que juste de faire observer que tous les pays ne sont pas également soumis aux mêmes rigueurs. Il y a non seulement une « géographie des risques » (qui prend en compte au premier chef les données de peuplement), il y a une géographie des « dérèglements » de la nature. Les U.S.A. sont ainsi beaucoup plus riches en phénomènes violents (des tempêtes de neige aux « vagues de chaleur » estivales) que tout état européen. Observation qui n'est pas sans portée : car le « rendement » (économique) des services météorologiques (essentiellement, le rapport « économies réalisées grâce à la prévision/coût de cette prévision ») a été le plus souvent calculé Outre-Atlantique. Et transposer ces estimations chez nous revient à surestimer le gain induit d'une bonne prévision.

---

* C'est sur ces documents que s'appuie essentiellement le travail déjà cité de M. Foucher.

** La dernière place tenue par les inondations tient au fait que la Chine, où ces cataclysmes sont particulièrement nombreux, se trouve, ici, exclue des calculs.

Les dégâts causés par les phénomènes naturels entraînent presque partout des interventions financières de la collectivité publique, et dans les cas les plus graves une aide internationale. C'est même, on l'a deviné, en raison de ces interventions qu'ont pu être réunis les chiffres dont j'ai cité quelques-uns. Mais la diversité, d'un état à l'autre, des modalités d'assistance aux sinistrés explique l'hétérogénéité de l'information elle-même.

M. Sugawara — un ancien responsable des services japonais de prévention et d'intervention en matières de catastrophes naturelles — écrivit crûment dans un rapport : « Tout dommage pour lequel la population peut obtenir une aide du gouvernement est une catastrophe. » Cette définition, qui a le mérite de présenter la « catastrophe » *d'abord* comme un fait social reste à mes yeux trop statique. Elle ne tient pas assez compte de cette « dérive » — sur laquelle je vais insister — que l'évolution des mœurs et de la législation introduit dans le sens même des mots*.

Jusqu'au milieu de ce siècle, le seul domaine où un effort de précision du vocabulaire ait été fait était la navigation maritime. Le terme de *tempête* désigne, pour tous les marins du monde, un certain état de la mer associé à une force du vent 11 sur l'« échelle de Beaufort » (soit 28 m/sec, ou environ 100 km/h)**. Satisfaisante à la mer, une telle définition de la « tempête » n'a malheureusement aucune signification en milieu continental (ce qui n'empêche pas de nombreux contrats d'assurance de s'y référer...). Les données « officielles » que fournirait en cas de litige le service météorologique compétent sont en effet des vitesses moyennes sur dix minutes, que les anémomètres calculent automatiquement. J'ai déjà souligné que les vitesses instantanées réelles du vent peuvent atteindre presque le double de telles moyennes***. D'autre part, la variabilité du vent, cette fois d'un point à un autre, est beaucoup plus forte sur terre qu'à la mer : les données d'un anémomètre ne peuvent donner au mieux qu'un *ordre de grandeur* du vent ayant pu réellement souffler à deux kilomètres de là.

Plus pertinentes apparaissent, à terre, les dénominations successivement définies par le législateur en fonction des besoins de l'agriculture. Je me bornerai à la France.

---

* Postérieurement à la rédaction de ce texte une brève note de C. Calvet est à signaler : « Le risque calculé en climatologie », *La météorologie,* n° 17 (1987) p. 37-38.

** La terminologie d'origine est : 10 : whole gale — 11 : storm. — 12 : hurricane. C'est donc le terme de « storm » que traduit, dans nos documents, la « tempête ».

*** Voir ci-dessus, chap. III, p. 59.

Une loi y définit depuis 1964* la *calamité agricole* comme « (des) dommages non assurables d'importance exceptionnelle dus à des variations anormales d'intensité d'un agent naturel lorsque les moyens de lutte préventive, ou curative, employés habituellement dans l'agriculture n'ont pu être utilisés, ou sont restés inopérants.

Mais, devant l'accroissement continu du nombre de cas où une intervention de l'état paraissait pouvoir être sollicitée, l'instauration d'une « hiérarchie » de ces cas s'imposa. Ce fut d'abord (1975) l'instauration de deux taux distincts d'indemnisation. Puis, en septembre 1979, un train de décrets définissait, en dessous de la « calamité » légale, le simple *sinistre*. Événement considéré comme relativement peu grave et peu étendu, le sinistre n'ouvrait droit qu'à des « prêts bonifiés » du Crédit Agricole : soutien déjà indirect de l'état et débours par la collectivité de sommes récupérables. Seule, la calamité agricole continuait d'ouvrir droit à l'indemnisation. Le classement d'un accident climatique dans l'une ou l'autre de ces catégories est essentiellement du ressort du préfet. Il va de soi que l'attribution des indemnités complète celle des prêts, sans supprimer ceux-ci : pour la fameuse sécheresse de 1976 (qui fit d'ailleurs l'objet d'une loi spéciale) les agriculteurs concernés d'Ille-et-Vilaine — l'un des départements les plus touchés — reçurent en moyenne chacun 6 000 F d'indemnité et 25 000 F de prêts**.

Parallèlement, des textes incitaient les agriculteurs à s'*assurer* davantage. Ceci, de façon à ne pas mettre en difficultés le « secteur tertiaire » des assurances, peut-être aussi en vue d'accroître dans la profession un sentiment de solidarité. Déjà, la loi réserve strictement toute indemnisation de dommages à ceux « dont les éléments principaux de l'exploitation étaient assurés contre l'un au moins des risques normalement assurables selon les us et coutumes de la région considérée ». Mais, depuis 1975, l'indemnisation « majorée » est réservée aux exploitants ayant souscrit *toutes* les assurances possibles. Le paradoxe est qu'en cas de dégâts imputables à la sécheresse ce taux maximum pourra n'être attribué qu'aux agriculteurs s'étant assurés contre... la grêle !

Troisième volet de ce triptyque : une loi du 13 juillet 1982 faisait obligation aux compagnies d'assurances d'inclure le risque de « catastrophe naturelle » dans les contrats déjà souscrits par leurs clients contre certains risques antérieurs définis, ainsi que dans les contrats « multirisques ». Jusque-là,

* J'emprunte la plupart des détails cités dans les alinéas suivants, et notamment les données concernant l'Ille-et-Vilaine, à un mémoire de maîtrise de géographie soutenue à l'université de Haute-Bretagne (F. Bauquin, 1984).

** Le lecteur se rappelle que l'effort demandé fin 1976 aux contribuables français était, pour partie, un impôt, pour partie un emprunt obligatoire remboursable en cinq ans : l'opération était ainsi, financièrement, « bouclée ».

la catastrophe naturelle, comme le « fait de Dieu » du droit américain, soustrayait les assureurs à toute obligation. Désormais, l'exceptionnel même est inscrit dans les probabilités de risques. En contre-partie, les compagnies se voyaient accorder des augmentations de tarifs. Exceptionnellement même, un soutien direct de l'état pouvait être envisagé en cas de catastrophes renouvelées.

Consacrer toute une page à la législation française relative aux calamités agricoles pourrait paraître une plaisanterie alors que notre pays est pratiquement épargné par ces faux-pas du climat qui se succèdent, ou alternent, sur les immensités de l'Amérique et de l'Asie. Peu de morts, chez nous*. Des dégâts aux cultures variant de un à trois milliards de francs. Des dégâts très variables pour les autres formes d'activités. Mais il fallait prendre conscience de deux faits. L'un est l'étendue de la gamme des événements qui vont de la destruction d'une récolte sur quelques dizaines d'hectares jusqu'aux cinq millions de morts de la famine russe. Tout repère nous fait ici défaut pour définir un vocabulaire commun, préciser des qualificatifs. Parler seulement la même langue... L'autre : cette évolution des mœurs que l'on observe dans nos « pays développés » et qui fait que la « barre » de l'appel à la solidarité nationale s'abaisse inexorablement. Les populations font appel à elle pour des faits de plus en plus mineurs.

A partir de ces observations, souvent faites, mais dont on ne peut exclure un certain subjectivisme, trois hypothèses peuvent être formulées : (i). Ou bien le fait que les dégâts majeurs paraissent avoir été moins nombreux autrefois est une illusion, issue de la nature même de l'histoire. Seuls émergent du passé les faits saillants ; (ii). Ou bien c'est une évolution de la société qui est en cause, celle-ci se trouvant de moins en moins apte à accepter des événements d'un ordre de grandeur physique donné ; (iii). l'hypothèse peut être enfin avancée qu'il y ait eu une dégradation réelle du climat.

Problème qui exige qu'un débat s'instaure entre climatologues et spécialistes d'autres sciences humaines (historiens, sociologues). La suite de ce chapitre y apporte une brève contribution dans la perspective d'une autre vision théorique de la « catastrophe » : celle de la rupture d'un système.

* Peu, non pas « point ». Une quarantaine de morts par an en France du fait de la foudre, autant pour les avalanches. Un nombre variable de victimes d'inondations, d'accidents de la route (en ne retenant comme caractéristiques que les conséquences directes de chutes d'arbres ou de blocs). Un nombre variable de naufrages dus aux conditions météorologiques.

La catastrophe en tant que rupture d'un « système »

Attitude peut-être moins fréquente, mais d'un intérêt théorique considérable. Elle voit dans la « catastrophe »* le passage brutal d'un certain état d'équilibre d'un système à un autre, sans prise en considération ni de l'ordre de grandeur des faits, ni de leur fréquence. Elle peut conduire à envisager l'existence de « mini-catastrophes ».

Deux exemples, simples, vont ne mettre encore en cause que des équilibres purement physiques.

L'un est cette « Froidière de Chaux » avec laquelle nous avons déjà fait connaissance. Le renouvellement de la glace cessa très précisément de pouvoir s'y effectuer à partir de l'hiver pluvieux 1909-1910 (les inondations de la Seine...). Les pluies avaient « lessivé » la glace et détruit un micro-système physique remontant à (au moins) plusieurs siècles. On rapprochera de cet accident souterrain le fait que nos montagnes foisonnent de petits glaciers, reliques du réchauffement observé entre 1850 et 1950 et menacés de disparaître si ce réchauffement venait à reprendre aujourd'hui. Mais, à l'inverse, un refroidissement symétrique qui ramènerait les températures à leur niveau de 1850 ne permettrait sans doute pas la reconstitution de leur état initial[66]. Il s'agit là de phénomènes non réversibles et la disparition d'un petit glacier, comme d'une « glacière », constitue, au sens adopté ici, de « mini-catastrophes », alors qu'aucune victime, aucun dégât, n'est pourtant à déplorer.

Un second exemple, de taille encore très modeste, permet d'avancer dans nos réflexions sur l'« équilibre » du monde physique. L'équilibre d'un système n'est nullement lié à sa stabilité. A la permanence des choses.

Le manteau neigeux alpestre est un réactif très sensible de l'évolution des conditions météorologiques. Je retiens l'épisode avalancheux qui s'est développé du 15 au 21 janvier 1981 dans les Alpes françaises, atteignant son paroxysme le dernier jour de cette période**. Que s'était-il passé ? En année normale, la période allant du 15 décembre au 19 janvier de chaque hiver voit alterner des types de temps de persistance faible, ou moyenne. En particulier, les vents du nord et du sud y dominent à tour de rôle pour

* Cf. ci-dessus, chap. 6, « Rétroaction et systèmes », passim. Les théories exposées ici sommairement sont dues, au départ, à des mathématiciens (Thom, Zeeman).

** D'après une étude du Centre d'Études de la neige de Saint-Martin-d'Hères, document interne, 1981.

un nombre presque égal de journées. Cette alternance assure une bonne répartition du manteau neigeux à toutes expositions, un remodelage incessant des corniches qui les empêche de prendre une taille exagérée. Mais en décembre 1980-janvier 1981 cette même période présenta des caractères *aberrants du fait* même *de leur constance :* quasi-permanence des vents du secteur nord, avec en contre-partie une absence totale de vents de secteur sud ; force du vent supérieure de 27 % à la moyenne. Le résultat fut que les versants nord restèrent dégarnis tandis que la neige se trouva par contre largement en excès sur les versants « sous le vent » où se formèrent de nombreuses « plaques ». Par ailleurs, les températures demeurèrent pendant les périodes (dominantes) de beau temps inférieures de 2,5° C aux normales et l'on sait que le froid favorise la formation du « givre de profondeur » qui enlève toute stabilité au manteau. Dans ces conditions, une chute de neige relativement exceptionnelle le 19 janvier servit de détonateur à un déséquilibre latent qui s'était établi, et progressivement aggravé, au cours de sept semaines.

Exemple très local. Mais que l'on prenne garde à ce que la réalité du climat est faite, dans la plupart des régions du globe, de la rotation, plus ou moins régulière, d'un certain nombre d'« états de l'atmosphère ». Rotation des saisons, rotation des types de temps ; et la succession même d'années aux visages divers. D'une façon plus générale, le renouvellement du « sol », l'équilibre même des versants sont liés, sous chaque climat, à cette rotation entre pluie et sécheresse, entre le froid et le chaud, qui doit certes être contenue entre certaines limites, mais qui *doit* exister. Car un excès de la persistance devient presque toujours cause de déséquilibre. Qui donc a dit un jour que « dans un monde en mouvement, l'immobilisme (était) un désordre » ? Quelque philosophe, ou quelque théoricien du pouvoir, qui ne devait certainement pas penser aux lentes mutations du monde physique, ni aux rythmes profonds de notre environnement. Je garde le mot.

Et ce *Niño*, avec lequel nous avons fait longuement connaissance, n'est-il pas aussi une *catastrophe*, s'insérant dans le sous-système « Océan-atmosphère » du Pacifique équatorial ? Ses retours sont déjà trop fréquents pour que le phénomène puisse être défini par sa rareté. Tout est dans la *rupture*.

Ces ruptures de tels « sous-systèmes » physiques doivent toujours être envisagées dans l'ensemble du système concerné. Notion impérative pour l'économiste et qui s'applique surtout aux cyclones tropicaux : ceux-ci sont en fait les noyaux de systèmes pluvieux plus vastes*. C'est Maunder qui signale

* Les cyclones ne sévissent jamais dans les régions équatoriales, où un surcroît de pluies pourrait s'avérer redoutable, mais dans des régions tropicales qui souffrent, pour la plupart, de sécheresses au moins occasionnelles.

qu'un typhon ayant frappé la Floride en juillet 1945 avait mis fin, à l'intérieur, à une période de sécheresse calamiteuse. A Porto-Rico le bilan économique des typhons se révélerait être bénéfique dans six cas sur dix, si l'on considère l'ensemble de l'île. Pour Gentilli, en Australie, les régions sinistrées du fait de la violence des vents ne s'étendraient en moyenne, après chaque cyclone, que sur environ 5 000 km² tandis que la pluviosité accrue couvrirait chaque fois 500 000 km². Le cyclone n'apparaît ainsi comme *globalement* dévastateur que dans deux cas : celui où la zone de forts dommages — en fait la trajectoire même du cyclone — couvre, par malchance, une agglomération déjà importante et celui où il atteint une « petite » île. Car alors, les pluies qui tombent en excès à 600 km à la ronde ne sont bénéfiques pour personnes. Et ces petites îles sont souvent surpeuplées.

Mais voici des exemples plus intéressants de rupture brutale d'un système : ce sont ceux dans lesquels l'homme joue un rôle majeur. Je m'attarderai ainsi sur l'évolution agraire ayant conduit aux graves inondations de juillet 1977 dans les collines de Gascogne. Exemple de taille assez modeste, mais intéresant notre pays et auquel une remarquable étude a été consacrée*.

Certes, il a plu en Gasgogne ce 8 juillet 1977. Des « abats » d'eau. 56 cm *en une heure et quart* (et de nuit : entre 2 h et 3 h 15) représentent une valeur déjà atteinte rarement en Europe (seuls certains reliefs italiens reçoivent assez régulièrement des pluies de cet ordre). Il est encore moins fréquent qu'une seconde averse vienne suivre la première à dix heures d'intervalle, comme ce fut le cas. Mais *l'essentiel n'est pas là.* Il est dans ce fait qu'un bassin versant constitue un « système » dans lequel chaque élément joue son rôle. L'état des versants conditionne le ruissellement (et le ravinement) après chaque averse. Et dans un pays où les labours occupent plus de 55 % de la surface totale, ces versants sont en fait façonnés par l'homme : l'exploitant agricole est une « entrée » du système hydrologique. Or, de 1964 à 1976 les cultures fourragères avaient diminué d'un quart, le blé même de 1/6 au profit du maïs et surtout du sorgho. Ces cultures, aux rendements parfois remarquables, ne sont pas adaptées à long terme aux conditions météorologiques du Sud-Ouest où des averses diluviennes se produisent parfois en mai-juin alors que les jeunes plants sont encore bien incapables de protéger leur sol. Ces modifications de l'assolement se sont combinées d'autre part à un agrandissement continu des parcelles, puis à l'abus des labours effectué selon les lignes de plus grandes pentes. Toutes choses qui favorisent le ruissellement.

* Lambert R. et Vigneau J.-P., 1981.

Telle a été l'évolution interne du système, progressive, mais toujours fâcheuse, qui explique la « résonnance » des données conjonctuelles, proprement météorologiques, de cet été 1977 en Gascogne.

Un retard, tout d'abord, de la saison froide 1976-1977 qui a été de surcroît anormalement pluvieuse. Un double résultat en a été de maintenir les sols constamment saturés (R. Lambert dit qu'au début de juillet 1977 les bassins versants n'étaient pas en situation de « printemps hydrologique », mais d'« hiver hydrologique ») et par ailleurs de retarder les semis : les plants de tabac n'avaient pas, en juin 1977, la taille et l'enracinement qu'ils auraient dû normalement avoir. Sur les parcelles plantées en tabac, comme en sorgho ou en maïs, quelques mètres carrés peuvent suffire à provoquer un écoulement concentré — c'est-à-dire le creusement de « rigoles ».

On connaît le résultat : 16 morts (ce qui est relativement peu), mais près d'un milliard de francs de dégâts (patrimoine national exclu). Par le jeu de circonstances ayant favorisé la concentration rapide des eaux, un phénomène strictement *météorologique* (deux averses à quelques heures d'intervalle) de fréquence probablement séculaire avait donné naissance à un accident *hydrologique* dont la durée de retour, *dans le passé* paraît avoir été de l'ordre du millénaire. Précisons bien *dans le passé,* en des temps où sol et végétation protégeaient mieux les versants gascons contre l'érosion. Si l'on ne prend pas les mesures d'« aménagement intégral » des bassins dictés par ces événements récents, la fréquence des crues ira en s'alignant sur celle des averses elles-mêmes qui en sont à l'origine.

Aménagement, mesures de prévention, ou simple indemnisation des dommages : des boucles de rétroaction surgissent de partout quand on examine les ruptures de ces « systèmes longs ». Mais ce caractère d'« imprévisibilité » d'un événement, implicite dans tout concept de catastrophe, doit tenir compte à son tour de l'allongement de l'expérience humaine (pour nous : les séries d'observations) et du perfectionnement des techniques.

Le poids des facteurs socio-économiques

Nous n'avons fait encore que les entrevoir. Nos façons de vivre, de nous grouper, *d'occuper l'espace,* d'en vivre, tout en le « re »-modelant, tout cela intervient de bien des façons dans la genèse et la gravité des catastrophes. Tout cela module les efforts — et les réussites » de la « prévention », améliorant ici les conditions de sauvegarde de la vie humaine, là celles de la protection des biens.

Les personnes, tout d'abord. Les affaires, ici (pour les pays développés, tout au moins) se présentent « assez bien ». En raison des progrès de la prévision, et aussi de la protection civile*. J'évoque — entre autres — le remarquable travail du *National Hurricane Center* de Miami auquel on doit l'essentiel des progrès de la prévision. Dès 1970 l'on estimait que celle-ci était capable de sauver 7 à 8 vies humaines sur 10 dans la zone effectivement touchée par le cyclone**.

Résultats positifs, mais bien insuffisants encore. Trop de morts à déplorer, et peut-être des indices regrettables. L'hypothèse ne peut être écartée que nous soyons devant un palier au-delà duquel tout progrès technique serait à la fois onéreux et lent. On doit noter aussi que depuis une génération, sous l'effet du nombre croissant de décès ne résultant pas de la maladie, peut-être de la perte de certaines valeurs philosophiques ou religieuses, il semble s'avérer que l'on n'attache plus dans nos sociétés à la vie humaine le même caractère d'absolu qu'il y a peu de temps encore. Et l'individu lui-même ne trouve peut-être plus dans son « environnement » familier les ressources de survie que lui assuraient encore, il y a peu, des sociétés à la vie quotidienne plus rude.

Le problème de la sauvegarde des « biens » est différent.

La prévision ne permet guère, ici, de mettre ces biens en sûreté (sauf, en cas d'inondation à montée lente, déménagement éventuel d'archives, d'objets de valeur, de certains stocks). Le rôle du scientifique est de conseiller ici le « décideur » quant à l'implantation des investissements futurs : estimation de fréquences de dépassement de seuils dangereux pour des points précis, éventuellement présentation d'expressions cartographiques très élaborées. On tient compte sans nul doute de telles données. Mais des forces économiques poussent à la concentration des biens dans un espace réduit, fut-il exposé, et arrivent à faire négliger les leçons que l'on devrait tirer des catastrophes passées. Les récentes expansions urbaines se sont faites, presque partout, au moindre coût, sur des terres basses qui étaient il y a peu périodiquement inondées. D'après M. Foucher, on aurait constaté aux U.S.A., sur la période de 50 ans 1915-1964, que « malgré les dépenses faites pour la prévention le montant des dégâts dus aux tornades, séismes et inondations a augmenté de 1,7 % par an. Autrement dit, le risque financier spécifique augmente avec la croissance générale ».

---

* Ces propos ne valent, rappelons-le, que pour les catastrophes d'origine atmosphérique et ne sauraient être étendus, par exemple, aux tremblements de terre.

** Cyclone Agnès, 1972 : 1 000 morts. On a estimé que sans la prévision météo, ce chiffre aurait atteint 3 500.

En raison même des progrès de l'art de l'ingénieur, *tout calibrage d'un équipement en fonction d'un risque donné se révèle porteur de lourdes menaces dans l'hypothèse de phénomènes aléatoires dépassant le seuil de risque que l'on s'était fixé.*

En France, l'administration a pour usage courant d'effectuer les petits équipements, en zone rurale, en fonction de la *crue décennale* (celle que l'on estime devoir se produire, en moyenne, dix fois par siècle). Une partie des cours d'eau gascons avaient été restaurés, ou recalibrés, ainsi peu avant 1977 : « Paradoxalement, (leurs) lits ont davantage souffert : ponceaux détruits... brèches importantes dans les endiguements. Leur restauration, conçue logiquement pour assurer le passage sans débordement des crues décennales ne pouvait que souffrir d'une crue aussi exceptionnelle » (Lambert et Vigneau).

Certains diront que les hommes de l'art « n'ont qu'à » mettre les secteurs touchés par une catastrophe à l'abri d'un phénomène (au moins) identique. Mais le pouvoir politique use toujours de compromis avec les « certitudes du hasard » et le souci de ménager le contribuable prime, chez nous, la prudence du statisticien. A Auch, après les événements de 1977, on entreprit des travaux. Le lit majeur du Gers fut « recalibré » pour permettre le passage, à travers la ville, de 350 m^3/sec. C'était approximativement là le débit dont la « durée de retour » pouvait être estimée à 60 ans. La note à payer fut de 60 millions de francs.

Mieux que rien, assurément. Mais la catastrophe qui avait frappé la ville (5 000 sinistrés, dont 515 commerces ou ateliers artisanaux) venait d'être le fait d'une crue estimée à *neuf cent* m^3/sec.

M. Sugawara, dans le rapport auquel j'ai déjà fait allusion, insiste avec force sur cette notion en l'étendant à l'ensemble des cataclysmes : « La population, protégée des catastrophes les plus fréquentes, subira des pertes graves lors de catastrophes présentant une ampleur incontrôlable. » C'est encore J. Tricart qui souligne à propos des fleuves africains que non seulement « un aménagement du lit calculé pour un débit de 1 000 m^3/sec n'est plus efficace pour un débit de 5 000 (mais) qu'il risque même de devenir dangereux du fait des courants très violents qui s'engouffrent dans les ruptures des digues ». Idée féconde, qu'il faut compléter par la notion, purement psychologique, de « sécurité ». Dans ce domaine, plus on recule les limites de l'imprévu, plus l'imprévu devient terrifiant. Et toute mesure de protection contre des « risques naturels » ne fait que déplacer une frontière entre un domaine où la sécurité est (relativement) accrue (ce que Sugawara appelle des « catastrophes contrôlées ») et un domaine où c'est au contraire l'insécurité qui s'accroît quand la catastrophe devient « incontrôlable ».

Situation propre à notre siècle. Car — pour nous en tenir aux crues — les normes de références traditionnelles encore en usage avant 1914 étaient l'« événement » dont le temps de retour était le demi-millénaire, sinon plus. L'extrême laps de temps concevable pour l'ingénieur ou l'homme d'État du XIXe siècle. L'âge des plus vieux monuments encore fonctionnels. Huit au moins de nos ponts de Paris ont été construits sous nos rois. Et à Auch, nous venons de voir que les ponts avaient été reconstruits en fonction de crues dont la durée de retour n'est que de 60 ans... C'est, bien au-delà des problèmes proprement climatiques, tout notre urbanisme qui confirme le refus de nos contemporains d'envisager le « perdurable » : ils savent que tout ne se construit aujourd'hui que dans le provisoire, alors que le moindre constructeur d'un pavillon de meulière en banlieue avant 1914 croyait avoir fait une modeste réplique des pyramides d'Égypte. Toute une mentalité. Mais le millénaire représente-t-il encore quelque chose pour l'homme d'aujourd'hui qui saute à cloche-pied de week-end en week-end ?

Toute une mentalité. Et, inquiétante constatation que cette fuite devant la durée. Que ce refus de l'« hier » et du « demain ». Il appartient à nos sociologues d'en disserter (et à nos historiens de demain). Perte, peut-être de certaines valeurs. Effet, plus simplement, à mon sens, de la *médiatisation* actuelle des événements. L'information et la mémoire n'ont jamais fait bon ménage. Un cyclone au Texas sur votre petit écran, et voilà que ce que vous aviez lu il y a 34 ans dans vos quotidiens touchant les Pays-Bas s'enfonce un peu plus dans l'oubli. L'éternel débat entre « l'horizontal » et le « vertical ». L'*information,* le « *flash* » nous submergent.

Des exemples badins ? (ils ne m'ont jamais fait reculer) : ceux de mes lecteurs nés avant 1920 n'ont pas oublié les noms des joueurs qui ont conservé plusieurs années à la France la *Coupe Davis*. Les stars du tennis d'aujourd'hui sont vus « en direct » par des millions de téléspectateurs. Qui conservera leur souvenir en 2016 ? Et tel chanteur de variétés a peut-être déjà vendu plus de disques à quarante ans que Tino Rossi en toute sa vie. Je lui donne rendez-vous en 2030.

Toute une mentalité. Tout un « peuple » nouveau, esclave du présent... Et qui ne se privera pas de réclamer des interventions de la collectivité publique en nombre de plus en plus grand, et à l'occasion de faits auxquels on aurait certainement refusé il y a un siècle encore la dénomination de « catastrophe ».

En face de ces ombres, peut-être faudrait-il, pour être complet, introduire quelques clartés dans le tableau.

Les économies que nous pouvons observer sont, en fait, partiellement adaptées à la variabilité de leur climat *dans une certaine fourchette de celui-ci.* A l'intérieur de cette fourchette, on peut considérer que la variabilité crée une diversification des risques, incite à de légers surinvestissements. Des accidents climatiques modérés, et surtout limités dans l'espace, permettent des activités spécifiques comme les assurances et le jeu de certains prêts bancaires, active les transports. L'aléa climatique permet à chacun d'adopter des attitudes, des réactions, des « tactiques » individuelles, gages d'une concurrence que l'économiste libéral considérera comme des éléments de progrès. *Ainsi l'aléa climatique apparaît-il,* comme toute autre contrainte physique ou sociale de caractère aléatoire, *dans des limites qui seraient à préciser comme des sources d'activités, donc de profits.* Le propriétaire d'une caravane emportée par une crue sur un terrain de camping trop exposé, s'il en sort indemne, aura probablement comme premier souci l'achat d'un nouveau véhicule dans les mois suivants, alors qu'il n'en aurait, sans cela, effectué le remplacement que deux ou trois ans plus tard. La crue aura eu pour effet, dans ce cas, de fournir du travail à des ouvriers. Aspect des choses aujourd'hui primordial pour beaucoup.

Les optimistes voient même « le bon côté des choses » dans le cas de désastres déjà importants. Le cyclone Tracy, qui frappa l'Australie en 1974 en y faisant plus de A$ 5 000 millions de dégâts, fit dire à certains économistes que les subventions avaient fait « marcher les affaires » et entraîné des « retombées » que l'on devait, logiquement, déduire des « coûts ». Sans aller aussi loin, on peut admettre une distinction entre des *risques naturels mineurs* qui constitueraient pour l'économie des coups d'aiguillons, et des *risques majeurs* pour lesquels cet effet ne pourrait plus être pris en compte. Ainsi, un climat qui se renouvellerait chaque année pareil à lui-même ne se traduirait probablement pas, à long terme, par une hausse, mais bien par une baisse de notre produit intérieur*. Sans parler du chômage.

Quelques faits exacts, mais qui risquent de ne guère faire le poids, à long terme, en face des catastrophes « majeures », et de cette évolution des mentalités que soulignent les théoriciens japonais. Déjà, l'ignorance et l'illogisme se font sans retenue. J'ai noté cette absence de tout « sens de la durée ». Il va de pair avec la désaffection pour tout intérêt collectif : la solidarité, c'était bon pour la France de papa !

Alors, je ne m'étonne pas qu'un homosexuel puisse se préoccuper médiocrement de dangers pouvant frapper son pays avec une probabilité de retour de trois ou quatre fois par millénaire : après tout, après lui, le Déluge !

---

* Il en serait de même dans l'hypothèse d'une prévision parfaite du temps. Je reviendrai au chapitre suivant sur les aspects « théoriques » de la prévision.

Ni des réactions de certains citadins quand gronde la grogne rurale. — « Ce soleil, auquel vous devez vos pectoraux bronzés, est-il vraiment pour quelque chose dans ces incendies de forêts ? Ce malheureux beau temps, auquel *nous avions bien droit,* a-t-il vraiment brûlé tant d'herbages, fait des paillassons de tant de lopins de maïs, que quelques culs-terreux puissent s'en prévaloir pour foutre leurs tracteurs en travers de vos routes de vacances ? — » Nul illogisme à cela. Mais l'illogisme est, pour un Etat, de ne pas imposer la priorité du communautaire et du perdurable.

Le malheur est que la logique de l'égocentrisme est implacable. Dans le Temps comme dans l'Espace, la courbe de l'histoire est asymptotique au JE.

Le paradoxe, c'est que, nonobstant cette tyrannie du « je » la plupart des gens dont un fait imprévu vient troubler la quiétude s'en remettent aujourd'hui aux autorités, principalement dans les agglomérations. L'urbanisation, sous cet angle, serait l'accroissement de l'irresponsabilité et de l'inconscience... Si l'on s'en tient aux phénomènes majeurs, M. Sugawara cite l'un de ses compatriotes (S. Hayami) qui rend finalement responsable des catastrophes la structure même des populations.

Autant dire qu'elles seraient inévitables...

*

Alors, si les « pays développés » sont — ou sont devenus — à ce point sensibles aux fureurs des éléments, faut-il envier un « Tiers-Monde » peut-être resté plus proche d'un équilibre naturel des choses ?

Il nous faut tout de suite déchanter devant des chiffres accablants*.

M. Foucher, se limitant au XXe siècle, mais prenant en compte tous les types de catastrophes naturelles, attribue 5,2 millions de victimes au Tiers-Monde contre 352 000 qui auraient été dénombrées dans les « pays développés », soit un rapport de 15 à 1. De telles proportions seraient beaucoup plus difficiles à établir en ce qui concerne les dégâts matériels : le Tiers-Monde perdrait ici, vraisemblablement sa qualité peu enviable de *leader* pour les cyclones (à cause des U.S.A.), mais reprendrait très largement la tête pour les inondations (à cause de la Chine et du Bengale).

Mais ces estimations brutes (et grossières) appellent tout de suite des réserves. La première, faite par M. Foucher lui-même, « est que si l'on rapporte ces chiffres aux poids démographiques respectifs (des deux groupes de pays considérés), en gros 3 320 millions pour le Tiers-Monde contre 1 000 millions, le rapport n'est plus que de 4,5 à 1 ».

---

* Les données qui suivent sont essentiellement empruntées au Colloque Unesco/O.M.M. de Genève, 1979 et à Foucher, M., *Hérodote* n° 24, 1982.

D'autre part, pour les dégâts matériels, il paraît préférable de rapporter les données, non à la population, mais au P.N.B. de chaque pays. R. Kates (1979) estime que ces pertes relatives deviennent alors 20 à 30 fois plus fortes dans les pays en voie de développement qu'aux U.S.A. ou en Australie. Il paraît certain que les pays les plus pauvres s'appauvrissent *relativement* davantage du fait des catastrophes naturelles et les effets de celles-ci deviennent rapidement cumulatifs : sur 15 ans (1960-1974) la croissance générale du P.N.B. pour l'Amérique Centrale se serait trouvée réduite de 2,3 % par an du fait des « catastrophes ». Enfin l'on sait que les statistiques les plus riches en données numériques sérieuses sont aussi les plus biaisées : il s'agit (on l'a vu) de données récoltées (et cartographiées) par les grandes compagnies de réassurances. Or le Tiers-Monde fournit *moins du vingtième* des primes totales de réassurances payées chaque année dans le monde. Et si l'on entre dans le détail l'on s'aperçoit — entre autres — que les zones urbaines sont toujours mieux assurées que les régions à dominante rurale.

Risques majeurs ; risques mineurs. C'est, tout au long de ce chapitre, les deux notions de *seuil* et de *fréquence de dépassement* qui se sont imposées. Et cela nous replace devant la double exigeance de toute science du climat : approfondir l'étude des phénomènes exceptionnels sans oublier que la « météorologie du quotidien » est, elle aussi, riche de profits. Et c'est à toutes échelles de temps que l'homme d'aujourd'hui se fait plus exigeant vis-à-vis de la nature.

Reste un fait qui combine la rareté à la durée et peut se développer sur des étendues immenses : la sécheresse calamiteuse.

Un phénomène irritant : la sécheresse

Les *sécheresses* ont certainement entraîné plus de morts que les inondations, les famines dues à l'excès d'humidité et les cyclones réunis. Dans le cadre chronologique retenu ici près de 20 millions de morts (hypothèse basse) contre 7,5 millions. L'ordre de grandeur d'un tel rapport dépasse les incertitudes résultant de l'inévitable imprécision des données. Côté dégâts, nous savons qu'il est totalement impossible de tenter une évaluation planétaire, mais des comparaisons ponctuelles sont instructives : aux U.S.A., en 1980, la « vague de chaleur » provoqua des pertes estimées à plus de 20 milliards de dollars, ce qui représente huit à dix fois les dégâts causés par les plus violents typhons connus.

Malgré cela, malgré le Sahel — et malgré notre « mini-sécheresse » (à l'échelle mondiale) de 1976 — le phénomène sécheresse reste sous-estimé par les médias, par l'enseignement, et dans la recherche.

Certes, on évoque la carence des précipitations. Mais la simple considération de l'insuffisance de celles-ci (« déficience pluviométrique »), à laquelle l'on se borne souvent, est considérablement enrichie par la connaissance d'autres éléments concomittants du climat qui peuvent l'exacerber (insolation, températures), et la prise en compte des « besoins en eau » effectifs de la biosphère. Et, par là-dessus, l'importance des structures socio-économiques d'une région affectée par la sécheresse est plus grande que celle d'une région qui aurait eu à souffrir d'une inondation.

Quand on en connaît le détail, c'est au « suivi » des *précipitations journalières* qu'il faut s'attacher. Nous en avons déjà pris conscience pour la zone intertropicale où la reprise des précipitations *selon un certain rythme* marque la fin de la « saison sèche ». Par exemple, une dizaine de millimètres tombant en quelques heures sans que se produise jamais entre deux pluies un intervalle de plus d'une semaine[67]. Si les pluies sont trop espacées, les semis sont perdus. Si elles sont individuellement trop abondantes, les sols sont « lessivés » et un risque de ruissellement apparaît.

Aux latitudes tempérées, les précipitations quotidiennes s'intègrent (entre autres) dans le suivi continu du temps en vue de l'estimation des risques d'incendies de forêts. C'est l'Amérique du Nord (Canada, U.S.A.) qui sont les pays les plus affectés. Des recherches fines sur ce type de risque ont commencé au Canada dans les années 30, tenant compte du « suivi » météorologique, mais aussi de l'humidité du sol et de la teneur en eau des troncs eux-mêmes (par prise d'échantillons à la tarrière).

Un exemple — entre dix — de feux avaient atteint la dimension d'une catastrophe : le 7 février 1967, en Tasmanie (ce serait, pour un « méditerranéen » le mois d'août). Plusieurs feux avaient été allumés par des fermiers selon des normes établies par la coutume. Une saute de vent amena plusieurs de ces foyers à se rejoindre. Dès lors, le phénomène échappa à tout contrôle. Le public — en majeure partie des vacanciers — ne prit pas au sérieux les avis diffusés. *Cinq heures trente* suffirent à la destruction de 226 000 hectares de forêts et de 44 000 autres en brousse. 1 400 habitations réduites en cendres. Ce fut presque un miracle de n'avoir eu à déplorer que 62 victimes*.

---

* En France, les incendies sont fréquents, mais limités dans leur extension (sauf les Landes) par la taille même de nos massifs forestiers. L'estimation du risque est faite par des services spécialisés qui tiennent compte, chaque jour, de la température maximale, de l'humi-

La gravité de ces phénomènes est souvent exprimée par leur « durée de retour » (en fait, l'inverse de leur fréquence sur une longue période). Reste à définir un « pas de temps ». On prend souvent le mois, mais c'est quand elle s'étend sur plusieurs mois que la sécheresse prend toute sa gravité. Il faut alors prendre en compte d'une part la durée totale du phénomène, d'autre part sa position dans le rythme annuel des saisons : déficience des pluies au printemps ou à l'automne n'ont pas la même portée.

Le plus souvent les médias, quand elles s'aventurent dans ce domaine, expriment le degré de gravité d'une insuffisance pluviométrique par le rapport des précipitations recueillies à la « normale » de la période correspondante. Mieux que rien, assurément. Mais cela peut être trompeur pour le lecteur qui ne possède pas déjà certaines connaissances « régionales ». Dans nos régions, des pluies qui resteraient pour une année entière inférieures au quart de cette « normale » entraîneraient une catastrophe sans précédent. Mais un tel phénomène se produit une année sur quatre à Marrakech, et l'on n'y crie pas pour autant à la famine*. C'est que *les irrégularités extrêmes d'un climat doivent être appréciées,* non par rapport à ce fantôme qu'est la moyenne, mais *par rapport à ce que j'appellerais son « irrégularité usuelle »* — suivant laquelle les sols, la végétation, les cultures, le paysage, les hommes eux-mêmes se sont comme modelés.

Aussi le climatologue s'intéresse-t-il moins dans de tels cas à la hauteur d'eau tombée pendant une période donnée qu'au *rang* qu'occuperait cette période sèche dans l'ensemble des périodes correspondantes des années successives. J'ai souligné au chapitre 4 l'intérêt de ce type d'approche. La complexité vient de ce que de tels classements évoluent quand s'allongent les périodes considérées.

Bel exemple avec la sécheresse de « 76 » en Bretagne. Nous y avons la chance de disposer d'une station offrant 117 années de relevés pluviométriques *avant* 1976 (Freins, Ille-et-Vilaine). D'avril à juin 1976 on y recueillit 31 mm de pluie. Bien peu, assurément. Mais pas encore la sécheresse « séculaire », car par deux fois déjà (en 1870 et 1938) ce même trimestre avait été moins arrosé encore.

La bizarrerie statistique apparaît avec les précipitations de juillet : 43 mm, soit plus que l'ensemble des trois mois précédents. Si l'on classe par valeurs croissantes les précipitations de juillet, voici 1976 au 47e rang (sur 117). En somme, un mois de juillet « à peine un peu moins pluvieux » qu'en une

---

dité relative de l'air à 15 h et (toujours à 15 h) du vent et de l'humidité du sol (Barescut J.C., « La prévision du risque de feu en forêt », *La météorologie,* n° 26 (1981), p. 9-18.

* Données 1931-1978, citées dans une thèse de troisième cycle (Lakmaharri A., Grenoble, 1981).

année ordinaire... Finie, donc, la sécheresse ? Non pas. Prenez le soin d'ajouter ces 43 mm aux pluies des trois mois précédents vous obtenez 74 mm pour le total avril-juillet. Or, l'examen de la série montre que le total de ces quatre mois n'a *jamais* été aussi faible*. Là est le paradoxe. Et cette position se confirmera en août, dont les 17 mm n'élèvent le total « quinquemestriel », pour 1976, qu'à 91 mm**. — Imagine-t-on qu'un coureur du Tour de France prenne le « maillot jaune » à l'issue d'une étape où il ne se serait classé que... 47e sur 117 coureurs ? C'est pourtant, en termes imagés, l'équivalent de ce qui s'est passé en France au cours de l'été 1976. Des pluies sont bien revenues, ici légères, là moyennes. Mais la succession des mois (les « étapes »...) était telle que le caractère séculaire de la sécheresse se confirmait avec le temps.

Au demeurant, des hauteurs de pluie, même correctement traitées sur le plan statistique, ne peuvent suffire à estimer une sécheresse. Celle-ci s'aggrave, de toute évidence, par des températures élevées ou de fortes valeurs d'insolation. D'autre part les végétaux ont un rythme biologique qui fait qu'une déficience pluviométrique donnée n'aura pas du tout la même résonance économique selon la saison où elle se produira.

Aller plus loin exigerait que l'on puisse exprimer les *besoins en eaux des végétaux* en fonction de données météorologiques plus complètes, et cela tout au long de l'année. Le rôle de l'insolation a déjà été évoqué et la notion d'*évapo-transpiration potentielle* définie note 18. Plusieurs auteurs ont proposé des méthodes permettant la confrontation termes à termes, sous forme numérique ou graphique, de cette évapo-transpiration potentielle (E.T.P.) avec les pluies[68]. Presque toujours l'on tient compte (Thornthwaite, Turc), d'une *réserve* constituée par l'eau du sol et qui permet aux pluies tombées un certain mois d'être utilisées par la végétation le mois suivant***. D'abord mises en œuvre sur les données de l'année moyenne, ce qui ne permettait guère de dépasser de grossières estimations régionales, cette technique du *bilan hydrique***** a été ensuite utilisée par années particulières successives, ce qui permet d'établir les fréquences de *types de bilan*, soit excédentaires, soit déficitaires[69].

---

* En second rang, avril-juillet 1949 avec un total de 82 mm. — Sur la sécheresse de 1949 en France, voir ci-dessus chap. 1, p. 29.

** Ici encore, 1949 vient au second rang (avril-août : 104 mm).

*** C'est la R.U. (« Réserve utile ») des agronomes. Elle est estimée selon les régions, les sols... et les auteurs à des valeurs allant de 50 à 250 mm (le plus fréquemment 100 ou 125). L'estimation correcte de cette R.U. constitue la principale difficulté de ces techniques.

**** Les bilans hydriques sont en fait des « modèles » mais ce mot n'était point encore en usage quand ils furent mis au point.

En Bretagne, cette situation de sécheresse est réalisée (J. Mounier), pendant un mois au moins, environ une année sur deux. La présence de deux mois consécutifs secs se produit environ une fois tous les trois ans (9 cas sur 27 ans à Rennes-Saint-Jacques). Les trois mois secs consécutifs reviennent, en gros, tous les dix ans, etc. Cette technique, qui enveloppe tout le déroulement du bilan hydrique, permet en outre d'estimer le degré de reconstitution de la « réserve » (pendant l'hiver dans nos régions). Les graphiques de J. Mounier nous apprennent ainsi qu'à deux reprises, depuis 1949-1950, les réserves en eau du sol, estimées par cet auteur à 125 mm, n'avaient pu être reconstituées ; une première fois en janvier-février 1956 : une sorte de situation de « préalerte » que les événements ne devaient pas confirmer en raison d'abondantes pluies au printemps et l'été. Une seconde fois au début de 1976 : et cette fois l'insuffisance initiale des réserves du sol ne pouvait que s'aggraver du fait de cette déficience pluviométrique de printemps et d'été sur laquelle j'ai donné quelques indications chiffrées[70].

Mais les sécheresses *graves* se situent à une toute autre échelle encore que celle de ce « suivi » météorologique quotidien, ou même de ce rythme saisonnier qui ramène chaque été le feu en Provence ou en Corse. Il s'agit cette fois de phénomènes longs, soit que l'indigence pluviométrique persiste jusqu'à 12, 15 ou 18 mois, soit que, pendant plusieurs années, elle ne soit coupée que par des répits pluvieux brefs et irréguliers. On pense à la sécheresse soudano-sahélienne qui, après avoir marqué un temps d'arrêt en 1974-1975, paraît être repartie de plus belle. J.-Y. Marchal, dans son étude déjà évoquée portant sur un secteur du pays Mossi, décompte, sur 71 années connues, 33 années « sèches » contre 38 à pluviosité satisfaisante. Mais, sur ces 33, 19 n'ont pas permis aux paysans d'assurer la « soudure ». Et cette fréquence, inquiétante en soi, s'insère dans une désorganisation du système rural traditionnel, qui s'explique essentiellement par la démographie.

C'est qu'en fait, la « durée » d'une sécheresse n'est pas une grandeur mathématique « en soi ». Elle joue dans une histoire humaine aux multiples visages. Chez les Mossi étudiés par J.-Y. Marchal, la population double environ tous les 35 ans. D'où une extension des cultures, et une réduction de la jachère. Or les terres, à force d'être cultivées en continu, voient leurs rendements baisser. L'insuffisance des récoltes entraîne à son tour une émigration qui porte surtout sur les « actifs ». Et c'est le cercle vicieux. Je veux dire le « sous-système » proprement humain de la désertification.

Les sécheresses graves, ce sont encore des sécheresses *étendues*, pouvant couvrir des portions notables de continents. Les liens existant entre l'extension aréale d'une déficience pluviométrique et sa gravité sont multiples. Certains physiques : la plus grande stabilité et la plus grande inertie, des anticyclones de grande taille, apparition de déficiences *hydrologiques* susceptibles de recouvrir de très vastes bassins fluviaux (Missouri, Volga, fleuves chinois). Mais d'autres proprement humains : transport de subsistances en provenance de régions de plus en plus éloignées, carence d'autorité coordinatrice dès que la sécheresse affecte plusieurs entités politiques. Il semble que l'on puisse proposer pour ordre de grandeur des « grandes sécheresses continentales » des superficies de 5 à 15 millions de kilomètres carrés (de 10 à 30 fois la France). On voit que la sécheresse de 1976 en Europe Occidentale est restée très sensiblement en dessous de ce seuil.

Il n'en avait pas été de même en 1921. Dans le Bassin Parisien les précipitations étaient restées toute l'année (civile) très inférieures à la moitié des « normales ». Mais l'épicentre du cataclysme se situait, à l'autre bout du continent, sur la moyenne et la basse Volga. De plus, la chaleur s'abattit d'un seul coup, au printemps, dans des proportions que l'Occident ne connût pas. La moyenne d'avril 1921 atteignit 17° C en des postes où la normale, établie sur les années antérieures, n'était que de 4° C. Mais toujours sans pluie. Il n'y a probablement que la Chine qui pourrait offrir, pour les siècles passés, des exemples d'indigence pluviométrique du même ordre couvrant des surfaces plus grandes encore.

Dernier point à considérer : l'*hydrologie* des régions atteintes par ces sécheresses immenses... Il ne suffit pas de citer la médiocrité « historique » de tel ou tel étiage, mais plus encore de s'attacher à l'*insuffisance des hautes eaux.*

Les étiages ? Tout écoulement apparent disparut dans le lit du Sénégal à Bakel en juin 1974, puis à nouveau en juin 1982*. Sans le soutien des barrages de retenue, le Niger à Niamey aurait vraisemblablement offert le même spectacle. Mais, après tout, ne traversait-on pas la Seine à gué du temps de Madame de Sévigné ? Beaucoup plus pervers sont les effets de l'insuffisance des crues. Exemple classique avec le cas de l'Égypte, ce « don du Nil ». De l'antiquité jusqu'au XIXe siècle la surface cultivable en correspondait avec ce que la crue précédente avait inondé (et enrichi de limons...). Aujourd'hui, ce type de « culture de décrue » est pratiqué par le bas Sénégal. Mais la surface ainsi inondée, estimée en année normale à quelque 120 000 ha, est tombée, en 1972, à 10 000 ha seulement. Ailleurs, de grands barrages devaient permettre de remplacer ces cultures de décrue par des cultures irriguées : progrès technique dont on attendait la possibilité d'effec-

* Sircoulon J., Section française de l'Association Internationale d'Hydrologie Scientifique, note interne, 1985.

tuer deux récoltes par an. Mais, construits à l'époque coloniale d'après les données hydro-météorologiques alors connues, ils n'ont, pour certains, jamais été complètement remplis au cours des quinze dernières années.

Phénomènes rares ; phénomènes exceptionnels. Entre ces deux termes, une première approche conduit à retenir une hiérarchie d'ordre fréquentiel. Des durées de retour de quatre à douze ans pour le « rare », du siècle — ou davantage — pour l'« exceptionnel ». Mais la difficulté d'étayer des hypothèses — des scénarios — apparaît mieux maintenant qu'il y a quelques décennies : trop courtes, les séries d'observations ne permettent pas des extrapolations fiables ; trop longues, elles se heurtent au défi de la stationnarité du climat.

Je suggère de laisser au mot *rareté* ce sens purement fréquentiel, dans des limites d'ailleurs assez étroites : j'en exclus, d'une part, les phénomènes d'une durée de retour inférieure à cinq ans. Il s'agit-là d'aléas légers dont les conséquences sont normalement assumées par les particuliers eux-mêmes (ou les entreprises). Mais le phénomène « rare » doit aussi satisfaire à une exigeance scientifique : survenir en assez grand nombre dans les séries réellement observées pour que l'étude statistique de leur occurrence repose sur des bases fiables. Ainsi défini le phénomène rare revient de 5 à 20 fois par siècle, mais *irrégulièrement*. Des périodes d'une vingtaine d'années peuvent s'écouler sans qu'il ne se soit jamais reproduit. A l'inverse, il peut survenir deux années de suite, voire se regrouper en un petit nombre d'années consécutives[71].

Précisons ces concepts par un exemple déjà connue : à Samaru (Nigeria) une saison des pluies commençant après le 15 juin constitue un handicap agricole déjà lourd. Le fait se produit *une année sur douze en moyenne* : phénomène « rare ». Mais 1971, 1972 et 1974 — soit trois années sur quatre de rang — ont connu cette situation. C'est dans cette possibilité qu'ont des années présentant des caractères défavorables de niveau rare de se regrouper en séquences qu'apparaît l'exceptionnel — et l'aggravation de la situation. Dans la législation française concernant les dégâts causés à l'agriculture par les intempéries, le terme de *sinistre* me paraît correspondre exactement au phénomène rare ainsi défini. Un texte prévoit expressément la possibilité, pour un agriculteur, de se trouver « sinistré » deux années de suite[72].

A dire vrai, l'existence de phénomènes de fréquence faible, ou très faible, et *non cycliques* pose des problèmes redoutables. J'en donne ce dernier exemple : fin décembre 1879 la Seine, à Paris, est totalement gelée. Au début du mois le thermomètre était descendu à Montsouris à – 23,9° C.

On a évalué à *vingt-cinq mille* le nombre des Parisiens qui s'étaient aventurés sur la glace le jour de Noël : un vrai carnaval qui se termina dans la nuit aux lanternes*. Le danger vint avec le réchauffement. La débâcle provoqua l'écroulement de la passerelle Solférino le 2 janvier au soir, puis ce fut le Pont des Invalides qui s'écroula le 3, à 13 h 40, au moment précis où le préfet de la Seine allait « sur les lieux ».

L'idée de rapprocher de ces événements la sécheresse de 1976 dans l'Ouest paraîtra sans doute saugrenue. Mais il est surprenant de constater que les approches probabilistes que l'on pouvait faire d'eux, au moment où ils se sont produits, donnent des résultats voisins ! Le gel de la Seine n'était pas, pour nos arrière-grands-parents, phénomène impensable : onze jours en janvier 1838, puis à nouveau en décembre 1871 — huit années seulement avant les faits que j'ai rapportés. En remontant dans le passé, nous avons vu à deux reprises dans les *lettres* de Madame de Sévigné (1658 et 1678) des ponts de Paris s'écrouler sous le « débâclement » du fleuve. Le statisticien qui aurait travaillé, à la fin du siècle dernier, sur ces probabilités de gel de la Seine aurait proposé des « durées de retour » très voisines de ce que le statisticien de 1980 peut proposer, lui, en matière de récurrence d'étés secs et caniculaires en Bretagne.

Mais, depuis, *les deux systèmes sous-jacents à ces phénomènes ont totalement divergé*. A Paris, réchauffement urbain et réchauffement de l'eau elle-même (rejets industriels) ont totalement éliminé l'éventualité de revoir un jour des farandoles d'étudiants s'égayer sous le Pont Saint-Michel. A l'inverse, toute l'évolution de l'occupation du sol en Bretagne est venue aggraver les risques de « sécheresses », au sens global du terme. Des préjudices économiques dont la probabilité de retour était, dans l'ancienne économie bocagère, de l'ordre d'une génération ou plus (égale ainsi à celui du gel de la Seine à Paris), sont actuellement à redouter plus d'une fois par décennie.

Deux cas où l'évolution divergente de deux sous-systèmes « humains » rend inopérant tout travail qui se limiterait à la seule extrapolation de données brutes « physiques ». Dès le premier chapitre de cet ouvrage j'avais souligné — en évoquant telle inondation ou tel revers militaire — que ces données brutes ne prenaient leur sens que dans des *contextes* humains précis. Voici maintenant que les fréquences d'occurrence d'un « accident », base de toute statistique, doivent être lues sur des échelles que l'homme modifie sans cesse...

---

* D'après Dettwiller J., « Climatologie », *Bull. Inform. mét. Nat.* n° 45 (1979), p. 17.

Chapitre 9

LA SCIENZA NUOVA[73]

L'expression a le parfum des vignobles et des cistes de Campanie. De lauriers... C'est à Naples, en 1725, que parurent les *Principes d'une science nouvelle relative à la nature commune des nations*, de Giambattista Vico (1664-1744). Une œuvre qui serait probablement restée inconnue des Français si le philosophe napolitain n'avait eu la fortune posthume d'être traduit et commenté, un bon siècle plus tard, par Michelet. Après tout, pourquoi ne compterait-on pas au nombre de tels *principes* cette climatologie moderne qui s'efforce de définir « les caractéristiques des sociétés humaines qui les rendent particulièrement vulnérables, ou au contraire résistantes, aux changements et à la variabilité du climat » (O.M.M., Genève, 1979) ? Que l'on ne s'étonne pas de croiser une dernière fois les chemins de l'histoire dans les pages qui viennent.

Au début de cet ouvrage nous avions « fait connaissance avec l'étendue ». A l'approche des dernières pages, c'est sur le *temps* (time) que je reviens. Ce futur — royaume de la prévision — n'est que la face encore cachée de l'histoire. Comment croire à un « ordre » pour demain si l'on ne reconnaît pas cet ordre dans les faits d'hier ?

L'« événement » et la « période »

Géologues, historiens, voire économistes, parlent volontiers, chacun à leurs échelles, de « périodes » glaciaires ou chaudes ici, d'expansion et de récession là. Mot commode, parce qu'imprécis, mais concept qui mérite qu'on s'attarde sur ses fondements et sur son usage.

Premier constat : le mot implique le rejet d'un désordre total des événements. Pas de périodes sèches, ou pluvieuses dans un monde où ces caractéristiques seraient, chaque année, tirées au sort. Ces caractères eux-mêmes ne peuvent être définis que dans le cadre de la succession chronologique des années. Le découpage du Temps en périodes n'apparaît donc que comme un cas particulier de la *classification* — ou, pour employer le mot pédant, comme une application de la *taxinomie*[74].

Mais, qu'est-ce au juste que « classer » ?

Ce sera regrouper des objets (« individus ») dans le but de faire ressortir autant les caractères communs à certains d'eux que ceux qui peuvent différencier certains autres. Les valeurs numériques caractérisant les objets affectés à un même groupe* donnent lieu au calcul de deux paramètres, l'un de *position*, l'autre de *dispersion* (il est nécessaire de préciser, pour le second, dispersion *intragroupe*). Les paramètres de position des divers sous-ensembles forment eux-mêmes une « série » pour laquelle pourra être calculé un paramètre de dispersion, cette fois *intergroupe*. L'objet de la classification est alors de *minimiser la dispersion intragroupe* et de *maximiser* à l'inverse *la dispersion intergroupe*.

Application, à première vue simple, aux chroniques : l'optimisation d'un découpage en périodes successives peut être recherchée, soit en maximisant les contrastes entre périodes chronologiquement voisines, soit en minimisant la dispersion à l'intérieur de chaque période[75].

Un ajustement (au sens des moindres carrés) des termes consécutifs d'une période en fonction du temps écoulé permet de proposer le terme de *tendance* pour la pente de cette droite d'ajustement. Le meilleur exemple d'une telle « tendance », pour les temps historiques, est sans doute donné par ce réchauffement constaté dans notre hémisphère de 1850 à 1940. Je donne à ce mot un sens plus précis que les historiens qui désignent par les expressions de « trend », ou de « tendance séculaire » toutes les variations intéressant le long terme. La *dérive* — dont j'ai donné plus haut l'exemple des précipitations à Bombay — prend en compte, elle, la totalité des données connues. Elle est purement passive : une épave dérive. La connotation en est fataliste. La tendance est calculée sur une période que le climatologue-

* Le terme de *groupe* doit être pris ici dans son sens trivial et non dans le sens très précis qu'il a pris en algèbre depuis le début du XIXe siècle.

historien aura déterminé lui-même. On la perçoit volontiers comme « modélisante ». La prise en compte de ces tendances ouvre une nouvelle voie à la décomposition d'une série chronologique en périodes successives : on fait apparaître, en effet, une succession de tendances bien caractérisées en maximisant, soit les valeurs absolues des pentes, soit celles des coefficients de corrélation.

J'avance ici cette hypothèse que la succession dans le temps des états de notre environnement physique, et *a fortiori* des types de relations contraintes/sociétés qui en découlent, peut comporter des enseignements utiles à l'ensemble des sciences sociales, ne serait-ce qu'en nous obligeant à préciser un vocabulaire commun. C'est dans ce dessein que je viens d'opposer la tendance à la dérive. Un chapitre antérieur nous avait fait faire connaissance avec les *séquences* : suite de jours consécutifs répondant à une condition donnée et séparant deux jours n'y répondant pas. La définition peut être étendue à des suites de mois, ou d'années. J'ajoute encore deux mots.

L'*intermède* sera une séquence brève dont les valeurs diffèrent fortement des paramètres de position de la période dans laquelle elle se trouve incluse. On se rappelle que j'ai employé ce terme d'« intermède » pour désigner la séquence d'années pluvieuses 1315-1319. Il n'est pas utilisé par les historiens, mais paraît bien traduire leur pensée, du moins celle de Le Roy Ladurie qui souligne à deux fois que les famines épouvantables de ces années ont bien une origine climatique, mais ne s'identifient pas pour autant à ce qu'il appelle des perturbations profondes, « séculaires » du climat. Affirmation sans équivoque : « il s'agit simplement, en l'occurrence, d'une vague *très momentanée* de pluviosité (c'est moi qui souligne) qui contribue à expliquer, comme on l'a vu, les grosses famines de 1315-1316 bien plutôt que d'un "trend" durable qui pèserait comme une sombre nuée sur la première moitié du XIVe siècle ».

Plus court que l'intermède, l'*accident* qui ne couvre qu'une saison : tel l'hiver 1708-1709, que nos vieux manuels d'histoire signalaient comme l'un des plus durs que nous ayons connus. S'y ajoute sans doute, chez nous, l'ambiance pessimiste de cette fin de règne de Louis XIV traditionnellement considérée comme désastreuse (« à la tristesse des événements, la Maintenon ajoutait son hypocrite austérité de courtisane vieillie... ». Le mot est de l'un des pionniers de l'« histoire du climat », le Commandant Le Danois)[76]. Éliminons ce facteur psycho-historique national en nous retournant vers notre source néerlandaise : la durée du gel du canal de Haarlem à Leyden*. De Vriès donne pour cet hiver-là 81 jours de fermeture à la navigation. Chiffre énorme qui le place au troisième rang dans l'ensemble de la série. Mais ce même auteur dégage globalement une période d'hivers doux allant de 1699 à 1757, avec une température moyenne supérieure de 1,1° C à celle du siècle précédent tandis que pour une période ultérieure — 1758-1839 — la température moyenne hivernale s'établit à nouveau près d'un degré plus bas. Il est donc essentiel, dans l'évolution d'ensemble du climat, de *bien dissocier* ce qui a rapport à des *ensembles successifs d'années présentant des caractères globalement communs*, et les anomalies, quelquefois redoublées, qui peuvent « couper » une période.

Ainsi le « découpage » du temps est-il affaire de *taxinomie*. Mais taxinomie soumise à une contrainte bien spéciale qu'on ne peut taire : le temps est *irréversible*. Lapalissade, mais redoutable. Cette irréversibilité rend inadéquat dans l'analyse des phénomènes « spatio-temporels » le recours au seul examen des *fréquences* des données. La population d'un village est un *fait*, que le statisticien traitera selon une axiomatique de contiguïté et de hiérarchisation. L'événement est en soi *plus qu'un fait*.

L'histoire de la climatologie offre elle-même un bon exemple de la difficulté que l'on éprouve à passer du fait à l'événement. Dès 1950, Pédélaborde établissait que les « types de temps cycloniques » couvraient à Paris 64 % des jours, auxquels il convenait d'ajouter 14 % d'« anticyclones océaniques », ce qui ne laissait que 22 % du temps (time) pour les anticyclones « continentaux ». Mais il aura fallu attendre ensuite vingt-cinq ans pour que l'on commence à étudier les fréquences, non des types de temps, mais de leurs *types de succession*. Une question ne peut dès lors être éludée : peut-on appliquer à des *événements* qui « surviennent » dans le temps les mêmes algorithmes que pour classer des *individus* qui coexistent dans l'ordre spatial ? Affirmer la validité de telles techniques implique en fait un postulat : celui qu'une même logique régisse les rapports de contiguïté spatiale et de succession chronologique.

Ce souci, pour le climatologue comme pour bien d'autres, de découper le passé en « tranches » n'est pas simple curiosité intellectuelle. Il correspond à des besoins concrets. Tantôt, il s'agira pour lui d'élargir le champ de ses spéculations concernant les innombrables interactions « homme/environnement ». Les climats du passé enrichissent alors la palette des climats actuels directement observables. Tantôt il admettra ce postulat que ce qui

* De Vriès, 1977, p. 200. Le maximum possible est de 90 (ou 91) puisque le décompte des jours de gel ne porte que sur les mois de décembre à février.

est arrivé une fois peut se reproduire pour supputer ce dont quoi « demain » pourrait être fait.

Allons-nous vers un nouvel « âge glaciaire » ? Un thème qui revient périodiquement dans les magazines de vulgarisation.

Mais bien des embûches demeurent. J'en évoque quatre.

La première est que nous sommes en présence, non de « variables » solitaires, mais de *systèmes* en évolution. Plus spécialement de ce que j'ai appelé au terme de mon chapitre 7 des « systèmes longs » dont les hommes sont eux-mêmes des constituants majeurs. Cet exemple montre de quel poids sont les éléments proprement « humains » de tels systèmes. J'ai évoqué longuement la « Grande Famine » irlandaise. Or, les conditions physiques ont dû en différer de fort peu de celles qui avaient affamé l'Europe occidentale dans les années 1315-1320. Mais le cadre général ; l'environnement économique ne peuvent en être comparés. Pas de possibilité, au début du XIVe siècle, d'émigrer en Amérique : voilà l'une des « sorties » de ce qui sera cinq siècles plus tard le « système irlandais » qui fait défaut. Ainsi, les années pluvieuses que la France a connu sous Louis X le Hutin ne devaient-elles point avoir les résonnances durables que des anomalies pluviométriques probablement moins marquées devaient entraîner dans l'Angleterre victorienne.

D'autre part, les systèmes présentent, nous l'avons vu, des « temps de réponse ». Ainsi le dépeuplement d'un pays peut-il se poursuivre bien après le retour des pluies aux « normales » (qu'il y ait eu sécheresse, ou, comme dans le cas irlandais, excès d'eau). On dit souvent que l'intermède (ou l'accident) agissent alors moins comme causes que comme « détonateurs ». Et la situation peut déboucher sur l'irréversible.

Restent deux points, qui sont affaire de méthodes.

Le premier est, qu'inconsciemment, les auteurs paraissent avoir privilégié les uns la recherche de *persistances*, les autres celle de *variations*. Dans la littérature géographique, les langages dominant appliqués aux pluies et aux températures ne paraissent pas être homologues. On parle volontiers, ici, de *périodes* sèches et de périodes humides, là de *réchauffements* et de *refroidissements*. Au fond, la vie est-elle faite de « hauts » et de « bas », ou de « montées » et de « descentes » ? Apparemment une affaire de tempérament. Mais sous cette formule triviale se cache un univers de concepts, de préjugés, de postulats que bien peu de géologues, d'historiens, d'économistes prennent soin d'expliciter.

Dernier point : le statisticien souhaiterait disposer d'algorithmes permettant de relier cette succession de hauts et de bas, ou de montées et de descentes pour reconstituer de proche en proche les paramètres permettant de caractériser des périodes de plus en plus longues, et finalement la série entière. C'est poser là le problème de l'*exhaustivité* de l'analyse chronologique. J'entends par ce terme le fait que les périodes retenues ne doivent, ni laisser de hiatus entre elles, ni se chevaucher. Cette propriété s'avère nécessaire si l'on souhaite établir des relations d'ordre analytique entre les caractères de chacune des périodes et ceux de la série. La chose est évidente pour les moyennes : la moyenne d'une série est égale à la moyenne des moyennes des périodes pondérée par la longueur de chacune de celles-ci. Mais aucune année ne peut être omise, aucune n'être comptée deux fois[77].

Malheureusement, les données elles-mêmes nous invitent sans cesse à faire la place, dans les longues séries climatiques, à des « zones neutres », ou au contraire à des recouvrements, à des charnières, voire à des oscillations, comme si la nature « hésitait ». L'exemple le plus fameux du fait est donné par l'alternance régulière en Europe d'étés chauds et d'étés frais de 1529 à 1541 (fait connu par la dendrochronologie et bien commenté par Le Roy Ladurie) immédiatement avant que notre climat ne bascule dans le « petit âge glaciaire ». Or, en l'état actuel des choses, des considérations de ce genre paraissent exclure toute possibilité de lier *analytiquement* les paramètres d'une série (ou d'une très longue période) à ceux des périodes plus courtes que l'on serait tenté d'y découvrir.

Faut-il admettre que toutes nos analyses « chronologiques » impliquent nécessairement des postulats, ou des choix ? Ceux-ci seraient alors déterminés par les objectifs de la recherche. Et ce qui serait perdu en fiabilité objective aux yeux du statisticien serait peut-être gagné sur le plan d'un autre ordre d'objectivité : celle de l'homme et des réalités historiques.

Prévisions et scénarios

Prédire le temps ? Aujourd'hui, une brève information à la radio, ou une image fugitive à la « télé ». Pour l'humanité, un vieux rêve, qui a été très tôt pour certains penseurs l'occasion de se poser des problèmes métaphysiques, voire moraux. L'avenir se construit-il, ou se déroule-t-il comme un ruban ? Une connaissance exacte de l'avenir nous serait-elle, en fin de compte, bénéfique ? Prévoir et connaître. Déterminisme et hasard. Et j'en passe...

Si nous nous reportons une quinzaine d'années en arrière, autour de 1970, le terme de « prévision » paraît à vrai dire, à cette époque posséder deux sens. Ou mieux appartenir à deux langages différents sans communications entre eux. Il y avait la prévision du météorologue, à court terme — à l'époque 48 heures au plus. Affaire d'ingénieurs et de physiciens. Mais dans un tout autre ordre d'idées le démographe ou l'économiste établissait de son côté des prévisions sur telle caractéristique de tel pays à plus d'une génération de distance. C'était l'époque où *l'horizon* 2000 commençait d'émerger de la brume et les « scientifiques » — les vrais, les physiciens — laissaient volontiers aux apprentis sorciers des Sciences humaines le soin d'en discerner quelques aspects *probables.* On appellera prévision *conjecturale* ces prévisions qui laissaient une part aux phénomènes aléatoires, part au demeurant chiffrable. Un peu plus tard, on donna à la mise en œuvre de toutes les prévisions la forme d'un « modèle ». Mais cela ne faisait que renforcer l'antinomie entre les deux types de démarches : on parla ici de modèles *déterministes*, là de modèles *statistiques.*

Je m'attaque d'abord aux problèmes posés par les modèles déterministes qui se sont trouvés être, chronologiquement, les premiers conçus avec clarté*.

A l'époque où s'élaborent ces premières réalisations, la physique vit tout entière sous l'emprise du déterminisme laplacien. « Pour une intelligence qui, à un instant donné, connaîtrait toutes les forces dont la nature est animée, et la situation respective des êtres qui la composent, rien ne serait incertain... et l'avenir comme le passé seraient présents à ses yeux**... » La foi de nos trisaïeux en cette forme d'avenir de la science a de quoi donner le vertige. Même (et peut-être surtout) aux scientifiques d'aujourd'hui.

Cette vision « mécaniste » des choses, dont les disciples de Laplace affirmaient la possibilité avec vigueur, allait être mise en œuvre avec un succès croissant (notamment au cours des deux guerres mondiales), sans rallier pour autant tous les suffrages sur le plan théorique. D'une part, la prévision « plafonnait » de toute évidence à une certaine échéance : douze heures, puis un jour, puis — longtemps — deux : le taux de réussite des prévisions décroissait en fonction du temps écoulé (d'une façon approximativement exponentielle). D'autre part, notre psychologie répugne aux pronostics à trop long terme, chez les uns parce qu'ils limiteraient les possibilités de réac-

* Je renvoie au chapitre 2, p. 44 pour le rappel des deux obstacles que la prévision naissante eut à surmonter : définir sa légitimité aux yeux de la théologie, alors toute puissante, et se démarquer par rapport à ceux auxquels on prêtait le pouvoir, non pas de *pronostiquer*, mais de *faire* le temps.

** Laplace P., *Essai philosophique sur les probabilités*, Paris, 1814.

tion chez l'homme, chez les autres parce que l'intervention occasionnelle à l'intérieur du monde connu de forces extérieures à celui-ci reste une croyance profondément enracinée.

Restent dans les perspectives laplaciennes deux échappatoires possibles : ou les lois physiques elles-mêmes étaient mal formulées, ou on les appliquait à des données initiales dont notre connaissance était insuffisante. La plupart de ceux qui ont examiné la question ont opté pour cette seconde hypothèse, ce qui revient à attribuer la majeure partie des erreurs de prévisions à une insuffisance, non de notre entendement, mais de notre perception. L'honneur est sauf ! C'est Poincaré — Henri — qui explicita le fait en 1908 *(Science et méthode)*[78]. On appelle aujourd'hui cet effet *la dépendance sensitive des conditions initiales* : « Le hasard s'insinue dans les systèmes déterministes parce qu'un changement imperceptible des conditions initiales conduit, après quelques temps, à des changements notables*. » Contrairement à ce que croyait Laplace, *le déterminisme n'implique pas la prédictibilité d'un phénomène* : opinion partagée aujourd'hui, semble-t-il, par mathématiciens et physiciens.

L'importance accordée à cette « dépendance sensitive des conditions initiales » explique l'impossibilité où se trouve le météorologue d'assurer une prévision fine au niveau local. Pour des orages, de la grêle, des averses excessives, il saura dire à l'avance quel groupe de départements sera vraisemblablement affecté, mais non quels cantons seront touchés. Un problème sera de faire aller de pair le développement d'une prévision reposant sur des modèles de plus en plus sophistiqués avec la généralisation des observations automatiques (la multiplication des stations météorologiques automatiques est liée aux réductions de personnels auxquelles tous les États se résolvent pour des raisons politiques. Les informations fournies ne sont pas réellement équivalentes à celles d'une « veille au sol »).

Quant à la première des deux hypothèses que j'évoquais ci-dessus concernant l'origine de prévisions erronées, elle ne devait être formulée que plus tard : « Les acceptions (du mot déterminisme) ont été très variables » écrit E. Morin en 1980** « et le sens a évolué... depuis le déterminisme mécanique absolu de Laplace jusqu'au probabilisme moderne ».

L'inadéquation des lois physiques peut d'abord porter sur les *échelles* auxquelles on les fait jouer ou encore, à l'amont et à l'aval de chaque loi,

---

* Ruelle D., « Déterminisme et prédicibilité », *Pour la Science*, n° 82 (1984), p. 58-67.
** Morin E., « Réponse à René Thom ». *Débats*, n° 6, nov. 1980.

sur la façon dont celle-ci s'articule, s'intègre dans le modèle numérique. L'omission de telle ou telle boucle dans un système conduira automatiquement à des prévisions erronées.

On sait qu'on est allé beaucoup plus loin, et que certains théoriciens contemporains pensent aujourd'hui que *l'ordre, dans la nature, serait une exception.* Un état « improbable ». Certains de ces états se maintiennent grâce à des mécanismes qui s'opposent à cette croissance du désordre (que l'on appelle *entropie*).

On comprend mieux, dans ces conditions, non seulement que les systèmes puissent se désarticuler, mais que certains puissent posséder plusieurs positions d'équilibre conservant chacune des probabilités définies d'occurrence. C'est le cas du volume total des glaciers, de l'étendue de la banquise. De l'une à l'autre des positions d'équilibre, une chiquenaude quasi-aléatoire suffit à amorcer le passage.

Devant les difficultés que l'on pressent, soit dans le déterminisme lui-même, soit dans l'usage que l'on veut en faire pour la prévision, certains ont pensé « tourner le problème » par un cheminement *purement statistique.* Là où des *relations* fonctionnelles n'apparaissent pas avec évidence, l'on se contentera de *corrélations* (en principes, bonnes !). Ce sont les hydrologues qui ont les premiers affirmé avec force cette position*. D. Duband a tenu là-dessus, il y a plus de dix ans aux XIIIe *Journées de l'Hydraulique* (Paris, 1974), des propos catégoriques : « Nous persistons à dire que si la prévision du mouvement de l'atmosphère, à échelle macro-spatiale, peut être calculée à court terme avec une bonne approximation à l'aide de modèles numériques déterministes... pendant longtemps encore *on ne pourra envisager la prévision* d'événements météorologiques déterminés (pluie, neige, etc.) qu'en court-circuitant la complexité du phénomène physique à l'aide de relations statistiques appropriées... »

C'est là entrer dans le domaine de la prévision conjecturale[79].

Certains des outils mathématiques utilisés pour la circonstance pouvaient d'ailleurs, préexister. Mais, historiquement, l'approche de l'aléatoire s'est trouvée avoir été conçue essentiellement comme des modes de calculs d'*erreurs* (dans l'artillerie, notamment). Or, les aléas de la nature ne sont pas assimilables, logiquement, à des « erreurs ». L'artilleur qui, à 5 km de distance, met son obus à 300 m de la cible commet de toute évidence une

* Les hydrologues d'aujourd'hui intègrent dans leurs prévisions des débits, les « informations » météorologiques susceptibles de conditionner les pluies, bien avant que celles-ci n'atteignent le sol.

erreur. Mais les 202 mm de précipitations tombés le 13 juin 1957 à Abriès (bassin du Cuil, Hautes-Alpes), ou toute autre de ces averses que j'ai pu citer, et pour lesquelles on admettra schématiquement une fréquence « millénaire » ne sont pas des « erreurs » de la nature : il s'agit, pour chacune d'elles, de l'*une* des hauteurs de précipitations normalement escomptables (valeurs nulles comprises) au cours des 365 242 jours d'un millénaire... Les formules par lesquelles on exprimera la probabilité, pour l'artilleur de mettre son coup au-delà d'une certaine distance du but, pour les pluies de dépasser une certaine quantité peuvent être, dans certains cas, *formellement* les mêmes. Cela ne permet évidemment pas d'assimiler une moyenne de pluie à un « but ». Une variable météorologique construit sa propre « normale » au fur et à mesure qu'elle se développe. Elle n'est pas préexistante, comme la cible.

L'essentiel est que cette prévision conjecturale, fondée sur des modèles statistiques, permette déjà d'*orienter nos actions*, même si certains échelons du raisonnement nous échappent, ou donnent naissance à des résultats partiels contradictoires, qui en fait s'équilibrent.

L'introduction de l'aléa dans la prévision, quand elle est consciente et chiffrable, permet de passer à l'échelle de ce que l'on appelle aujourd'hui des « scénarios » : des hypothèses valables pour les deux ou trois générations à venir, portant sur l'établissement de tendances, l'éventualité de catastrophes*, hypothèses dont on s'efforcera de préciser la probabilité. La plupart des scénarios proposés ont eu pour objet les variations de la température (surtout sur l'hémisphère nord), ou de la pluie (surtout aux confins de la zone aride). Certains scénarios sont orientés sur le maintien de la stabilité d'un système (banquise arctique, forêt amazonienne). Mais ce sont surtout les modifications « anthropiques » du climat qui paraissent à la fois les plus redoutables par la rapidité que leur prêtent certains et les plus aisément modélisables.

Parmi celles-ci, l'attention a surtout été attirée par le problème du CO_2 atmosphérique**. L'accroissement du gaz carbonique contenu dans l'atmosphère est de l'ordre de *20 milliards de tonnes par an*, soit environ 1 % du stock initial. C'est là le résultat, essentiellement, de la combustion de combustibles minéraux. Mais une partie de cet accroissement annuel (estimations selon les auteurs de 40 à 65 %) est dissoute dans l'océan. Cette marge

---

* Pour cette terminologie précise, voir ci-dessus p. 163.

** Le dernier en date des colloques consacrés à ce problème s'est tenu à Sophia-Antipolis en décembre 1984. Publication interne distribuée début 1987.

d'incertitude tient essentiellement au fait que le rôle des écosystèmes terrestres dans le cycle du carbone est mal connu[80].

L'effet principal redouté (et depuis longtemps) de cet accroissement de la teneur en CO_2 est un « effet de serre » provoquant un réchauffement général de l'atmosphère, entraînant à son tour un relèvement du niveau des océans. Un consensus paraît établi chez les scientifiques pour estimer qu'une tendance au réchauffement se maintiendra en tout état de choses jusque vers 2050. La *valeur* de ce réchauffement est plus discutée : proposons 1° à 1,5° C. Quant au relèvement du niveau des océans, notre ignorance tient à notre méconnaissance du *temps de réponse* du système : un ordre de 1 m, peut-être de 2, est *plausible*. Mais nul ne sait si ce nouveau niveau serait atteint en un siècle — ou en cinq ! Le tout, bien entendu, sous la condition que la combustion par l'homme des combustibles minéraux se poursuive au rythme actuel, ou au rythme actuellement prévisible à court terme.

Les auteurs de tels scénarios attachent d'ailleurs moins d'importance à ce dernier aspect qu'aux conséquences d'un réchauffement, encore assez léger, paraît susceptible d'entraîner dans la circulation générale de l'atmosphère. Un déplacement en latitude des grandes aires pluvieuses ou arides pourrait par exemple être défavorable soit au *Noroeste* brésilien, soit au pourtour de la Méditerranée pour lesquels certains redoutent dès le prochain siècle une aggravation de la sécheresse.

Certes, l'on dira qu'il s'agit là de « vues de l'esprit ». Mieux vaut comprendre le « pourquoi » de l'insuffisance de telles constructions et comprendre « comment » des responsables peuvent souvent tirer parti de scénarios dont on connaît les insuffisances. Je signale simplement sur ce point que l'on peut, à mon sens, distinguer des scénarios *imprécis* et des scénarios *incertains**. Les premiers résultent de la mise en œuvre de modèles bien conçus, mais appliqués à des paramètres numériques entachés d'imprécision. Les seconds s'appuient sur des données connues avec une précision suffisante, mais c'est le modèle qui est inadéquat, soit en raison d'une analyse insuffisante du problème, soit — plus souvent — parce que des éléments qualitativement imprévisibles apparaissent dans le système.

Les philosophes ont disserté pendant des générations sur l'aléatoire et le déterminisme. Un contraste. Une antinomie. Mais dont on doit constater que dans les faits elle joue à deux niveaux.

---

* Cette distinction m'a été suggérée par la lecture des articles de Ch. Rolland-May (notamment *Espace géographique*, 1987/1, p. 44 à 52).

Antinomie concrète, d'une part, à un niveau opérationnel. L'exemple (note 79) des deux techniques de modélisation de la fusion de la neige est caractéristique : la modélisation statistique porte sur les effets des mécanismes, sans chercher à décrire les processus en jeu. C'est approximativement ce que les systémistes appellent une « boîte noire ». Mais l'antinomie se retrouve à un niveau théorique, profond : il s'agit alors des concepts d'« ordre » et de « désordre », de « hasard » et de « nécessité », dont il faut bien se rappeler que ce ne sont *que des concepts*. Au demeurant, nos philosophes et mathématiciens, aujourd'hui, sans réduire ces antinomies conceptuelles leur donnent un caractère dialectique très net.

Ainsi, certains voient-ils l'ordre émerger de micro-hasards individuels, d'autres le hasard être produit par des applications multiples de l'ordre le plus rigoureux qui se puisse être. Ne calcule-t-on pas aujourd'hui « à la machine » — c'est-à-dire avec des algorithmes construits par l'homme — des séries de nombres « pseudo-aléatoires » ? Dans les applications concrètes, il ne s'agit pas de choisir entre des hypothèses, mais entre des *techniques*. Le *choix* entre des modèles déterministes ou statistiques est à la limite, dans chaque laboratoire, un problème de coût, surtout de temps. Une affaire de « moyens », c'est-à-dire d'économie et de société.

Pas de science sans société

Les différentes préoccupations du climatologue sont interdépendantes et s'insèrent elles-mêmes dans un contexte socio-économique plus ample*. Ces relations m'ont paru pouvoir être présentées, sommairement, par une approche systémique (fig. 10). Les pages qui suivent n'en sont que le bref commentaire.

Pas de climatologie sans collecte des données. Les informations tirées de celles-ci ont été schématisées par deux flux horizontaux. L'un, en principe plus objectif, mène à une « boîte » ordre/désordre d'où émerge l'organisation temporo-spatiale du climat. L'autre, en principe plus subjectif, conduit à un « climat perçu » qui se combine avec la prévision pour déterminer un *contexte climatique*.

Je définis ainsi, pour une date et une situation donnée, l'ensemble des

---

* D'où, entre autres, le titre-choc d'un article de J.-P. Marchand : « Climatologie, science humaine ? », *Informatique et sciences humaines*, n° 48 (1981), p. 43-57.

perceptions, des *informations* et des *connaissances acquises* que ressent, ou dont dispose un individu et dont il a conscience que ses facultés de réactions à des contraintes climatiques données s'en trouvent améliorées*. Le skieur de montagne a ainsi une perception directe des couches supérieures du manteau neigeux : il les « sonde avec sa canne. Mais il sait aussi qu'une période prolongée de froid très vif, qui gèle le sol certaines années avant que la neige ne le recouvre, introduit une instabilité de la base du manteau neigeux qui peut persister toute la saison. Par le biais des stations automatiques (du type *nivose*) dont les données sont transmises par satellite et « traitées » par la Météorologie Nationale pour l'établissement de bulletins spécifiques, il possède des informations sur l'état et l'évolution probable du manteau neigeux dans toute son épaisseur. Sensations, informations, connaissance sont bien le triptyque formant le « contexte » climatique. Je sais bien que pour certains ce contexte se réduira à la couleur de la cravate, ou de la robe, portée la veille au soir par celui (ou celle) qui avait trente secondes pour nous présenter à la télévision une « carte du temps » (?). Ce cas limite n'enlève rien à la portée du concept.

Mais pas de climatologie sans des hommes. C'est-à-dire sans société. De la « structure socio-économique » partent deux flux. L'un conditionne en partie la collecte des données elles-mêmes. Un exemple trivial en serait fourni par ces relevés pluviométriques faits par des instituteurs avant 1914 : une méticulosité remarquable, à ce détail près que l'instituteur s'absente parfois quelques jours pendant les vacances scolaires[8]. L'autre « filtre » les prévisions en fonction des différents niveaux d'usagers. Le nombre présumé de ceux-ci joue un rôle décisif. Il y a un abîme entre la prévision au coup par coup, pour un enjeu défini et considérable (telle que celle que l'on réalisait il y a 60 ans pour les grands raids aériens, ou plus tard à l'occasion du débarquement de Normandie en 1944**) et la prévision quotidienne « grand public ». Pour celle-ci, la plupart des services météorologiques nationaux paraissent avoir adopté comme stratégie celle qui a pour objet de *minimiser le nombre des mécontents.* Ce qui exclut toute réussite fine.

Point de détail, mais très significatif : le développement des *répondeurs téléphoniques automatiques* — 38 630 000 appels en 1987. 22 lignes installées pour la station de Chamonix. Ces répondeurs satisfont à des besoins spécifiques (agriculture, sports de mer et de montagne), ou simplement locaux

* Des « systémistes » m'ont fait remarquer que le terme d'*environnement* serait plus correct que celui de *contexte*. Je l'ai écarté en raison du sens très large qu'il avait pris chez les écologistes.

** Voir ci-dessus, chapitre 2, p. 47.

(chaque département disposera d'un répondeur avant 1990). Mais cet affinement même de la prévision pour des usagers bien définis sert malheureusement d'alibi à notre télévision pour une présentation de niveau insuffisant. J'y vois une véritable « boucle de rétroaction négative » qui fait que les progrès mêmes de certaines formes de l'information météorologique bloquent le développement de certaines autres. Et dans ce cas précis, c'est l'apport potentiel de la « visualisation » qui se trouve négligé[82].

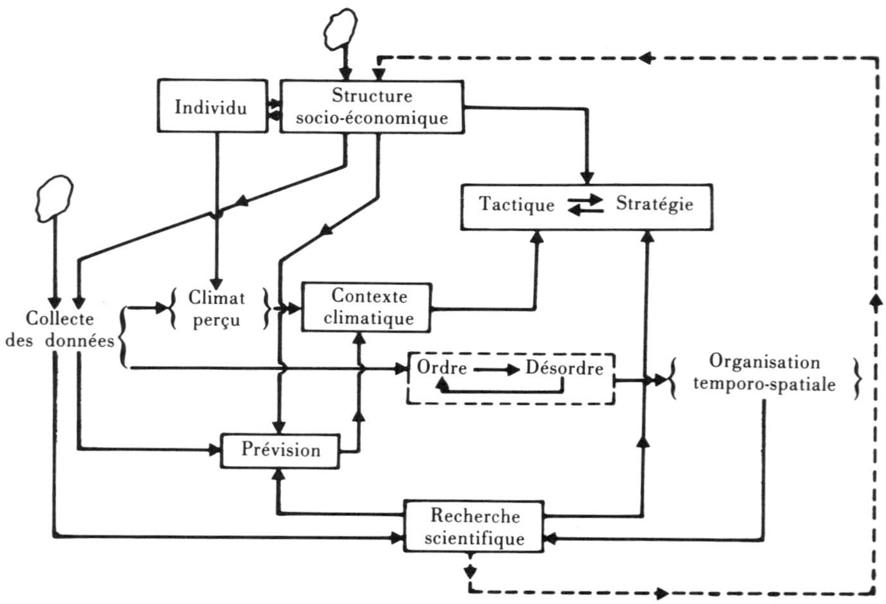

Fig. 10. — *Les sciences du climat dans leur contexte socio-économique : essai de présentation d'un système.*

La « Recherche scientifique » (en bas du diagramme) est conditionnée par deux flux : celui des données à traiter, d'une part*, l'existence d'un « ordre », ou plutôt d'une « organisation » de ces données d'autre part. Il va de soi que si le déroulement des faits météorologiques se faisait d'une façon purement aléatoire, et dans la totale indépendance entre eux des faits concomittants, aucune recherche ne serait concevable (ou elle ne pourrait avoir pour but que de démontrer l'inexistence de sa raison d'être).

Reste un élément du diagramme qui reçoit des flux, mais n'en émet aucun. Il s'agit du couple dialectique « tactique/stratégie », ces deux termes diffé-

* La formulation est trop simplifiée et se trouve, en fait, inexacte : le qualitatif, voire le subjectif, sont aussi matières de recherche.

rant essentiellement par l'échelle du temps. C'est le court, et le long terme. Le premier sensible surtout à la prévision (par l'intermédiaire du contexte climatique), le second à l'organisation du climat (par l'intermédiaire de la recherche scientifique*).

Enfin, une boucle tout à fait externe (en tireté sur le diagramme) suggère que la recherche scientifique puisse, à long terme, modifier la structure socio-économique. Par l'enseignement. Par les médias. Plus brutalement parfois par des déplacements et des recasements de populations rurales à la suite de « Grands Travaux » que la recherche scientifique n'a pas vocation de décider, mais dont elle peut contribuer à fixer les normes. Relations, nous le verrons d'ailleurs, à double sens : par le jeu des *retombées économiques* la société peut infléchir les techniques même de recherche en des sens non conformes à ce que seraient les exigences intrinsèques de celle-ci.

J'ai déjà évoqué le couple formé par la « stratégie » et la « tactique ». D'un côté, une suite logique de décisions impliquant la détermination d'un objectif et la connaissance des conditions auxquelles le sujet estime que sa réalisation se trouve subordonnée. De l'autre, l'adaptation au jour le jour de cette stratégie en fonction de phénomènes conjecturels, à partir du moment où l'opération est engagée. Ou, pour parler en termes de physiciens (et en simplifiant) la tactique dépend des « conditions initiales » et la stratégie des « conditions aux limites ». Dialectique fondamentale du long terme et du court terme. Tactique et stratégie.

Dans le domaine des contraintes climatiques, l'existence même de la prévision météorologique suggère entre ces deux termes une frontière d'ordre opérationnelle qui paraît aller de soi. La tactique serait l'« ensemble des décisions prises dans l'*avenir subcertain* qui relève de la prévision météorologique ». Dès que les échéances deviennent trop lointaines pour qu'une prévision mécaniste du temps soit l'élément principal de décision, le seul recours serait dans l'information purement « climatique » donnée par l'analyse des séries. La stratégie devient alors « un ensemble de décisions prises dans un *avenir aléatoire*, impliquant en général l'hypothèse de la stationnarité du climat ». Je citerai ici comme exemple le cas du bâtiment, ou des travaux publics.

Une complication vient toutefois de l'existence des océans, auxquels les physiciens du globe attribuent aujourd'hui un rôle privilégié. On a pris cons-

---

* Péguy Ch. P., 1981.

cience depuis une quinzaine d'années de la triple fonction de stockage, d'échange et de transport thermique des océans : j'y ai déjà fait allusion. Le résultat est qu'entre le domaine de la prévision déterministe classique, fondée sur la mécanique de l'atmosphère, et celui de la « prévision conjecturelle » statistique, un troisième facteur de décision *commence* à s'imposer : celui des effets sur le climat des modifications prévisibles du milieu océanique. Par nature, ces prévisions seraient en principe déterministes. Mais les durées en jeu sont d'un tout autre ordre de grandeur que pour les prévisions atmosphériques actuelles. Alors que les perturbations ont des durées de vie dépassant rarement trois semaines, des transports océaniques peuvent porter sur plusieurs décennies*.

L'ensemble des relations qui mènent de la connaissance du climat aux décisions et aux *actes* est schématisé figure 11. Le jeu de cette inertie océanique évoquée à l'instant y est noté sous le néologisme de « transprévision ». Il faudra sans doute attendre les années 90 pour préciser le rôle que ces supputations à long terme fondées sur l'inertie océanique peuvent jouer réellement dans notre comportement**.

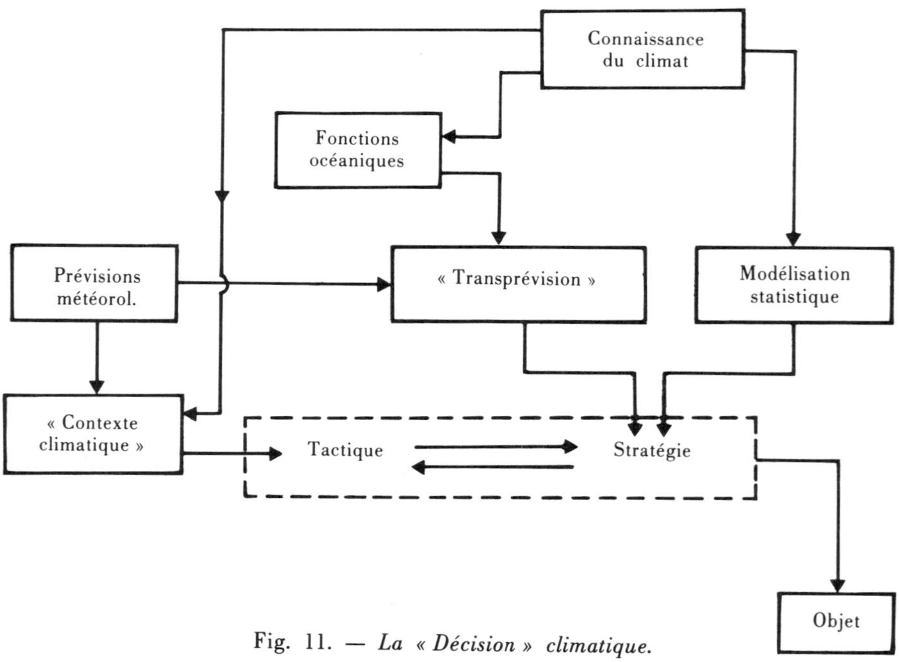

Fig. 11. — *La « Décision » climatique.*

---

* Merle J., 1980.

** Par rapport à un diagramme plus simple publié en 1981 (Péguy Ch. P., 1981, *La météorologie*, p. 44) le figuré présenté ici comporte l'adjonction de deux concepts nouveaux : le « contexte climatique » et cette « tranprévision ».

« Systèmes » que tout cela. Reste que ce développement et ces schémas offrent un grave défaut : ils se sont efforcés d'être logiques. Or, un trouble-fête est intervenu dans notre monde d'aujourd'hui : la *publicité*. Le « matériel publicitaire » du tourisme n'est pas seulement truffé d'informations formellement exactes, mais qui jouent à merveille de l'ignorance du public (des moyennes de températures, sans préciser s'il s'agit de l'ensemble des journées ou des moyennes des seules maximums — des « jours de soleil », sans avoir précisé ce que l'on entendait par là). Plus subtilement, la publicité « inverse » littéralement l'interprétation banale des informations brutes. J.-P. Marchand a relevé avec malice ce comportement dans les brochures du Bureau irlandais du Tourisme. Délicat que de « vendre » des averses, des nuages et du vent ! On joue d'abord sur l'illogisme du lecteur : « Si vous vous réveillez au son de la pluie, vous verrez probablement le soleil briller avant la fin de votre petit-déjeuner. » Je veux bien, mais si l'inverse se produisait ? La stratégie est le refus délibéré du tourisme de masse : « Aimez-vous rouler pare-choc contre pare-brise ? Cuire au soleil et respirer les délicieux parfums d'essence et de gaz-oil ? Si vous aimez tout cela, l'Irlande n'est pas pour vous. » On joue enfin sur la littérature, qui a su faire de la pluie la trame de certaines de ses œuvres, sur le cinéma (qui ne connaît la tempête de l'*Homme d'Aran* ?). Le fin du fin est d'attirer « une certaine élite » sur cette terre rude et venteuse « qui n'est pas faite pour tout le monde ».

Les théoriciens qui ont construit notre analyse systémique n'avaient pas songé à compter au nombre des mécanismes de rétro-actions une « boucle de l'humour ».

Mais J.B. Shaw n'était-il pas Irlandais ?

Aléatoire et « facteur psy »

Dans les pages qui précèdent, nous considérions l'homme comme vivant en société. Mais celle-ci est faite d'individus. On parle souvent (et sans donner de grands détails) de « climat perçu ». C'est insuffisant, car la spécificité des réactions des sociétés face à une contrainte déterminée est une affaire de *comportement*, qui va bien au-delà de la perception.

C'est à l'analyse de ces comportements qu'il nous faut maintenant descendre.

La plupart des auteurs ayant écrit sur le Tiers-Monde aride signalent ce fait que les semis — mil ou sorgho — y sont souvent faits deux, voire même trois fois (au risque de se trouver dégarni de semences). Ce qui signifie que le premier semis, fait après une pluie trop isolée dans le temps, n'a levé que pour dépérir aussitôt. Véritable loterie sur le temps, certes, mais dont l'enjeu n'est pas nul : si d'aventure le premier semis réussit, une dizaine de jours de plus sont assurés à la croissance de la plante, et la moisson se trouve enrichie d'autant. Mais, ce que J.-Y. Marchal a appelé « le scénario de l'espoir » réussit rarement. Sur un autre continent, et à une autre échelle, Durand-Dastès remarque qu'en Inde* les meilleures années agricoles sont celles où la pluie a été la plus abondante et en déduit que « l'agriculture indienne reposerait sur une sorte de pari sur l'« excédent pluviométrique » qui mérite d'être signalé et qui suscite des questions auxquelles il est impossible de répondre en l'état actuel de la recherche » (sur notre série séculaire de Bombay, brièvement analysée plus haut, les années de « bonnes récoltes » signalées par Durand-Dastès se situeraient toutes dans le *décile supérieur* des totaux pluviométriques annuels).

Un scénario. Je préférerais dire une « stratégie de l'espoir ». Tout se passe comme si ces paysans, les plus défavorisés qui soient dans la répétition annuelle de leurs conditions d'existence, écartaient délibérément de leur entendement les aspects les plus défavorables de leur propre expérience. Seules, les « vaches grasses » vivent dans leurs souvenirs. Ou en termes moins imagés, leur seule préoccupation est d'« être prêts » à tirer parti de la pluie dès qu'elle surviendra, quitte à renouveler, parfois à tripler cet essai...

La stratégie de l'espoir...

Curieusement, dans nos économies développées, cette attitude peut réapparaître. Mais dans le domaine des loisirs, ou de formes d'équipement encore marginales, tel le « chauffage solaire ». Le constructeur tient compte dans ce cas des probabilités d'occurrence des conditions favorables à deux niveaux : celui des *journées*, pour chacune desquelles l'insolation doit dépasser chaque jour un seuil déterminé**. Celui des *années* qui doivent, chacune dans leur ensemble, satisfaire à certaines exigences de rentabilité. Or, cette variabilité interannuelle est parfois sérieuse. Voici Marignane : le total annuel des heures d'insolation a pu varier de 1 978 heures pour 1946 à 3 045 heures en 1970. Ce minimum annuel absolu de Marignane correspond à peu près à l'ensoleillement moyen de Château-Chinon ou du Sud-Finistère ! Certes, personne ne parlait, en 1946, de chauffage solaire. Mais ce qui est arrivé

---

* Durand-Dastès F., 1982, p. 112.

** Voir ci-dessus chap. 4 et fig. 3, p. 72 — l'exemple de Montpellier en octobre.

peut se reproduire. Devant cette triste perspective, le propriétaire ou le promoteur qui *veut* du solaire, adoptera le schéma mental implicite suivant : il y a eu — et il y aura — un certain nombre d'« étés pourris ». Eh bien, n'en tenons pas compte ! Leur existence sera comptabilisée comme induisant un allongement de la durée d'amortissement du capital initial. Mais il n'y a pas lieu de les prendre en considération pour calibrer l'installation elle-même et définir ses modalités de fonctionnement. En deux mots, notre bonhomme sera à l'affût de « références hautes ». Il y aura, implicitement, pour lui des années « qui ne comptent pas ».

Il parie sur le soleil comme le paysan indien parie sur la pluie.

L'exemple qui suit porte aussi sur des conditions de rentabilité très marginales. Il s'agit des moniteurs de ski de Cerdagne, région exposée au double aléa d'un enneigement certains hivers insuffisant et d'une clientèle peu stable. Il y a une vingtaine d'années (du temps des moniteurs... de papa !) « risquer de rater sa saison d'hiver était insupportable »... Les gains mis en jeu étaient (alors) importants par rapport aux revenus des autres « actifs » de la région. L'image de marque du moniteur était — alors — olympienne. Autres temps : « A partir du moment où les gains espérés sont devenus faibles *la tendance est de refuser le risque* et de rechercher des sources de revenus permanentes et sécurisantes*... »

Les économies rurales des pays développés nous offrent des exemples totalement inverses au cas de l'Inde. Les agriculteurs y évitent systématiquement les risques pour viser la sécurité. D'après J.-C. Tirel** « les systèmes de production les plus rémunérateurs *en moyenne* sont souvent les plus risqués », ou encore : « la nature ne prête qu'aux riches ».

Pour le paysan du Tiers-Monde, chaque grain semé qui ne lève pas est une *perte*. Pour l'agriculteur de chez nous, aux activités commercialisées et comptabilisées, l'échec d'un semis serait surtout un *non-gain*. Or « pertes » et « non-gains » paraissent difficilement réductibles à une même logique.

Cette constatation mérite à mon sens que l'on fasse appel aux théoriciens de la « psychologie des préférences ». Pertes et gains sont choses psychologiquement non-symétriques. Des tests appliqués aux joueurs ont montré que chacun de nous n'avait pas des *structures mentales comptables* identiques. Chose connue en fait depuis plus de deux siècles.

---

* Faidutti M., Mémoire de maîtrise d'économie, Montpellier, 1985.
** Tirel J.-C., 1978.

Dès la seconde moitié du XVIIe siècle, des mathématiciens, notamment Pascal et Fermat, avaient étudié les fondements théoriques des jeux de hasard, et notamment les conditions nécessaires à rendre ces jeux « équitables » pour tous les joueurs. Dans le même sens, ce fut plus tard la parution posthume de l'*Ars conjectandi* de Jacques Bernouilli* en 1713. Ces auteurs avaient défini, entre autres, l'*espérance mathématique* comme étant, pour chaque joueur, le produit de son gain éventuel par la probabilité de le gagner. Jouer à pile ou face une somme de 100 F représente ainsi une espérance mathématique de 50 F**.

Mais le propre neveu de Jacques Bernouilli — Daniel — s'attacha à montrer que dans certains cas l'alignement des joueurs à la logique de leurs espérances mathématiques respectives conduisait à des conclusions inacceptables. Tantôt la prise en compte littérale de leurs espérances mathématiques conduisait les joueurs à supposer qu'ils disposaient de réserves financières infinies (cas du « paradoxe de Saint-Petersbourg ») tantôt Daniel Bernouilli imagine — et cela bien avant les psychologues contemporains — que les craintes d'une perte ne pèsent pas dans le comportement d'un individu d'un poids égal à celui d'un gain équivalent, et de même probabilité. Il créa en 1738 l'expression d'*espérance d'utilité* pour exprimer la valeur subjective d'un gain — ou d'une perte — par une fonction de l'espérance mathématique de ce gain, ou de cette perte, et accessoirement d'autres considérations telles que les réserves financières des joueurs. Pour la première fois un mathématicien tentait de prendre en compte des facteurs psychologiques.

Mais ici, tout va dépendre de l'ordre de grandeur de la probabilité du phénomène espéré — ou redouté. Deux cas sont à distinguer.

Pour des probabilités comprises entre 0,1 et 0,9 (c'est-à-dire dans 80 % des cas), un consensus s'est établi sur le fait que la crainte d'une perte était d'un poids supérieur à l'éventualité d'un gain symétrique. Les psychologues donnent volontiers une somme de 35 F comme équivalent moyen, en gain certain, d'une espérance mathématique de 50 F (c'est-à-dire d'une somme de 100 F susceptible d'être gagnée avec une probabilité de 0,5). A l'inverse, des enquêtes ont montré qu'une même probabilité de 0,5 de perdre 100 F (espérance mathématique négative : – 50 F) était généralement ressentie comme équivalent à une perte « certaine » estimée à 40 F***.

---

* Décédé en 1705.

** Il va sans dire que les jeux « parfaits » des mathématiciens n'existent pas dans la réalité sociale, en raison des frais généraux et des taxes fiscales prélevées sur les mises des joueurs.

*** Kahneman D. et Tversky A., 1982.

L'étendue des probabilités pour lesquelles joue cette dissymétrie peut, parfois, atteindre 95 % ou 99 % des cas. Mais ces valeurs « subjectives » restent inférieures aux espérances mathématiques correspondantes (certains estiment cette espérance d'utilité par une fonction puissance de l'espérance mathématique). D'autre part, les valeurs estimées des gains restent inférieures à celles des pertes de même probabilité.

Mais il ne semble plus en aller de même pour les faits de probabilités faibles, ou très faibles. L'on dit que les événements très rares ont des probabilités « surpondérées ». D'où l'attrait des loteries. Transposons au domaine des contraintes physiques : *on ne peut pas appliquer les mêmes raisonnements* à des risques de crue d'une durée de retour plus que séculaire et à des péjorations climatiques qui reviendraient irrégulièrement, mais en moyenne tous les quatre ou cinq ans. En même temps, l'homme se trouve porté naturellement aux éventualités qu'il estime heureuse plutôt qu'aux autres : il y a inversion de la dissymétrie subjective signalée à l'instant. Mais le point d'inflexion que présente nécessairement ce que l'on appelle la « fonction de valeur » entre le domaine de sous-pondération, par rapport à son espérance mathématique, d'un événement fréquent et celui de sa surpondération quand l'événement devient rare, voire exceptionnel, varie selon les individus.

A voir les choses sous cet angle, nous sommes à même de suggérer une définition pratique de la climatologie.

Je propose d'y voir l'ensemble des connaissances propres à intégrer l'analyse spatio-temporelle des données météorologiques dans les projets d'*organisation de l'espace géographique* et dans le choix des *systèmes de production* dans le but de maximiser les espérances d'utilité globales des productions soumises à des contraintes météorologiques*.

Dans le plus grand nombre des cas, cette maximisation s'effectuera à l'échelle du « moyen terme ». Mais le « long terme » doit être pris en compte pour deux motifs : directement en raison des risques de catastrophes naturelles ; indirectement parce que la planification à moyen terme elle-même repose en partie sur l'analyse des « longues séries ».

On ne peut pas avoir écrit ce chapitre — ni, je l'espère, l'avoir lu — sans prendre conscience de la contradiction profonde qui enveloppe tout

* Définition déjà donnée, sous une forme légèrement différente par Péguy Ch. P. et Marchand J.-P., 1982, p. 192.

le travail du climatologue. Science sociale, la climatologie, telle que ce chapitre a achevé de la circonscrire, répond à une « demande sociale », dans des conditions déterminées par la société. La prévision des typhons, ou l'aménagement optimal d'une aire irriguée apparaissent comme des exemples typiques de ces « sciences appliquées » qui « servent à quelque chose » (ce qui sous-entend qu'il y en a qui ne servent à rien).

Et pourtant...

Ce n'est pas parce qu'une science répond à une demande sociale qu'elle se « fait toute seule ». Il y faut des « bonshommes », des aptitudes, du talent (peut-être plus...). Dans notre domaine, qui est proprement le rapport de nos sociétés avec leurs environnements physiques, l'on a écarté depuis plusieurs décennies tout déterminisme primaire. Mais le progrès ne s'est fait depuis qu'à coups de *concepts*, de définitions, de paradigmes, dont chacun venait élargir notre vision des choses. Concepts, définitions, paradigmes qui rendent de mieux en mieux compte des faits observés, *mais ne sont nullement « dictés » par eux.* Analyse spatio-temporelle, analyse de système, modélisation, estimation « opérationnelle » des risques et justification logique des « choix » : le progrès de nos sciences, même si le public n'en retient que des « profits » (ou des pertes évitées) est lié avant tout, chez le chercheur, à des capacités de plus en plus grandes d'abstraction, à des facultés d'imagination faisant éclater les cadres mentaux étriqués qui étaient jusque-là les nôtres. Des qualités à vrai dire assez proches de celles que l'on exige du mathématicien.

Débat éternel entre les sciences « pures » (ou mieux *fondamentales*) et les Sciences appliquées. Est venu s'y ajouter aujourd'hui la difficulté d'intégrer aux travaux de groupes les « percées » individuelles, toujours essentielles. La dialectique de l'*équipe* et de l'*individu* : nous en avons tous fait l'expérience.

On comprend peut-être mieux pourquoi, si les bons physiciens de l'atmosphère sont nombreux, l'on compte si peu de *climatologues.*

Chapitre 10

LE SAVOIR ET LE POUVOIR*

On m'accordera sans peine que les Sciences de l'atmosphère n'ont jamais figuré en première place dans les préoccupations des Français. Les raisons multiples en tiennent autant à l'histoire de notre société qu'à celle des sciences elles-mêmes. Trop de gens sont restés figés dans des moules bien antérieurs aux démarches dont j'ai tenté dans ces pages de montrer l'originalité, l'importance, la complexité.

Le droit à la complexité

Pour ceux que j'appellerais volontiers des « lettrés », les Sciences de la Terre évoquent avant tout la géologie. Son attrait, sur les non-spécialistes, est immense. C'est, dans sa fureur, l'image du Vésuve noyant sous le feu Pompéi. Au repos, elle est le squelette du paysage... et ouvre la voie à un déterminisme facile qui fit fureur tout un temps. Les géographes, les historiens même s'y sont laissés piéger. Que l'on songe à André Siegfried. A cette fameuse stabilité de la France, issue de son sol. Il y avait des sédiments, ou des socles, qui faisaient que l'on votait conservateur, ou radical. Comme cela était facile à comprendre !

---

* Je remercie tout spécialement Monsieur l'Ingénieur en Chef Jacques Dettwiller pour le concours qu'il m'a apporté dans la documentation touchant ce chapitre.

Rien de tel pour l'atmosphère. La complexité y est la règle. Nul écrit, nul discours n'y font écho. Résultat : de Durkheim à Sartre et à Camus, des générations de penseurs se sont formés dans un contexte qui excluait toutes les « contraintes » physiques aléatoires auxquelles nos sociétés peuvent se trouver soumises. Que l'on ne fasse pas d'ailleurs grief de cette carence aux seuls historiens et philosophes : les « scientifiques » eux-mêmes devaient se montrer longtemps rebelles aux « points critiques », aux « bifurcations » (au sens logique de ces termes). A l'aléatoire... Cent avenues menaient pourtant de la mécanique des fluides à la métaphysique : personne en France, depuis Henri Poincaré, ne s'y était engagé.

Cette incompréhension tenace de l'opinion envers les Sciences de l'atmosphère et de l'Environnement mérite qu'on s'y attache.

Certes, il y a d'abord chez beaucoup le refus de tout progrès dans tout domaine qui ne serait pas le vôtre. « L'inutile, c'est ce que l'on ne comprend pas. » Je me suis trouvé être par hasard, en 1945, témoin de la stupeur d'un inspecteur d'Académie, agrégé des Lettres, qui venait de découvrir qu'il existait en France un enseignement supérieur de statistiques... « Mais où va donc notre argent ? » Pour lui, c'était là faire des totaux, des moyennes, peut-être des pourcentages... Répondons simplement que réduire les « stats » aux moyennes (et aux *indices*...) serait à peu près faire l'étalage de la même haute in-culture que celle qui ferait dire « la musique, c'est le chant grégorien ». Certes, Solesmes c'est beau. Mais depuis le VIe ou le VIIe siècle, des musiciens ont vécu, pensé, aimé, souffert, travaillé. Produit. Les matheux aussi. Qu'eût dit notre homme, si l'on avait prophétisé devant lui un enseignement des *mathématiques du flou* ?

Plus grave peut-être : l'attachement de nos maîtres à penser, jusqu'à une date toute récente, à des modes de raisonnement qui ont toute chance d'apparaître, le siècle prochain, comme des archaïsmes. La foi dans le « déterminisme », tout d'abord : je n'y reviens ici que pour évoquer ce mot de Fernand Braudel — l'un de ses derniers propos, tenu au Colloque de Chateauvallon d'octobre 1985. Répondant au géographe Étienne Juillard, Braudel s'exclama : « S'il n'y a pas de déterminisme géographique, où se trouve la *science* géographique ? » Puis une méconnaissance de l'aléatoire et de ses lois. Une *logique* enfin toute fondée sur l'alternative du « oui/non ». Le noir et le blanc — alors que la Nature peut être faite de gris — ou de couleurs. Le Français est rebelle à cette chose toute simple que le contraire d'une erreur n'est pas *nécessairement* la vérité. J'avance ici cette hypothèse que tout l'environnement de notre information tend davantage à simplifier les faits qu'à en faire ressortir la complexité et les interactions. Et que l'évolution même de nos démocraties occidentales au cours des trente dernières années (ne serait-ce qu'en raison des modes de scrutins) s'inscrit en marge des exigences de la science contemporaine.

A ce refus du « complexe » sur le plan logique s'ajoute la totale méconnaissance par l'opinion de ce fait que nos différents « savoirs » progressent souvent en prenant appui les uns sur les autres.

On se rappelle que la mise en évidence de mouvements « néo-tectoniques » ayant affecté la région du Tchad (cf. note 60) avait conduit à remettre en question toute l'interprétation paléoclimatique jusque-là admise des anciens niveaux de ce lac : un cas de véritable « interférence interdisciplinaire ». Mais ce sont surtout les datations par voie isotopique (^{14}C et autres) de témoins de climats du passé qui ont « reposé » le plus de problèmes. En Amérique, des découvertes archéologiques (Meadowcroft, Pennsylvanie) ont conduit les géophysiciens à repousser de quelques quatre millénaires la date jusque-là admise pour l'émersion de l'« isthme » de Behring ayant permis la migration des Indiens : tout l'équilibre de la déglaciation était à réajuster. Tout un « système ». Dans l'Orient classique, les documents historiques montrent toujours que les datations au ^{14}C sont trop « courtes » — trop jeunes. De plus de cinq siècles pour la fin du IIIe millénaire avant J.C.*. Ceci parce que la teneur en CO_2 elle-même a irréversiblement augmenté. Et voici que le travail patient de l'épigraphiste conduisant à une date précise nous donne des indications indirectes sur ce taux du CO_2 atmosphérique dont l'accroissement peut être imputé à des phénomènes naturels (éruptions volcaniques...), à de grands défrichements, plus sûrement à la naissance de l'âge industriel (les premières mesures du CO_2 étant beaucoup plus récentes).

Or, la géographie est par essence transdisciplinaire. Un de nos jeunes collègues l'a définie avec brio comme étant « l'interface de la nature et de la culture dans l'ordre spatial ». Plus particulièrement, le climatologue « total » se doit de « transcender cette opposition des Sciences de la Terre et des Sciences de l'Homme pour rétablir la connaissance dans son unité, ou du moins l'une de ses unités »**. Le *savoir* se situe bien au-delà de la mise en œuvre de telle ou telle technique.

J'ai déjà évoqué au cours de cet ouvrage les deux conférences où s'était affirmé ce « visage humain » de la météorologie. Tenues l'une et l'autre

* Labeyrie J., 1985. tableau p. 266.
** Péguy Ch.P. et Marchand J.P., 1982.

à Genève, au siège de l'O.M.M. 1973 : la météorologie « était devenue la Science de l'environnement atmosphérique humain (et ses) applications visaient à l'amélioration du bien-être de l'humanité » (je cite une communication de E. Bernard, de Bruxelles). — 1979 : Conférence mondiale *On Climate and Mankind*, débouchant entre autres sur un « Appel aux Nations » évoquant les dangers qui menacent notre atmosphère.

Pour des raisons tenant essentiellement à nos structures de recherche, ce virage vers une météorologie « à visage humain » fut mal pris en France. En particulier, le Congrès de 1979 fit l'objet, de la part du gouvernement français de l'époque, d'une grave carence et nos revues scientifiques rivalisèrent de discrétion. L'*Appel aux Nations* était diffusé par notre Météorologie nationale dans le cadre d'une publication interne* et non dans celui, plus large, de *La météorologie*. Certes, cette réunion de 1979 a été évoquée à plusieurs reprises dans les préambules de documents administratifs. Mais jamais en vue de prôner un effort de recentrage de la Recherche sur cet « interface » mouvant entre climat et société. Sur cet équilibre sans cesse remis en question qui sert d'assise à notre « développement »[83].

Cette impuissance à dominer les problèmes qui exigeraient une « interconnexion » entre Sciences de la Nature et Sciences de l'Homme est particulièrement vivace en France. Michel Serres a eu là-dessus des formules-choc quand il parle des « deux mondes... des instruits incultes (et des) cultivés ignorants ». S'y ajoute notre vieille tradition de cartésianisme. Mais nous n'en avons pas le monopole. Et du côté des physiciens eux-mêmes, que d'échecs, peut-être dus à cette incommunicabilité.

Certes, des occasions ont été fournies aux physiciens de rencontrer des agronomes, des économistes, des démographes. Des historiens. Les *Colloques* pullulent. Inefficaces. Et les échanges de vues effectuées « au plus haut niveau » sont l'occasion de prophéties souvent désastreuses. Faut-il évoquer le *Club de Rome*... ? Je rappelle simplement cette conférence de 1974 sur l'alimentation, *World Food Conference*, tenue à Rome. L'une de ses conclusions fut de fixer à *1984* — vous avez bien lu ? — l'échéance ultime qui devait mettre un terme à la malnutrition dans le monde. Je crois de telles réunions vouées à l'inefficacité. Faute pour les participants d'avoir acquis l'expérience de l'interdisciplinarité dans des laboratoires qui leur en eussent offert la possibilité tout au long de leur carrière. Faute d'un « plancher culturel » commun. Faute d'imagination.

Situation regrettable. La question mérite d'être posée si elle ne découle

---

* *Bull. Inform. Météor. Nat*, n° 44, (1979), p. 27-29.

pas en grande partie de l'*enseignement* que nous recevons, tant dans son contenu que par les formes de pensée dont il nous imprègne.

La chose n'est pourtant pas souvent évoquée chez les théoriciens. J'ai dû, dans ma bibliographie, remonter jusqu'en 1960 pour trouver — dans *La météorologie* — une « Correspondance » posant nettement la question[84]. En fait, tout notre enseignement s'est développé dans des carcans conceptuels hérités du passé, non conçus en vue du millénaire proche. Chacun des professeurs (au mieux !) ignore ce que peuvent enseigner les voisins, au pire s'en fait une image vieille d'un demi-siècle, et au demeurant largement déformée.

Face aux insuffisances actuelles de l'école, il faudrait évoquer ses énormes potentialités. Un enseignement, encore sommaire, mais bien conduit, de climatologie non seulement permettrait l'apprentissage d'un maniement judicieux des « données numériques », applicable à tous les domaines, mais aiderait merveilleusement de jeunes esprits à se dégager des dix générations de cartésianisme dont les Occidentaux ont hérité, à admettre que la connaissance ne se construit pas à coup de syllogismes. A rejeter parfois le principe du « tiers exclus ». Face à un certain « bon sens » (cette chose du monde la mieux partagée...) la climatologie revendique le DROIT A LA COMPLEXITÉ.

Un droit qui n'est pas précisément inscrit aux frontons de nos édifices[85].

Les objectifs et les moyens

L'organisation des services météorologiques, et *a fortiori* de ceux ayant en charge la climatologie et les sciences situées « à l'aval » (hydrologie, agronomie, etc.) diffère considérablement d'un pays à l'autre*. Dans tous les cas, il s'agit de satisfaire d'une part aux besoins des usagers de la prévision, et de l'autre à ceux de la gestion des ressources liées, d'une façon ou d'une autre aux états de l'atmosphère (agriculture, tourisme, etc.). Il est pratiquement impossible de chiffrer les valeurs relatives de ces différents services. Les *Rapports d'activité* annuels de la Direction de la Météorologie fournissent, pour la France, les nombres bruts d'informations fournies aux différentes catégories d'usagers (tableau en encadré ci-contre). Mais l'éta-

* Une note (ci-dessous 86) précise les objectifs fixés par la loi pour la Direction de la Météorologie Nationale française.

Les usagers de la Météorologie Nationale

Décompte brut des *informations* fournies par grandes catégories d'usagers (en milliers d'informations) pour 1985.

		1985	1987
Aviation commerciale :			
Info générales	5 090		
Info individualisées	661		
Répondeurs aéro	169		
Total aviation :		5 920	
Agriculture :		558	
Marine :		548	
Répondeurs grand public :		33 161	(1987 : 38 630)
Minitel :			(1987 : 3 269)
Total :		40 187	

Sont décomptés au titre « Répondeurs grand public » les répondeurs spécialisés à l'usage des sports de la mer (plaisance littorale) et de la montagne (météo et nivologie).

Les informations relatives aux besoins spécifiques des armées de Terre, de Mer et de l'Air ne sont pas prises en compte.

Source : Direction de la Météorologie Nationale, *Rapport d'activité pour 1985.* Les années 1986 et 1987 doivent faire l'objet d'un *Rapport* unique, non publié à ce jour.

Données complémentaires pour 1987 : A. Bourgary, *in litteris.*

blissement d'un dossier de vol pour un Boeing 747 ne représente évidemment pas la même valeur économique que l'appel d'un particulier sur « répondeur » ou sur minitel... D'autre part, l'on sait les difficultés que l'on éprouve à vouloir comparer avec un gain réel l'estimation des pertes qu'« auraient évitées » une prévision (ou toute autre information) correcte*. Dans tous les cas, nous nous trouvons devant un certain niveau de *complexité* qu'une information météorologique doit nécessairement comporter pour être *utile.*

Pour la France, un rapport important été établi par le Conseil Économique et Social à la suite d'une demande d'avis formulée par le Premier ministre le 2 décembre 1983. Il a été discuté et voté le 9 janvier 1985 : un texte que je serai amené à citer plusieurs fois**. Ce document rappelle les objec-

* Ci-dessus, chap. 9, (« Le facteur psy »), p. 197.

** Avis et rapports du Conseil Économique et Social (*J.O./C.E.S.)* 1985/1. — Résumé *in La météorologie.* VII, n° 8 1985, p. 48-57.

tifs fixés par la loi à la Météorologie Nationale en France[86]. Il souligne la complexité des tâches incombant à ce service et la nécessité pour lui de collaborer avec d'autres organismes. « Le problème à résoudre est souvent pluridisciplinaire, le météorologue n'en couvre pas la totalité » (*J.O.* p. 34).

Facile à dire. Difficile à réaliser. Le malheur a voulu qu'en France, chaque « service » ait souvent cru satisfaire aux exigeances de l'interdisciplinarité en créant ses propres organes internes concurrençant des services déjà existant. Que l'on songe à la prolifération des bureaux ayant à connaître de la « politique de l'eau » : circonscriptions électriques, E.D.F., Agences de Bassin, « Bureau de l'eau » de la Météorologie Nationale, divers services du C.N.R.S., des Universités, de l'O.R.S.T.O.M.*. Voici encore le Bureau de Recherches Géologiques et Minières (B.R.G.M.) : on ne peut pas s'occuper de l'eau qui « percole » dans les différents terrains sans être informé de l'« eau qui tombe ». Du ministère de l'Agriculture dépendent les Services Régionaux de l'Aménagement des Eaux (S.R.A.E.) ainsi que de nombreux autres services de recherche ou de gestion. Ajoutons-y les ministères de l'Intérieur, des Transports, du Tourisme... La liste est probablement incomplète.

La République compte à la fois trop de services et pas assez de serviteurs. Et pas de « passerelles » permettant éventuellement à ceux-ci de mettre successivement leur « savoir-faire » au service d'administrations en fait souvent parallèles.

Les responsables de notre météorologie sont devenus conscients du caractère insuffisamment « interdisciplinaire » de leur Direction. Elle n'a pas, ou peu, cette orientation économique qui s'affirme dans d'autres pays. Le *Rapport* que j'évoque écrit, à propos de l'École formant nos ingénieurs de la Météorologie : « Une formation socio-économique devrait compléter (leur) formation technique, notamment au niveau des services extérieurs ». Malheureusement, il ne semble pas que l'École en question puisse satisfaire à la fois aux exigences — prioritaires — de la formation technique de ses élèves, à celles d'une « formation continue » nécessaire au perfectionnement du personnel déjà en service et offrir en même temps cet élargissement souhaitable vers l'économie**.

---

* Le style « O.R.S.T.O.M » correspond à l'appelation ancienne « Office de la Recherche Scientifique des Territoires d'Outre-Mer ». Titre actuel : « Institut français de la Recherche Scientifique pour le Développement en Coopération ».

** A l'intention de mes lectrices, je précise que la proportion des femmes admises aux concours de recrutement des Élèves-Ingénieurs (et Ingénieurs des Travaux) de la Météorologie est voisine de 30 % pour les dernières promotions.

A plus court terme, les textes manquent — ou sont laissés dans l'ombre — sur le rôle exact dévolu chez nous aux organismes *publics* extérieurs à la Direction de la Météorologie et ayant à connaître des « choses de l'atmosphère » et de leurs impacts. Nous retrouvons là des services rattachés aux départements ministériels les plus variés. Ce que j'ai dit plus haut du « problème de l'eau » peut être étendu à nombre d'équilibres naturels.

Enfin, les ministères de rattachement de ces différents bureaux (ou laboratoires) sont, budgétairement, des univers clos. D'où toute une comptabilité engagée pour fourniture, souvent réciproque, de prestations qui viennent gonfler artificiellement les dépenses de l'État. Certes, la Météorologie a trouvé une parade à son impécuniosité : faire payer le client. Mais la plupart de ces « clients » étant eux-mêmes des services publics, toute économie que le ministère des Transports réalise par cette voie revient à diminuer le potentiel budgétaire des ministères voisins... Qu'une même tendance s'observe dans la plupart des pays européens n'est qu'une maigre consolation.

Ce tableau serait incomplet si l'on ne signalait pas qu'une occasion exceptionnelle a été offerte voici six ans à la Météorologie nationale de s'insérer dans un travail collectif placé sous l'autorité du ministère (alors existant) de la Recherche et de la Technologie : il s'agit du *Programme National d'Étude de la Dynamique du Climat* (P.N.E.D.C.). Un tel programme s'inscrit nécessairement dans le cadre d'un programme mondial : j'y reviendrai en conséquence ci-dessous.

Enfin, ces indications générales doivent être encore nuancées par quelques tendances qui se font jour dans les derniers budgets, sous le double effet de l'évolution des techniques... et de contraintes budgétaires*.

« La recherche d'une meilleure qualité des prévisions est finalement notre objectif principal » (*Rapport d'activité*, 1984, p. 1). La prévision doit donc rester à l'abri des difficultés conjecturelles que peut traverser le service[87]. Sur un autre plan doit être noté le développement des stations automatiques, terrestres ou marines (bouées fixes ou dérivantes). Un effort de *décentralisation* a été effectué avec l'établissement de six « Services Météorologiques Interrégionaux » (S.M.I.R.)**, tandis que certaines observations sont prises en charge aujourd'hui par les collectivités locales. Enfin, de nouvelles formes de coordination ont été créées entre services relevant de ministères différents, par exemple à Toulouse, où est implantée l'École Nationale de la Météorologie.

---

* Je donne ci-dessous (p. 212) quelques indications sur les « moyens » matériels dont dispose la Météorologie nationale en France.

** Le Bourget, Strasbourg, Lyon, Aix-en-Provence, Bordeaux et Rennes.

Ces problèmes issus de la pluridisciplinarité des Sciences de l'atmosphère se posent dans tous les pays. Sans prétendre en faire un tour d'horizon complet, on peut évoquer quelques situations : les choses se font souvent plus souples au-delà de nos frontières du fait, soit des institutions mêmes, soit des hommes et de la personnalité parfois puissante de l'un ou l'autre —, soit enfin d'un sens plus aigu des collaborations possibles entre les services.

En Allemagne fédérale, le principal centre d'Enseignement et de Recherche est l'Institut de Météorologie de l'*université* de Bonn, créé en 1961. La direction en fut confiée au météorologue Hermann Flohn qui dirigeait alors le Service de Recherche du *Deutscher Wetterdienst.* Flohn en démissionna pour poursuivre sa carrière dans le cadre universitaire nouvellement créé*. Situation qui n'offrait rien d'exceptionnel dans un pays où universitaires et ingénieurs se côtoient plus que chez nous. N'était-ce pas à une université, celle de Munich, que l'on devait la création de l'observatoire de la Zugspitze (point culminant du territoire allemand) ?

Un détail que je retiens est que la géographie n'était pas à l'écart. Grâce à des programmes universitaires plus souples que les nôtres, H. Flohn lui-même avait pu recevoir une formation initiale de géographe. Sa thèse de doctorat portait sur un sujet de géomorphologie (!) concernant les vallées encaissées du Luxembourg. Il s'intéressa aux époques glaciaires. Trente ans plus tard un autre géographe, alors au sommet de sa réputation — Carl Troll — contribua beaucoup à la création de l'Institut que Flohn était appelé à diriger. Un pays d'où l'on retire cette impression que la diversité des « savoirs » s'inscrit dans une recherche du bien commun[88].

L'Angleterre ? On ne peut pas ne pas citer le nom de Gordon Manley (1902-1980). Géographe de formation, il débute en 1925 au... *Meteorological Office*. Au lendemain de la guerre il sera élu Président de la *Royal Metor. Society* — un honneur dont il se montrera particulièrement flatté. Mais il était entre temps redevenu universitaire et géographe, au Bedford College de Londres puis à Lancaster. On doit aux deux facettes de sa personnalité, un article au titre significatif : « The Geographer's contribution to Meteorology »**.

Ailleurs, ce sont des collaborations bilatérales fécondes qui s'établissent entre services. Voici la Suisse : dans les années 60, les agriculteurs avaient

* Ce « modèle allemand » se retrouve en divers pays, par exemple en Grèce où les ingénieurs de la Météorologie sont formés dans un Institut universitaire à Thessalonique.
** *Quaterly Journal of the Roy. Meteor. Soc.*, n° 315-316, 1947, p. 1-10.

rencontré quelques déboires du fait de l'extension inconsidérée de certaines cultures, tel le maïs, dans les cantons déjà montagnards. En 1977 parut une *carte des aptitudes climatiques aux cultures.* Ce document, en incitant les intéressés à renoncer à des tentatives de labours dans des terres dont la mise en valeur s'avérait devoir être non-rentable, permit d'économiser certaines années jusqu'à 6 M de francs suisses rien que pour le maïs. Aucun pays européen ne paraît posséder à ce jour de document équivalent. Les calculs avaient été effectués et la carte dressée par une étroite collaboration entre la Météorologie suisse et des géographes de l'Université de Berne.

Mais revenons en France, pour y voir les choses sous un autre angle.

En même temps que la complexité des tâches incombant à notre Météorologie, ce même texte de janvier 1985 du Conseil Économique et Social qui me sert de guide soulignait l'insuffisance des moyens budgétaires mis à sa disposition.

Certes, il est toujours difficile de se faire une idée du « coût » d'un service public. En France, malgré une bouffée d'oxygène au début de l'actuel septennat* on admet que la situation s'est sensiblement dégradée. On calculait en 1984 que les dépenses d'équipement ne représentaient, en francs constants, que 57 % de ce qu'elles étaient dix ans plus tôt. Le rapport cite, d'autre part, un document établi par la *Cour des Comptes* le 10 janvier 1983 : « (La Météorologie Nationale) ne peut jouer entièrement son rôle pour l'observation en altitude... Elle n'est plus à même de remplir ses engagements internationaux dans le cadre de l'O.M.M. et *se situe au niveau le plus bas des pays développés de l'Europe...* »

« ... L'instrumentation des réseaux d'observations subit les effets de la régression des crédits... Le vieillissement des équipements se traduit par une baisse de la qualité des observations et par des coûts d'exploitation beaucoup plus élevés... (*J.O./C.E.S.* du 16 janvier 1985, p. 24).

On ne peut nier qu'un problème ne soit posé quant à l'avenir de notre météorologie du fait de cette divergence croissante qui se fait jour entre ses ambitions — légitimes — et les moyens que lui accorde le Parlement[89].

Des autres services l'on sait, financièrement, peu de choses, sauf à se perdre dans des détails. Partout, les ressources progressent péniblement, mais c'est surtout le *recrutement* des chercheurs qui est bloqué. Or, les chiffres de crédits que l'on peut avancer deviennent trompeurs dès lors que l'on

* Écrit en 1986.

ne tient pas compte de cette pénurie fondamentale en *hommes.* Mais restons aux crédits : ils représentent, tout compris, une vingtaine de francs par an et par tête. Peut être 22, dont les deux tiers dans le cadre du budget de la Direction de la Météorologie.

Quelque 1 200 millions de francs*. Une petite somme, à l'échelle des États modernes. Pourtant, je crains que la plupart de nos compatriotes ne la trouvent élevée. Ceci pour deux raisons.

L'une est que le public ne connaît guère de la « météo » que les prévisions radiodiffusées ou télévisées : pour 20 à 40 secondes par jour, cela ferait, effectivement cher** ! Peu de gens sont informés des impacts économiques de tous ordres. Moins encore ont conscience que les mesures de protection nécessaires contre des événements qui ne se produisent que tous les dix ou vingt ans supposent l'observation en continu de longues périodes au cours desquelles, pour l'homme de la rue, il ne se sera rien passé. Mais une raison supplémentaire est que tout cela relève du « Service public ». Or, une tradition française libérale bien enracinée voit dans le développement des services publics une cause de l'accroissement du déficit budgétaire. Autant dire le Mal absolu. Dans trop de milieux, les « agents de l'État » sont montrés du doigt, comme des parasites.

Des prophètes s'élèvent, affirmant qu'il y aurait « trop d'État ».

Un peu plus d'un milliard de francs... Les Français en dépensent plus de vingt chaque année (estimation 1985) pour élever, dresser, nourrir, bichonner leurs chiens.

Un impératif : le long terme

Mais ni les structures, ni les hommes, ni les crédits ne suffisent encore. Il y faut la durée, le « long terme ». Un élément négligé de tous ceux qui croient que « tout va vite », et qui se situe en fait à trois niveaux.

---

* Données 1985.

** Les prestations effectuées dans le cadre des journaux télévisés assurées autrefois par des « hommes de l'art », sont confiées depuis octobre 1982 à des « présentateurs » des sociétés, dépourvus de formation spécifique préalable. Seul dans le domaine de l'audio-visuel, France-Inter utilise les services de deux météorologues professionnels.

Il y a tout d'abord le déphasage existant entre la Recherche théorique et les enseignements que la société saura en retirer. Même si ma recherche théorique s'appuie déjà sur un arsenal technologique puissant. Il n'y a sans doute pas de meilleur exemple à cet égard que les carottages sous-marins et la datation isotopique des sédiments qu'ils ont permis. Nous connaissons grâce à eux les « paléotempératures » des océans jusqu'à 300 000 ans dans le passé. Mais peu de techniques auront été aussi coûteuses si l'on estime le coût d'une Recherche par le rapport des réussites aux tentatives. La portée à long terme d'une nouvelle technique ne se mesure absolument pas au « rendement » des expériences qui auront été nécessaires à son élaboration.

Il faut bien comprendre qu'au moment de son élaboration, la technique d'étude des paléotempératures océaniques avait un intérêt purement académique. Nul ne parlait alors de l'évolution actuelle du climat, ni de la sécheresse en Afrique, ni de pollution dans les pays développés. C'est *trente ou quarante ans plus tard* que l'on demanda à ces paléotempératures, non certes une extrapolation nous livrant le secret de notre proche avenir, mais « certaines informations » relatives à une modélisation de scénarios plausibles. Que l'on sait maintenant avoir quelques raisons d'être inquiétants*. La Recherche scientifique est vraiment un placement à long terme.

Nouvelles exigences de durée quand on « passe aux actes ». Cet exemple, s'il est extérieur aux choses du climat, est peut-être le plus pédagogiques de tous : entre le moment où un réacteur d'avion commence à être conçu sur la table d'un bureau d'études et celui où il équipera les flottes des compagnies aériennes, le délai est de l'ordre de *quinze ans*. Pour ce qui est de notre connaissance de l'atmosphère, les grandes entreprises mettent en jeu des satellites, souvent des moyens océanographiques lourds. Elles sont souvent internationales (aspect qui fera l'objet des dernières pages de ce chapitre) et, en tout cas, « pluri-annuelles ». Même si chacun remplit vite sa tâche, l'ensemble relève des cycles technologiques longs : l'*Organisation Météorologique Mondiale*** établit ainsi, au-dessus de programmes opérationnels (quatre ans) une planification à long terme par périodes décennales. Un « Troisième Plan » couvre la période 1992-2001.

Reste un troisième niveau dans ce jeu du long terme : les délais de l'adaptation globale de l'économie aux variations des contraintes. Un aspect de la question souligné au colloque de Sophia-Antipolis de 1984 sur le CO_2 atmosphérique. « Si l'on veut changer d'une façon significative la façon dont

---

* Lorius C., Duplessis J.C., 1977, p. 947-955.
** J'y reviens ci-dessous, p. 216.

sont chauffés les habitants de l'Europe et de l'Amérique du Nord (en diminuant la part qu'y prennent les combustibles fossiles) toutes les études... montrent qu'il faut compter une cinquantaine d'années avant de renouveler l'ensemble des systèmes de chauffage de manière satisfaisante » (J. Laffitte).

Un exemple plus localisé a fait l'objet d'estimations sérieuses. A la suite de la catastrophe des Pays-Bas de 1953 des études prenant en compte les facteurs sociologiques et économiques ont été menées sur les coûts d'une protection efficace contre de nouvelles inondations. Ceci pour des phénomènes d'ampleur et de fréquences prévisibles. Si les Pays-Bas sont particulièrement menacés, il s'agit là néanmoins d'une contribution à l'étude d'un risque planétaire : l'éventuelle remontée du niveau des océans. L'un des participants à ce même colloque y exposa la conclusion : le modèle économique retenu « a conduit à une surélévation moyenne des digues de l'ordre de 1,50 m pour un coût évalué à 40 milliards de francs français sur 30 ans ». Au-delà « il serait techniquement possible de faire face à une élévation de l'ordre de 5 m, mais ces mesures ne seraient économiquement et psychologiquement supportables que si l'élévation (était) très lente » (de Jung). Autrement dit : un effort civique exceptionnel serait à soutenir sur une durée déjà du même ordre que celles prises en compte par les scénarios géophysiques.

Qu'il s'agisse de ces préoccupations que l'on appelait autrefois « académiques », de technologie, de mutations touchant nos modes de vie, les décennies s'ajoutent aux décennies...

Si je traduis ces réalités en unités de temps d'ordre politique, cela veut dire qu'un grand programme scientifique recouvre aujourd'hui (au moins) *deux* septennats. Un ordre de comparaison qui peut surprendre : j'y ai été conduit par un événement de la vie courante qui est venu montrer à tous les Français « le temps qu'il fallait » pour faire des choses ! : l'inauguration du Musée d'Orsay en présence de Madame Pompidou, de Giscard et de Mitterrand. Et pourtant il peut paraître (aux profanes) plus « simple » de refaire l'aménagement intérieur d'une vieille gare et de suspendre des toiles aux murs que de concevoir et de réaliser un programme spatial !

Devant les exigences de continuité qui sont les siennes, le scientifique fait une autre constatation qui ne peut le laisser indifférent. Depuis un demi-siècle, le recours au suffrage universel a, dans notre pays, doublé*. Qui pis

* 58 élections par siècle sous la Troisième République, 107 aujourd'hui. Estimations faites par défaut, excluant l'hypothèse de dissolution de l'Assemblée, de démission ou de décès du Chef de l'État. Et ne tenant pas compte non plus du recours aujourd'hui possible au référendum.

est, une dérive regrettable fait que chaque scrutin n'est pas focalisé sur la nature précise du pouvoir à renouveler, mais est tacitement considéré comme un sondage en grandeur réelle en vue des élections à venir...

Un tohu-bohu peu compatible avec les préoccupations des hommes du long terme...

La coopération internationale

On sait déjà que pour l'ensemble du globe les activités météorologiques sont aujourd'hui coordonnées par l'*Organisation Météorologique Mondial* (O.M.M.), dont le siège est à Genève*. L'O.M.M. lance des « Programmes » reconduits, ou remaniés, tous les quatre ans par un « Congrès ». Deux de ces programmes doivent retenir spécialement l'attention du lecteur : (i). la *Veille Météorologique Mondiale* (observations, y compris par satellites ; télécommunications ; traitement des données). Le réseau de télécommunications a été réorganisé en 1979 autour de dix « Centres Régionaux de télécommunications » et de trois « Centres Météorologiques Mondiaux » (Washington, Moscou et Melbourne). La surveillance des cyclones tropicaux est rattachée directement à ce programme ; (ii). un *Programme Climatologique Mondial*, comportant à la fois des Recherches théoriques et des études concernant les incidences du climat.

Le *budget* adopté pour la période quadriennale 1988-1991 est de 170 millions de francs suisses, la contribution française étant fixée à 5,9 % de ce total. S'y ajoutent des crédits provenant directement du « Programme des Nations Unies pour le Développement » (environ 19 M de dollars américains par an, mais qui ne peuvent être utilisés que pour des actions de coopération technique). En outre, certains états industriels prennent en charge directement certains équipements. Traduit en francs français, cela représente un volume annuel de dépenses de l'ordre de 340 millions FF[90 bis]. L'ordre de grandeur en reste inférieur aux budgets des services nationaux des principaux états**.

Ces programmes mondiaux commandent à leur tour les programmes de recherche de chaque état (parfois de groupes d'états). C'est le cas, chez nous, pour le *Programme National d'Études pour la Dynamique du Climat*

---

* Ou : *World Meteorological Organisation* (W.M.O.).

** Je remercie Monsieur L'ingénieur L. Malecotte, du Bureau des Relations Internationales de la M.N., pour ces données chiffrées que je dois à son obligeante courtoisie.

(P.N.E.D.C.), depuis 1972. L'accent y est mis sur le « système » Atlantique-fuseau eurafricain.

La météorologie « lourde », aujourd'hui, ce sont les satellites, des campagnes d'investigations mixtes océan-atmosphère. Ce sont aussi, on le sait moins, de gros ordinateurs. Problèmes politiques (ou mieux « géopolitiques ») par l'ampleur des moyens qui doivent être mis en œuvre et par la nécessité où se sont trouvés certains états d'associer leurs efforts — c'est le cas de l'Europe — dans des formes d'une certaine complexité.

Les satellites ? Le premier lancement d'un satellite météorologique remonte à 1960 (l'américain Tiros I, trois ans à peine après le lancement du premier satellite artificiel). Mais l'apport décisif fut la mise en orbite des *géostationnaires* qui stationnent à quelque 36 000 kilomètres au-dessus d'un point de l'équateur. Le premier — américain — fut lancé en 1966.

Dès l'origine, l'O.M.M. établit que cinq emplacements étaient nécessaires pour « couvrir » la planète dans de bonnes conditions. Furent ainsi mis en service deux satellites américains, un européen, un japonais, un emplacement réservé à l'U.R.S.S., un troisième satellite américain se trouvant en surplus. Situation qui devait évoluer au fil des années au gré d'incidents techniques : ainsi un satellite japonais mis en orbite en 1981 ne devait-il fonctionner que six mois et n'a pu être remplacé qu'en 1984, ou encore le premier satellite européen, lancé en novembre 1977, finit-il par dévier de son orbite au point que ses transmissions n'étaient plus réceptibles (début 1985) : défaillance à laquelle on sut suppléer en déplaçant sur son orbite (par télécommande depuis le sol) le géostationnaire américain en surplus. On doit noter que le lancement de ce type de satellites est d'autant plus aisé que le tir a pu être effectué à proximité de l'équateur : on bénéficie alors d'une vitesse de rotation plus élevée de la Terre elle-même et d'une économie dans l'appoint d'énergie qui est nécessaire pour placer l'engin dans sa position définitive. Il y a là un atout d'ordre géopolitique que l'on ne saurait sous-estimer*.

L'Europe ? Il faut distinguer la « technique » et, derrière celle-ci, des réalités construites elles-mêmes en plusieurs temps.

---

* Sur les 13 bases de lancement de satellites existant sur le globe (1987), 5 sont en état de mettre sur orbite des géostationnaires : Cap Canaveral (U.S.A.), Kourou (Guyane), Baïkonur (U.R.S.S.), Xichang (Chine), Tagenashima (Japon). En projet : Alcantara (Brésil), Cap York (Australie) et une base commune Chine-Singapour en Indonésie (d'après Ghirardi R. et Verger F., 1987).

C'est en 1972 que huit États européens constituent l'*Agence Spatiale Européenne**. Pour objectif : l'étude, le lancement et l'exploitation d'un satellite géostationnaire européen devant être, ensuite « relayé » (la durée de vie prêtée à ces engins étant, à l'époque, de trois ou quatre ans)**. Ainsi furent lancés un « Météosat 1 » en novembre 1977, puis un « Météosat 2 » en juin 1981. Beaux débuts. Mais diverses pannes se produisirent, heureusement complémentaires (ce qui faisait dire aux humoristes « qu'avec deux satellites, l'Europe en possédait un au complet»). Nous venons de voir qu'un satellite américain avait dû suppléer à la défaillance définitive d'un Météosat. Certes, une suite était prévue au programme : un « Météosat 3 », puis des engins plus lourds, dits « Météosats Opérationnels » — M.O.P. Mais leurs lancements se trouva subordonné à la mise en service d'« Ariane IV » retardée comme on le sait jusqu'au début de 1988***. La mise en orbite de « Météosat 3 », puis du premier M.O.P., sont aujourd'hui prévus à douze mois d'intervalle. Retards imputables pour l'essentiel ces dernières années aux *lanceurs* — les fusées. Deux chiffres sont significatifs : pour l'ensemble de l'année 1986, 127 lancements ont été réussis pour l'ensemble de la planète et 114 d'entre-eux effectués au départ du territoire soviétique****. On peut espérer qu'il s'agit là d'« accidents de parcours » pour les programmes spatiaux du restant du globe.

La « politique » suivait. Une sorte de second souffle. Neuf ans après la signature du traité initial, une nouvelle convention est signée à Genève le 24 mai 1983 pour créer l'« Eumetsat ». Il s'agit cette fois d'une véritable *Communauté Météorologique Internationale* (du moins en ce qui concerne les données satellitaires). L'Eumetsat a qualité de « personne juridique de droit international public ». Il traite globalement les données des Météosats au mieux des intérêts de chaque état. A la date du 1er janvier 1984, quinze États avaient signé la Convention Eumetsat***** et les ratifications par leurs parlements respectifs allèrent, dans un premier temps, d'assez bon train pour qu'une Conférence des ministres de Tutelle des différents Services nationaux puisse se réunir à Rome les 30 et 31 janvier 1985 : une « première » dans le genre. Mais l'enthousiasme des premiers jours allait-il en s'affaiblissant ? A la fin de cette même année, manquaient encore les ratifica-

---

* Le sigle usuel est anglais ; E.S.A. (*European Space Agency*).

** Je ne retiens ici que ce qui concerne l'étude de l'atmosphère. Mais le champ d'action de l'E.S.A. couvre toute la télédétection. D'autres branches de la géophysique, ainsi que l'étude de la couverture végétale et des sols sont appelés à se développer.

*** Cet ouvrage était en fabrication quand Météosat 3 a pu être placé sur son orbite par le tir d'Ariane IV du 15 juin 1988.

**** Ghirardi R., Verger E., 1987.

***** Allemagne fédérale, Belgique, Danemark, Espagne, Finlande, France, Grèce, Italie, Norvège, Pays-Bas, Portugal, Royaume-Uni, Suède, Suisse et Turquie.

tions du Portugal, de l'Italie et de la Grèce. Dans le *Rapport d'activité* de notre Météorologie Nationale (1985) on lit : « le problème du bouclage financier... de l'implantation du siège et le choix de Directeur restent posés ». Une tendance à la stagnation ?

On posera la question du *coût*. Les dépenses escomptées au départ (Météosat 1) étaient de 140 M FF/an, dont la France prenait 25 % à sa charge. Pour les M.O.P. futurs, l'estimation était (dans les conditions de l'époque) de 240 M FF/an dont 22 % à la charge de la France. Celle-ci apportait en outre à la collectivité la disposition de sa base de lancement de Kourou (Guyane). Atout fondamental, car le voisinage immédiat de l'équateur facilite, nous l'avons vu, les opérations.

De leur côté, les calculs destinés à la prévision à « moyen terme » (6 à 10 jours) étaient devenus trop lourds pour que chaque État européen puisse s'offrir les ordinateurs permettant de les effectuer. Ils sont faits pour toute l'Europe par un « Centre Européen de Prévision Météorologique à Moyen Terme » (C.E.P.M.M.T.). Implanté à Reading (Angleterre), le Centre a été inauguré le 15 juin 1979. Des outils de plus en plus performants y sont mis en œuvre (C.R.A.Y. 2, puis C.R.A.Y. X M.P. depuis la fin de 1983, le tout amélioré encore). Tel « modèle » de circulation atmosphérique dont l'exécution demandait cinq heures de temps-machine en 1983 ne demandait plus, en 1985, que deux heures et quart... Les échéances des prévisions faites à Reading ont toujours dépassé de 24 heures au moins, à fiabilité égale, celle des meilleures prévisions américaines. Cet allongement de l'échéance d'une prévision déterministe classique (à fiabilité égale) représente toujours un gain économique plus que proportionnel à cet allongement lui-même.

Fait à noter : ces deux grandes réalisations techniques européennes que sont Eumetsat et le Centre de Calcul de Reading, ont été créés par des accords spécifiques entre les États. Il s'agit là de réalités que l'on évitera soigneusement de confondre avec tout ce que ce mot d'« Europe » peut avoir d'institutionnel et de restrictif pour nos concitoyens. Pour un projet en cours d'élaboration — E.R.S. 1* —, qui intéresse essentiellement la météorologie nautique, l'E.S.A. s'est assurée la future participation du Canada**. En fait, l'E.S.A. comptait dès sa formation parmi ses membres ces deux puissances « neutres » que sont la Suisse et la Suède. La Finlande a signé le traité de Genève du 24 mai 1983 et l'Autriche est partie prenante du projet E.R.S.1...

* Ne pas confondre avec les E.R.T.S. américains entrés, eux, en service dès 1972.

** A plus long terme, un projet d'étude de la topographie des océans (Topex-Poséïdon) intéresserait les U.S.A. On sait l'importance de ce problème pour la prévision à long terme.

Ailleurs, la géographie — il faut bien appeler les choses par leurs noms — fait émerger des intérêts communs à de grandes « régions » multicontinentales. Un exemple récent nous en a été offert par une réunion tenue les 7 et 8 février 1984 à Palma de Majorque par les Directeurs des Services météorologiques de septs États, dont trois africains*. Plusieurs groupes de travail ont été constitués en vue de la création d'un *Centre d'Études Météorologiques de la Méditerranée Occidentale* (C.E.M.M.O.).

Tout cela fait bien éclater l'« Europe de Strasbourg ».

Reste pour celle-ci, dans son cadre étroit, en définitive peu d'activités. Quelques « banques de données », portant ici sur la paléoclimatologie, là sur l'énergie solaire. Plus grave, peut-être l'abandon de fait de certains projets opérationnels plus ambitieux. J'avais évoqué, au début de cet ouvrage** l'établissement d'un réseau radar pluviométrique européen (action COST 72). Des achoppements se sont produits, portant peut-être sur des questions de souverainetés nationales qui paraissent d'un autre âge. Un terme fut mis à l'opération en décembre 1984. « L'idée d'un radar européen s'est arrêtée à un cahier des charges commun, le problème de l'industrialisation reste entier » (Météorologie Nationale, France, *Rapport d'activité 1984*).

Resterait à signaler encore (sans que l'on puisse être complet) que notre Météorologie a conservé quelques obligations envers l'OTAN, notamment en matière de transmission.

Parallèlement, se développent diverses formes de coopération technique sur lesquelles je ne puis m'étendre. Du côté de la Direction de la Météorologie, mise à la disposition de l'A.S.E.C.N.A. d'agents français (il s'agit de l'« Agence pour la Sécurité de la Navigation aérienne en Afrique et à Madagascar). Tout « l'axe africain » de la politique générale française se retrouve d'ailleurs dans ce fait que sur les 102 météorologues étrangers admis à faire des stages à l'École de Toulouse, 98 (chiffres de 1984) étaient Africains. Des relations bilatérales de caractère technique se développent par ailleurs à tous niveaux, avec tous les pays : le nivomètre à transmission de données par relais satellite Argos — « Nivose » — a été par exemple expérimenté au Caucase. Du côté des universités, on notera la préparation par des météorologues étrangers de doctorats qui restent très prisés. Ils viennent principalement d'États dans lesquels Services météorologiques et Universités collaborent plus étroitement que chez nous.

---

* Algérie, Espagne, France, Italie, Maroc, Portugal, Tunisie.
** Voir ci-dessus, chap. 2, p. 34.

Toutes ces formes de collaboration internationale que je viens d'évoquer visent à la prévision, souvent à la protection des personnes et des biens. Cette nécessité a fini par s'imposer. Mais l'on s'est aperçu, ces deux dernières décennies, que les objectifs dans lesquels restaient cantonnés la coopération internationale étaient encore insuffisants.

Car l'atmosphère ne connaît pas de frontières...

L'actualité a fait penser aux graves problèmes de la pollution chimique, ou nucléaire, de l'air. Ils ne concernent directement le météorologue que dans la mesure où ils mettent en cause la circulation atmosphérique. J'ai noté, à propos de l'accident de Tchernobyl, que celui-ci s'était produit dans un « type de circulation » qui, sans être exceptionnel, s'écartait sensiblement du type le plus fréquent*. Mais l'affaire a été l'occasion de remarquer, dans un domaine qui n'est pas spécifiquement le nôtre, un manque de cohésion trop certain entre pays voisins. Au niveau des méthodes et de la notion même de « risque ».

Dans d'autres directions encore, des possibilités de coopération restaient négligées, faute d'une prise de conscience des faits. Tel est le cas des « impacts » des phénomènes atmosphériques dont « devrait » tenir compte une planification rationnelle, à l'échelle d'un continent. Je me bornerai à un seul exemple.

Lors d'un Colloque U.N.E.S.C.O./O.M.M. tenu à Varna en 1976, le soviétique Sokolov nous explique clairement que les précipitations tombées sur l'Europe, de l'Atlantique à l'Oural (mais Iles Britanniques exclues) n'étaient formées que pour 70 % d'eau évaporée sur l'Atlantique. 30 % étaient donc d'origine locale. Si l'on ne retient que la Russie d'Europe, la part des précipitations provenant d'une évaporation océanique tombe à 60 %, ce qui élève à 40 % la proportion de l'évaporation continentale. Or, *l'évaporation à la surface d'un continent est conditionnée par l'homme.* Il peut s'agir de l'assèchement des régions marécageuses. La lutte menée dans certains États contre les « zones humides » ne perturbe pas seulement un équipement biologique (de nombreuses « Conférences » s'en sont préoccupé), elle paraît susceptible de moduler le cycle de l'eau lui-même. Mais il y a surtout l'extension, l'« implosion » urbaine de la planète qui entraîne partout un développement démesuré des surfaces strictement imperméables (voiries, toitures, parking, etc.). Cela entraîne une aggravation du ruissellement, au détriment de l'évaporation. Cette eau, qui ruisselle au lieu de s'évaporer dans le Bassin parisien ou la Rhénanie, c'est autant qui n'ira plus se con-

* Voir ci-dessus, chap. 4, p. 73.

denser en Ukraine, ou au-delà... Il est donc objectivement licite que les gouvernements d'Europe Orientale soient tenus informés de tout projet notable concernant l'occupation des sols dans l'Europe de l'Ouest. Un processus inverse s'observe sur les terres irriguées : celles-ci deviennent le siège d'une plus grande évaporation locale, ce qui contribue à « réanimer » le cycle de l'eau. Mais un tel équilibre, maintenu entre deux mécanismes ayant leurs logiques propres, est purement fortuit.

A y bien réfléchir, l'obstacle principal à une « géopolitique » efficace, et bien équilibrée, de l'atmosphère paraît résider dans le nombre trop élevé d'États souverains[91]. L'O.M.M. compte (au 31.12.1987) 160 membres (155 États et 5 territoires). Or, techniquement parlant, l'on peut penser que trois ou quatre services bien équipés *par continent* suffiraient à une « gestion » correcte de l'atmosphère du globe.

Très significatives sont à cet égard les tentatives de « pluies provoquées » en Afrique. En 1978, l'O.M.M. réunit à Niamey une Conférence qui devait faire le point d'opérations en cours. Elle déboucha sur la résolution prise d'attendre le résultat d'une autre action (dite « P.A.P. »), menée celle-là... en Espagne ! Le communiqué final de la réunion reconnut que la poursuite de toute expérience sérieuse exigeait « une infrastructure et des moyens lourds très difficiles à mettre en œuvre en Afrique pour le moment ». Convenance de façade qui en disait long sur l'état politique des pays intéressés.

Dans l'état actuel des choses, la finalité même des Services nationaux ne correspondent pas toujours à ce qui paraîtrait le plus judicieux. Dans la plupart des pays en voie de développement, la climatologie devrait être prioritaire sur la prévision ; agrométéorologie et hydrologie en retireraient les profits les plus larges. Or, les budgets de la Météorologie y dépendent souvent de l'aviation civile. Dans les pays développés, où règne la psychose du chômage et de la mévente, les principales motivations de nos études sont d'une part la prévention contre d'éventuels « risques naturels » (dont certains peuvent se trouver induits du fait de l'activité humaine elle-même), d'autre part une planification à long terme concernant l'habitat, l'énergie, et bien entendu le rôle de l'atmosphère elle-même et du climat dans la sauvegarde des équilibres naturels.

Toujours dans l'« état actuel des choses », les dépenses ne sont pas également réparties entre les divers États qui y concourent. Un exemple d'une distorsion de ce type a été donné par J.P. Marchand pour l'Irlande : le budget de la Météorologie nationale de ce pays était consacré (1973) pour 58 %, directement ou indirectement, à la « protection météorologique » des vols commerciaux transatlantiques qui traversent l'espace aérien irlandais. Chiffre exhorbitant, au regard du très faible nombre de passagers de nationalité irlandaise empruntant ces lignes... L'opinion publique s'émut à la suite de la publication de ces chiffres, alors que d'autres problèmes spécifiquement irlandais (liés par exemple à l'entrée de ce pays dans la C.E.E., aux besoins de l'agrométéorologie ou du reboisement) auraient pu retenir l'attention du pouvoir et les crédits. En fait, nous devons tous convenir que l'existence de « budgets » nationaux, face aux responsabilités réelles du météorologue est, aujourd'hui, un archaïsme.

Aux États-Unis des voix se sont élevées contre la part, jugée excessive par certains, que cette puissance assume dans la couverture météorologique de l'ensemble du globe. Le retrait des États-Unis de l'Unesco depuis le 1er janvier 1985 (exemple suivi par le Royaume-Uni) ne nous est pas indifférent car l'Unesco a jusqu'ici partagé avec l'O.M.M., l'organisation matérielle de la plupart de ces Conférences ou Colloques que j'ai évoqués. L'Unesco intervient dans la diffusion des comptes-rendus. Aussi, l'éventualité ds grosses difficultés financières pour cet organisme risquerait-elle de réserver la participation à de telles réunions aux seuls membres des Services météorologiques nationaux : un recul pour les contacts humains interdisciplinaires.

Des améliorations finiront par s'imposer. Le montant des dépenses météorologiques mondiales était estimé, vers 1980, aux environs du dollar/an par habitant. Il ne peut qu'être appelé à progresser, au double rythme de l'évolution des techniques et des nouvelles finalités assignées aux Services. Mais surtout, *une part beaucoup plus élevée de ces charges devront faire l'objet*, soit de *transfert à des institutions supranationales, soit de péréquations entre les États*.

Je repense au cas des dépenses irlandaises. Serait-il donc absurde de faire participer chaque État à la « protection météorologique » des transports civils, non au prorata du nombre de vols empruntant son propre espace aérien, mais à celui du nombre de ses nationaux utilisant une ligne aérienne quelconque sur la planète ?

Absurde ? J'appellerais cela du civisme planétaire.

Le puzzle...

Imaginons une commune du Massif Central qui envisage de construire un téleski. Jusque-là, aucun aménagement de ce type n'y existait. Est-ce le pactole en vue ? Une analyse, encore sommaire, des « données » va nous apprendre qu'une année sur trois ou quatre la pluie y remplacera la neige au moment des vacances de février. Déception. Mais, en fin de compte, *économie* par rejet d'un investissement non rentable.

Voici maintenant le cas d'un vigneron : une prévision spécifique lui permettra de réduire de six à quatre le nombre des sulfatages (un progrès de même ordre que celui réalisé en Irlande par le traitement du mildiou de la pomme de terre). Mais les deux traitements annuels économisés par les exploitants seront de l'*argent perdu* pour l'industrie chimique et certaines activités tertiaires.

Autrement dit, tout le monde ne trouve pas son compte aux « économies ». Et la somme des gains réalisés par des particuliers (ou des entreprises) à la suite d'un progrès technique donné ne représente nullement une estimation des gains que ce progrès entraîne pour le pays tout entier.

Veut-on encore un exemple classique ? Il est connu qu'une température trop élevée entraîne, chez les bovins, une diminution notable de la lactation. Or, aux U.S.A., dans les années 60, une certaine mode... et la publicité des installateurs de conditionnement d'air firent que les étables « climatisées » se répandirent bien au nord de la limite climatique de leur rentabilité effective. Celle-ci fut ensuite établie scientifiquement par des zootechniciens et, une fois la première vague d'engouement passée, la limite nord de la climatisation des étables recula de plusieurs centaines de kilomètres vers le sud. Nombre trop élevé de sulfatages, suréquipement irrationnel des étables : deux cas dans lesquels des progrès techniques interdisaient en fait (dans un premier temps) de tirer tout le bénéfice possible d'un « potentiel climatique ».

Le 5 octobre 1981, l'O.M.M. publiait un texte sur les *modifications artificielles du temps* (temps nettement « en retrait » sur le document similaire antérieur qui remontait à 1966). On y parle de « pluie provoquée » (j'ai fait état, quelques pages plus haut, des conclusions pessimistes de la Conférence tenue sur ce sujet à Niamey en 1978)*. Mais ce document présente un intérêt plus grand que celui de l'aveu d'une relative impuissance. Il va plus loin que les précédants dans l'analyse des relations « homme/climat ». Il note que dans l'hypothèse où de telles modifications deviendraient réalisables il faudrait envisager non seulement leurs impacts économiques sectoriels « mais tenir compte de l'*effet général net* que ces modifications exerceront sur la société ».

---

* Un problème longtemps à l'ordre du jour a été celui de la lutte contre la *grêle*. Aux U.S.A. (dégâts de l'ordre du *milliard* de dollars par an), les opérations ont été abandonnées sur le plan fédéral (1981). Seules sont effectuées des actions dans quelques états.

Je n'ai pas abordé dans ces pages le problème d'une action du climat sur l'homme en tant qu'*individu* : Hippocrate a toujours fait des disciples, sur ce point, à travers les siècles. De la « météoropathologie » au « climatisme », le sujet serait énorme — et davantage du ressort du médecin. Mais, ici aussi, tout laisse à penser que nous verrions se développer des facteurs limitant le bénéfice que la société pourrait retirer d'une utilisation rationnelle du climat. Personne ne discute le fait que deux petites régions françaises — la Cerdagne et la Haute Durance — disposent d'un climat permettant aux asthmatiques de mener une vie normale pratiquement sans médication. Or, tous les efforts faits en vue de la promotion d'un « climatisme social » et *a fortiori* d'entreprises offrant du travail à des asthmatiques, ont été jusqu'ici vouées à l'insuccès. Une raison m'en paraît essentielle : la France possède une industrie pharmaceutique florissante, largement exportatrice, donc rapportant des devises, alors que le « climat » ne s'exporte pas. Et l'on estime ne pouvoir sacrifier fût-ce un secteur du marché intérieur de cette industrie sans mettre en péril son développement.

Mais il y a plus.

Des considérations économiques jouent souvent, non seulement dans l'*usage* de cette ressource naturelle qu'est le climat, mais pour les *techniques d'études* que l'on se propose d'y appliquer.

On m'a vu retracer, dans les pages qui précèdent, quelques traits de l'évolution récente de notre service météorologique national. Une date m'en paraît significative : l'année 1985 a vu à la fois la fermeture de la station météo du « Pic du Midi » — après 106 années d'exploitation — et la dénonciation par la France de l'accord N.A.O.S. concernant sa participation au réseau des navires météorologiques stationnaires sur l'Atlantique Nord[92]. Ainsi n'y a-t-il plus de « météo » (français, du moins) à assurer une veille continue en altitude ou en mer. Certes, des observations de remplacement sont effectuées, et mises en œuvre. Mais c'est un peu la fin d'une légende. Je laisse à nos historiens de demain le soin de dissocier dans ces positions de repli la part qui revient à la logique du progrès technique (moins d'hommes, plus de robots...) et celle qui reflète des impératifs *politiques* faisant peu de cas des objectifs réels.

La Recherche constitue aujourd'hui, *en soi*, un enjeu économique. Or, les gouvernements accordent dans leurs choix de tels enjeux, une place de plus en plus grande au court terme, même s'il ne s'agit que de « retombées », ou d'effets induits.

Le développement des industries construisant des « stations automatiques » n'était pas nécessairement inscrit dans l'évolution des Sciences de l'atmosphère : il a été imposé par une réduction du personnel dont je me suis déjà fait l'écho. Affaire, en grande partie, de politique générale.

Plus généralement, la France fabrique des équipements météorologiques. Le chiffre d'affaires, de l'ordre de 200 MF, reste assez bas. Mais là-dessus, 140 MF vont à l'exportation. Prenons l'Europe : j'ai évoqué plus haut la réunion des ministres de tutelle des Services Météorologiques européens (Rome, janvier 1985). Le communiqué qui a été publié par l'E.S.A.* se fait direct : « Particulièrement épineux était le problème du *retour industriel* sur lesquels plusieurs ministres ont manifesté une grande fermeté. Les nations répugnent toujours à verser de l'argent dans une caisse commune, à moins qu'elles n'en obtiennent un juste retour qui devrait se situer entre 90 et 95 % de leur mise ».

En bon français, cela veut dire que les gouvernements — et cela partout — ont deux prioriés : l'*emploi* et le *commerce extérieur.* La France n'y perd pas, surtout dans le domaine satellitaire : alors qu'elle participe pour 22 % aux dépenses de « Météosat » (devant la R.F.A. : 21 %), on estime que 45 % des dépenses totales bénéficient à l'industrie française (avec, en tête, la S.N.I.A.S. et Matra). Mais ces considérations immédiates — qui sont pratiquement les seules à pouvoir retenir l'attention du monde politique — peuvent aller jusqu'à masquer la finalité même d'un projet. Soyons caricatural : prévoir assez correctement le passage d'un cyclone pour que les populations en danger soient évacuées à temps, c'est bien. Mais le cyclone peut frapper cette année, ou dans vingt ans. Et la « logique de l'aléatoire » ne fait guère recette dans nos hémicycles parlementaires. Tandis que vendre des radars, ce sont des devises qui rentrent. Et tout de suite si, par chance, l'acheteur est solvable.

Dans ce chassé-croisé d'intérêts, la Recherche la plus théorique qui soit peut se trouver gagnante à son tour : tous ceux qui ont vu des « photos de satellites » (terme, on le sait impropre), ne serait-ce qu'à la télévision, songent-ils que leurs *coûts* seraient absolument prohibitifs, si la météo ne bénéficiait pas de la multiplicité des lancements effectués pour de toutes autres raisons (satellites militaires, ou de télécommunications) ?

Tout se tient. Tout est dans tout. Ou, pour ceux qui trouveraient Héraclite trop « rétro », tout est *système.* Mais à fouiller ainsi jusqu'à leurs ultimes retombées les leçons que l'on tire de l'étude du climat, notre vision devient vertigineuse... Déjà, le climat nous était apparu comme un « jeu » d'une complexité diabolique. Mais l'étude de ce climat, ou mieux encore des Sciences de l'atmosphère (peut-être de l'Océan ?) deviennent à leur tour une partie de ce puzzle monstrueux qu'est l'économie de la planète.

---

* E.S.A., *Observation de la Terre,* n° 9 (1985), p. 2.

POSTFACE

« Dans les pays froids, on aura peu de sensibilité pour les plaisirs ; elle sera plus grande dans les pays tempérés ; dans les pays chauds, elle sera extrême... J'ai vu les opéras d'Angleterre et d'Italie. Ce sont les mêmes pièces et les mêmes acteurs, mais la même musique produit des effets si différents sur les deux nations... que cela paraît inconcevable... »

« Dans les climats du Nord, à peine le physique de l'amour a-t-il la force de se rendre bien sensible ; dans les climats tempérés, l'amour, accompagné de mille accessoires, se rend agréable par des choses qui semblent être lui-même, et ne sont pas encore lui ; dans les climats les plus chauds on aime l'amour pour lui-même ; il est la cause unique du bonheur ; il est la vie ».

« Les différents pays ont le devoir (par leur organisation météorologique nationale)... de disposer d'une certaine indépendance pour leur défense militaire, voire économique. Il n'est... pas inutile de s'interroger aussi sur la puissance économique que pourrait avoir une nation, ou un groupe de nations qui seraient capables de déterminer par leurs prévisions climatiques les insuffisances, ou surplus, de production alimentaire d'autres pays. Cette « arme » pourrait être utilisée... pour aggraver la dépendance de certains pays moins développés. Certaines initiatives dans ce domaine se manifestent déjà... ».

La première de ces citations est extraite de Montesquieu, *L'Esprit des Lois,* livre XIV. La seconde du *Journal Officiel de la République Française* du 16 janvier 1985, « Avis et Rapports du Conseil Économique et Social ». Un document que j'ai été amené à citer plusieurs fois.

1748, 1985. Près de deux siècles et demi pour que l'attention que prête l'homme aux « choses du climat » prenne sa dimension véritable. Pour que l'on passe de nos états d'âme à nos conditions de production et à notre volonté de puissance. Ou, plus simplement, à une sauvegarde effective de nos vies et de nos biens.

Cependant, les choses ne se sont pas passées comme les savants du siècle dernier pouvaient l'imaginer. Nous n'avons pu, comme Michelet croyait la chose déjà réalisée de son temps, « percer l'abîme de l'Espace et du Temps » (je cite la préface de *La Bible de l'Humanité*). Science « spatio-temporelle » pourtant s'il en est, la climatologie se fait plus modeste, ou plus subtile. Les relations de l'Homme et de la Nature ne sont plus pour nous affaire de scientisme primaire. D'abord, parce que l'homme vit dans une société qui le sécurise, l'informe, ou le désinforme. En second lieu parce que ces relations sont, non seulement réciproques, mais réciproquement conditionnées. Complexes. Systémiques. Que l'aléatoire y est roi, mais dans un royaume qui a ses lois. Des lois dont la connaissance offre des potentialités redoutables...

Le climatologue s'inscrit dans le temps. L'inconnue que constitue d'ici deux siècles — ou vingt — l'état futur de l'environnement atmosphérique de nos descendants répond, comme un écho, aux interrogations que nous nous posons encore sur les climats du passé. Les glaces de l'Antarctique, sondées aujourd'hui sur deux kilomètres de profondeur, fournissent certains éléments de réponse à ce double problème. La prévision, même à court terme, suppose l'exploitation par les hommes de l'art de données aujourd'hui séculaires. Et ces grands projets mêmes, dont les scientifiques attendent une meilleure connaissance du « système climatique » exigent nous l'avons vu, efforts et continuité sur parfois vingt ans. Le climatologue est l'homme de la patience. Du long terme. L'« An deux mille », ce n'est déjà plus « demain ». C'est ce qui, après-demain, aura été « hier ».

Science « sociale » aujourd'hui, dira-t-on de la climatologie demain, qu'elle est une science « politique ». Ou du moins « géopolitique » ? Tout homme de bien, contemporain de Montesquieu, pouvait posséder son « Cabinet de Physique ». Cette « puissance », par contre, qu'évoque la seconde des citations que j'ai choisies pour clore cet ouvrage est, par essence, puissance *d'État*. Avec ce que cela implique de potentialités et de réciprocité. De Système. Sciences et États sont, à ce niveau indissolublement liés. Pour le meilleur et pour le pire.

L'analyse des contraintes que le milieu physique impose à l'homme offre maints sujets de réflexions sur la nature de nos sociétés elles-mêmes. Je tiens, personnellement, pour assurés deux faits. L'un est que l'intérêt commun d'une société étendue, telles que nos nations, *n'est pas* la somme des intérêts particuliers de ses membres. L'autre est que le sillage que laisse un peuple dans la « longue durée » de l'histoire *n'est pas* la somme des satisfactions que chaque génération aura su donner à ses appétits du moment.

Tirer des leçons de ces relations « planète habitée/climat » est affaire de « savoir-faire ». Affaire de « savoir » tout court. Affaire aussi d'imagination. N'est-ce pas un mathématicien — et non des moindres — qui affirmait que l'imagination jouait un grand rôle dans l'entreprise scientifique ?*. Il en faut à nos chercheurs, certes. Il en faut à nos législateurs, à nos juristes, à nos diplomates pour que les cadres juridiques dans lesquels nos recherches sont appelées à se développer soient les mieux adaptés aux nécessités des grands champs spatiaux et de la longue durée.

La Salle les Alpes,
mai 1981 — novembre 1987.

* Thom R., *Paraboles et catastrophes,* Paris, 1983, p. 77.

NOTES

Chapitre 1

1. Les citations ont été faites d'après des extraits du *Journal*... faits par C. Moreau et regroupant les seuls faits d'intérêt climatique. Certaines formes du texte ont été « modernisées », et les dates, données dans l'original en calendrier julien, ont été transposées en calendrier grégorien. Voir bibliogr. Moreau C., 1952.

2. Je cite les lettres de Madame de Sévigné d'après l'étude qui en a été faite par P. de Martin (*La Météorologie,* 1972).

3. La *séquence* pluvieuse désigne, de façon stricte, une série de jours pluvieux consécutifs. Ces séquences sont définies en fonction d'un *seuil,* qui est généralement soit de 0.1 mm, soit pour certaines applications de 1 mm/24 h. A Paris, la plus longue séquence pluvieuse (au seuil de 0.1 mm) a été de 29 jours. Elle remonte à 1878 (18 octobre — 15 novembre) ; la seconde (février 1977) n'en comptant plus que 23, etc. Les valeurs s'effondrent rapidement dans la moitié sud du pays : record de 12 jours seulement à Marseille-Observatoire (11 au 22 janvier 1897).
On est amené à considérer également les séquences de jours *sans précipitations.* Exemple ci-dessous, chap. 4, p. 76.

4. Renseignements aimablement réunis à mon intention par Monsieur Ph. Rosset, Directeur des services d'archives des Pyrénées Orientales.

5. Deux types de conditions sont notamment à prendre en compte. D'une part la masse d'eau ayant saturé le sous-sol et surchargé les nappes au cours d'épisodes *longs* préalables : avant la catastrophe du Plateau d'Assy, les précipitations de 1970 avaient pu ainsi, en Savoie, dépasser le triple de leurs « normales » dès le mois de février et se maintenir ensuite jusqu'à la fin d'avril à un coefficient de 2,5. Plus anciennement, le glissement de terrain de La Roquebillière du 1er décembre 1926 avait fait suite à des précipitations de novembre ayant dépassé les records jusque-là établis pour les Alpes Maritimes. Mais, dans d'autres cas, l'attention est surtout attirée par la violence des précipitations ayant précédé *immédiatement* la catastrophe : exemple à Menton, en 1952, où le glissement de terrain du Val de Careï (nuit du 24 au 25 avril) avait été précédé de 296 mm de précipitations en 48 heures. Ces deux conditions peuvent bien entendu être cumulatives, et non exclusives.

6. Y. Lequin emploie le mot de « catastrophe » pour la rupture d'une digue survenue le

4 juin à La Chapelle-sur-Loire : d'un recensement à l'autre la population de ce bourg chuta de 3 200 à 249 habitants (Delumeau J., Lequin Y. et coll. *Les Malheurs des Temps.* Paris, Larousse, 1987).

7. C'est en Russie que la sécheresse de 1921 atteignit son intensité maximale. Les proportions qu'elle y prit légitiment le développement que j'y consacrerai plus loin (chap. 8, p. 177).

8. On me permettra de rappeler ici que Maurice Pardé, Professeur à l'Université et à l'École des Ingénieurs hydrauliciens de Grenoble, eut son fils aîné fusillé par les Allemands (Maquis de l'Oisans), précision qui souligne singulièrement l'objectivité et la portée de ce jugement de notre Maître.

9. Deux ans plus tard, l'automne 1978 devait donner lieu à une nouvelle alerte à la sécheresse. La pluviosité d'octobre ou de novembre fut, en certaines régions, pratiquement nulle. Mais les dégâts agricoles furent limités du fait de la brièveté de l'anomalie et celle-ci passa quasiment inaperçue des médias parce qu'à l'époque de la « rentrée » le temps n'est plus perçu comme une réalité par le citadin. Remarque similaire sur la sécheresse du Sud-Ouest de la France en septembre 1985.

Chapitre 2

10. A ceci près que l'évaporation sur une surface entièrement couverte d'eau n'est pas identique à celle qui s'effectue sur un sol recouvert de végétation ou de culture. J'y reviendrai ci-dessous (chap. 3, p. 53 et note 18).

11. On estime aujourd'hui les précipitations moyennes annuelles à près de 1 100 mm sur l'ensemble des océans et des mers contre 700 mm sur les continents. Le score de ceux-ci est affaibli par la présence, non seulement des grands déserts, mais de l'Antarctique, masse de glace héritée d'un autre âge qui ne reçoit presque plus de neige. Sur les secteurs équatoriaux des océans, on avance par contre des hauteurs de 1 300 à 1 500 mm, égales à ce qui tombe en France *sur nos montagnes.*

12. Les inversions qui sont parfois constatées entre le Puy-de-Dôme et Clermont-Ferrand découlent bien, elles aussi, des inégales densités de masses d'air, liées elles-mêmes à leur différence de température. Mais leur origine est liée à la météorologie dynamique : l'air plus chaud d'une dépression atteint le sommet alors que la plaine est encore recouverte de placages d'air froid.

13. Dans les années 30 un botaniste de renom, Henri Gaussen, établit des cartes d'*isohyètes* (lignes joignant les points d'égales pluviosité annuelles moyennes) sur lesquelles, en montagne, le tracé était littéralement calqué sur le relief. Cette façon de faire, entre autres erreurs, exagérait la pluviosité des massifs proches de la frontière franco-italienne par rapport à celle des Préalpes.

14. « Aucun péché... à user de l'astrologie pour prévoir des effets d'ordre temporel : tempête ou beau temps... abondance ou stérilité des récoltes et tout ce qui, semblablement, dépend de causes corporelles ou naturelles... Les cultivateurs sèment et moissonnent à des époques déterminées qu'on fixe selon le mouvement du soleil... (mais) ce qui dépend de la volonté de l'homme, telles nos œuvres humaines, n'est subordonné aux astres par aucun lien nécessaire... C'est un péché grave d'user d'astrologie pour connaître ce qui dépend de

la « volonté humaine » (Saint-Thomas d'Aquin, *Lettre au Frère Réginald sur ce qui est permis en fait d'astrologie*).

Ce texte curieux n'était pas passé inaperçu de certains météorologues. Il est cité (en notes) par J. Sanson (*La météorologie*, n° 42, 1956). Mais (cas fréquent dans les travaux des Ingénieurs) la référence n'en est pas précisée.

Chapitre 3

15. Au passage, je souligne le caractère relativement récent de l'image actuelle que se fait le citadin de la « Nature ». Celle-ci, pour le romantique, n'était que tempêtes et ouragans. Et le « bronzage » ne faisait certainement pas partie des attributs de la beauté du temps de Lamartine...

16. Pour la France : *Atlas des durées d'insolation,* Arléry, 1961. Plusieurs cartes plus récentes dues à la Météorologie Nationale. *Atlas des durées d'insolation*, C.N.R.S./P.I.R.D.E.S., 1981 et 1982 ; C.N.R.S./P.I.R.S.E.N. (1983).

17. Toulon :
Pourquoi fait-il plus chaud en juillet qu'en décembre ?

(c) : soleil plus haut dans le ciel
(b) : moins de nuages
(a) : jours plus longs

(a) (b) (c)

1,67 × 1,65 × 1,73 = **4,77**

Rapport des énergies solaires
reçues juillet/décembre

On a calculé les rapports juillet/décembre pour les valeurs suivantes :
(a) : *durées d'illumination* (appelées encore : *durées d'insolation potentielle*).
(b) : *rapports d'insolation.*
(c) : *éclairements énergétiques moyens* (unités : W/m^2).

18. Y compris l'« évapotranspiration » qui se fait par l'intermédiaire des végétaux (végétation naturelle ou cultures). Dans l'hypothèse où l'eau peut-être fournie en quantité continue et suffisante l'on aboutit au concept d'« évapotranspiration potentielle » (E.T.P.) : quantité d'eau nécessaire à la transpiration non ralentie d'un végétal couvrant entièrement le sol et alimenté régulièrement en eau (J. Mounier).

19. Une loi physique (loi de Jeffreys) veut que l'évaporation sur une surface d'eau libre croisse comme la racine carrée de la vitesse du vent qui balaye cette surface. La transposition au « terrain » en est très difficile : le vent n'agit pas sur la part de l'évaporation directement liée à la radiation solaire ; il accroît l'évaporation liée à la température de l'air ambiant, mais d'une façon complexe. D'autre part, les « rythmes » de ces deux phénomènes sont différents : on ne peut guère estimer l'évapo(transpi)ration sur des durées aussi brèves que celles qui correspondent aux rafales.

20. Précisons quelques unités employées : la puissance de l'irradiation solaire est généralement rapportée à une unité de surface (par exemple : W · m^{-2}). Le terme exact est la *densité de flux énergétique.* Quant au vent, sa puissance est proportionnelle au carré de sa vitesse. L'unité usuelle est le kilowatt/heure par mètre carré et par an de surface horizontale balayée (kWh · m^{-2} · an^{-1}). Des anémomètres spéciaux font automatiquement cette intégration.

Chapitre 4

21. La formule retenue offre cet avantage, essentiel en climatologie, de permettre d'imaginer qu'il existe des valeurs supérieures, ou inférieures, aux valeurs extrêmes observées.

22. K.-F. Gauss, astronome et mathématicien (1777-1855) se fit connaître par des travaux sur les erreurs (entre 1800 et 1809). Alors que la moyenne arithmétique constitue un *paramètre de position* d'une variable, l'écart type — σ — en est un paramètre de *dispersion* qui s'exprime dans la même unité que la variable elle-même.
Écart type de Samaru : = 16,9 jours.
de Kano : = 16,6 jours.
Quand une variable se « distribue » parfaitement selon la loi de Gauss, cette distribution est entièrement déterminée par la connaissance de sa moyenne et de son écart type.

23. On rapprochera de ces phénomènes plus ou moins « précoces » ou « tardifs » la réalisation, sur une période de temps plus ou moins longue chaque année, de conditions favorables (ou défavorables) à une activité donnée. L'approche statistique en est voisine. Les agronomes parlent ainsi de *jours disponibles* pour une activité déterminée (labours, semailles, récoltes). Le nombre de « jours disponibles » pour le semis des céréales de printemps en Champagne du Sud de 1948 à 1968 a varié ainsi de 5 (en 1951) à 25 (en 1958-Reboul). On conçoit tout l'intérêt de la connaissance des lois de distribution de telles valeurs pour déterminer à moyen terme la rentabilité d'une exploitation.

24. A Paris-Montsouris, et pour la même période de référence, les valeurs extrêmes ont été de 270 mm (1921) et de 880 mm (1965), soit dans un rapport de 1 à 3.2. On doit garder à l'esprit, par ailleurs, qu'en zone intertropicale l'évapotranspiration plus intense aggrave l'insuffisance des pluies. Les distorsions de la pluviométrie sont des *indices*, mais qui ne rendent jamais compte des distorsions biologiques et économiques effectives.

25. Le concept mis en œuvre ici a été généralisé à d'autres nombres que dix. On appelle généralement *quantiles* tout ensemble de termes divisant une distribution classée en parties contenant un certain pourcentage de l'effectif total.
Les *quartiles* (valeurs divisant la distribution en quatre parties égales) sont peu usités en climatologie.

26. Les bornes ne sont pas nécessairement équidistantes sur l'axe des abscisses. Sous sa forme la plus générale, la définition de l'histogramme est que la *surface* de chacun de ses éléments (les rectangles) soit proportionnelle à l'effectif de la classe concernée. La grandeur portée sur l'axe des ordonnées est dès lors le quotient de l'effectif d'une classe par son intervalle. C'est la *densité d'occurrence*, qui permet une bonne visualisation de la « classe modale ». Quand l'effectif total de la série étudiée devient très grand, on peut assimiler mathématiquement une densité d'occurrence à une *densité de probabilité.*

27. La distribution des températures est pratiquement gaussienne pour tous les « pas de temps ». Les totaux pluviométriques mensuels ou saisonniers s'ajustent, dans la plupart des

pays et pour la plupart des saisons à une loi gamma incomplète. La distribution de la totalité des pluies journalières non nulles (ou, plus généralement, des précipitations journalières dépassant un seuil donné) s'ajustent à une loi de Galton (Péguy et Mounier, *Ann. de Géogr.* 1968). La distribution des précipitations maximales en 24 heures recueillies dans une année s'ajuste à une loi de Gumbel : c'est au coefficient angulaire de la droite de Gumbel appliquée à cette distribution précise que les ingénieurs de l'E.D.F. ont donné le nom de *Gradex*, accepté dans la communauté scientifique internationale.

28. L'approche du concept de persistance a été généralement faite par assimilation à des tirages de « boules » dans une urne contenant des boules de deux couleurs et par l'examen de la probabilité de voir une boule d'une même couleur sortir 2, 3, ..., n fois de suite consécutivement.

Dans le cas le plus simple (*modèle de Bernouilli)*, chaque boule tirée est remise dans l'urne avant le tirage suivant. La persistance reste alors constante. La probabilité de voir une séquence de N jours durer N + ΔN jours est divisée chaque fois par une constante : $p^{\Delta N}$.

Un « modèle » plus élaboré, dû à *Polya*, consiste, à chaque tirage, à remettre dans l'urne, outre la boule tirée, un nombre fixé D de boules *de la même couleur.* (On peut aussi prendre D négatif : c'est-à-dire mettre dans l'urne des boules de la couleur opposée à celle de la boule sortie. Il est évident que dans ce cas les séquences, loin d'être favorisées, tendront à « tourner court ».) Dans tous les cas, quand un tirage fait enfin apparaître une boule de couleur opposée à la précédente, on « repart à zéro » en restaurant la composition initiale de l'urne.

La *chaîne de Markov* est un modèle qui prend en compte l'influence du passé sur le présent avec divers degrés possibles de complexité. La chaîne de Markov d'« ordre 1 » fait dépendre la probabilité d'occurrence de l'état d'un jour uniquement de l'état du jour J-1 : on se retrouve dans le cas du modèle de Bernouilli, avec une persistance constante. Mais Markov imagina des chaînes d'ordre supérieur où l'état de chaque jour pouvait dépendre de celui des deux, voire des trois précédents (J-1, J-2, J-3..), modèles qu'il appela chaînes d'ordre 2, 3, etc. L'hypothèse que la probabilité qu'un jour soit sec (ou pluvieux) tienne ainsi compte de ce qui se passait, non seulement la veille, mais les deux ou trois jours précédents mène rapidement à des calculs complexes... d'autant plus que ces deux ou trois jours se trouvent déjà avoir été liés entre eux par l'hypothèse en question.

Plus récente est la modélisation de telles séquences par la *loi binomiale négative translatée* (B.N.T.) (E. Galloy ; A. Lebreton ; S. Martin). J'indique simplement ici que ce modèle implique l'établissement de deux paramètres, qui se sont révélés très « descriptifs », l'un est lié directement à la durée moyenne des séquences, l'autre rend compte du fait que la persistance tend à augmenter, ou au contraire à s'affaiblir, avec l'allongement de la séquence. C'est cette propriété qui donne au modèle une grande souplesse et une meilleure adéquation à l'estimation des fréquences des séquences très longues (les sécheresses).

Les *séquences pluvieuses*, nettement plus courtes, (en France), n'ont pas fait l'objet de recherches aussi développées. On a signalé ci-dessus (note 3) quelques valeurs atteintes en France.

28 bis. Dans les pays en voie de développement, cette méconnaissance de la variabilité du climat peut conduire à des surinvestissements désastreux. Au Bénin, un complexe textile avait été ainsi mis en service en 1975. Une péjoration du climat dans les années suivantes, et la chute consécutive de la production cotonnière eut cette conséquence que la production de l'usine resta *huit années consécutives* sans jamais dépasser le tiers de sa capacité (M. Boko, 1988).

29. La fonction gamma incomplète, que je n'ai pu évoquer autrement que dans une note (27), est la loi de distribution classique des totaux pluviométriques mensuels, ou plurimensuels.

Chapitre 5

30. Erreur commise notoirement par Fernand Braudel qui titre (*L'identité de la France*, t. 1, p. 53) « Microclimats et micromilieux » un développement concernant en fait les climats *locaux.* F.B. cite à cette occasion Max Sorre, mais en commettant un véritable contre-sens sur ce qu'avait écrit l'auteur des *Fondements biologiques*.

31. La très faible humidité relative de cet air « descendant » (une quinzaine de points en-dessous de ce qu'elle serait en conditions moyennes) est une des caractéristique majeures du föhn et oblige, entre autres, à faire preuve d'une vigilance extrême en matière de prévention contre l'incendie.

32. La médaille a son revers, sur le plan de la *micro-climatologie*, du moins en montagne méditéranéenne : les sols d'adret, trop ensoleillés, y sont menacés l'été et l'automne, de déficit en eau tandis que les versants exposés au nord sont « un domaine privilégié de la forêt dense » (A. Douguédroit, 1974).

33. C.N.R.S. (*E.R.* n° 30, « Environnement climatique : statistiques, modélisation, cartographie »), *Carte climatique détaillée de la France au 1/250 000.* Gap et Paris (Orphrys). 11 coupures parues, coupures au 1/500 000 en préparation. Voir : Péguy Ch.-P., Mounier J., Douguédroit A. « Cartographie et modélisation du climat de la France ». *Ann. de géogr.* n° 511 (1984) p. 204-217.

34. L'accroissement récent de la vitesse de relèvement du niveau des océans a une origine complexe, et est en partie apparente. Nous avons aujourd'hui des mesures portant sur le globe entier, tandis que celles du siècle dernier se trouvaient localisées sur des portions de littoraux ayant une tendance à la « subsidence » (affaissement du socle continental). Or l'on ne mesure que la différence entre mouvements de l'océan et mouvement du socle.
De leur côté, les géologues nous apprennent que depuis le maximum de la dernière glaciation quaternaire le niveau des mers s'est relevé d'environ 120 m, ce qui conduirait à un relèvement moyen de l'ordre de 6 mm/an — près du double de la vitesse actuelle et ceci malgré l'accélération constatée depuis 1950. Une fois de plus, nous sommes en face d'un calcul sans signification. La moitié de ce relèvement postérieur à la dernière glaciation s'est effectué en *moins du cinquième du temps.* Les siècles de relèvement rapide ont comporté deux « pointes » distinctes au cours desquelles la valeur a pu s'en élever à 30 mm/an, soit *trois mètres par siècle*, rythme correspondant à une fusion de 3 600 $km^3 an^{-1}$ (Labeyrie).

35. On peut soit chercher à définir des périodes pour lesquelles deux stations présenteraient entre elles, *globalement*, les plus fortes anomalies de caractères opposés (c'est le cas ici) — soit déterminer les périodes au cours desquelles les précipitations ont *d'années en années* présenté une tendance à varier, soit dans le même sens, soit en sens contraire : techniques de calcul différentes ayant chacune leur but, et n'aboutissant pas aux mêmes résultats.

36. On peut pratiquement toujours appliquer à une série de valeurs numériques les formules permettant le calcul de paramètres descriptifs (certaines citées au chapitre précédent). Mais encore faut-il se préoccuper de la *signification* des résultats obtenus. Pour le lecteur statisticien, je préciserai que le coefficient de corrélation calculé sur la dérive, à Calcutta, est voisin de 0.

37. L'origine de ces eaux froides côtières est à la vérité *double.* Il y a, d'une part, ces courants marins venus des latitudes plus élevées (donc, de milieux plus froids) pour se diriger vers la zone équatoriale : courants de Californie et des Canaries dans notre hémisphère ; courant de Benguela dans l'Atlantique Sud le long de la côte africaine ; courant de Hum-

boldt, ou du Pérou, dans le Pacifique Sud. Ces courants sont autant de branches de la circulation océanique générale — un « tout » cohérent pour lequel je ne puis que renvoyer le lecteur curieux aux manuels (notamment : Guilchen A., 1979). Le courant des Canaries constitue ainsi, en schématisant, la branche « de retour » du Gulf Stream.

Mais ces courants froids (à l'évocation desquels se bornent souvent les ouvrages élémentaires) constituent une explication insuffisante : ils ne « collent » pas, en effet, aux rivages, mais tendent au contraire à être rejetés au large. Ceci pour deux raisons : (i). *l'effet mécanique de la rotation de la Terre* (dit « force de Coriolis ») dont on s'aperçoit, en examinant un planisphère que son effet est, dans tous les cas de figure, de dévier le courant de façon à l'écarter du continent voisin ; (ii). les *alizés* dans la plupart des cas soufflent parallèlement à la côte, mais ils ne « poussent » pas l'eau devant eux : toujours en raison de la déviation de Coriolis ils contribuent puissamment, eux-aussi, à repousser les eaux de surface vers le large.

Alors ? Ce refoulement vers le large des eaux froides que les courants avaient apportées entraîne pour effet... une lente remontée d'eaux profondes. Tout aussi froides. Peut-être plus. Car, dans l'océan, la température de l'eau diminue régulièrement avec la profondeur, tout simplement parce que les eaux froides (au moins jusqu'à + 4° C) sont plus denses. A ce mécanisme très général, les océanographes, qui n'ont guère jamais usé d'autre langue que l'anglais, donnent le nom d'*upwelling*.

38. Le terme paraît avoir été à l'origine spécifiquement nautique (« Corriente del Niño »). C'est postérieurement à 1920 qu'il désigne le fait catastrophique dont on garde le souvenir. Pour dénommer l'ensemble du phénomène physique, quelle que soit son ampleur, les services concernés ont créé le sigle « E.N.S.O. » *(El Niño Southern Oscillation)* et les auteurs américains emploient, pour les années non catastrophiques, l'expression d'« aborted Niño ».

39. A la suite du désastre que constitua le Niño de 1972 pour les industries de la pêche, les pêcheries d'anchois furent nationalisées par le gouvernement nationaliste du général Velasco Alvarado. Dix ans plus tard, le mauvais état social de l'Altiplano avait entraîné la formation de foyers insurrectionnels.

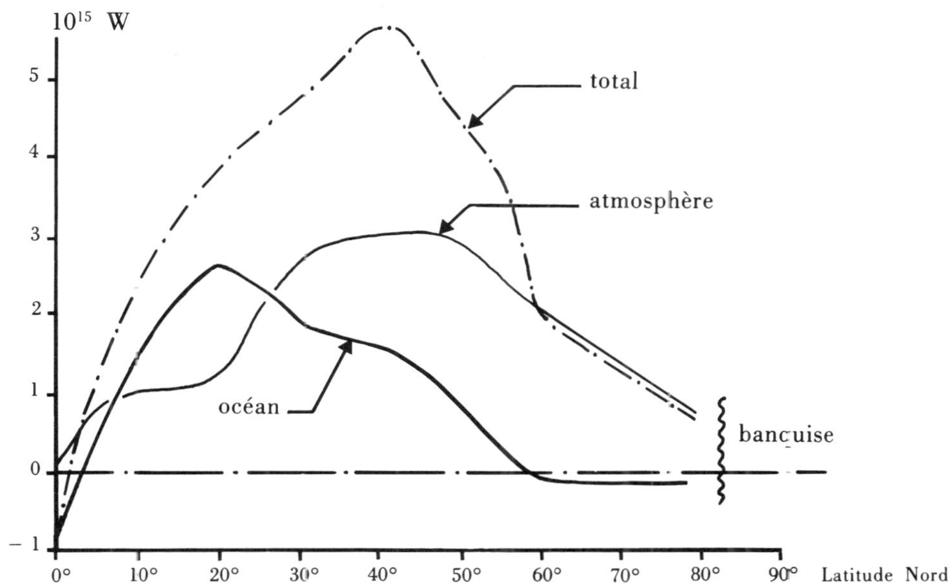

Fig. 12. (note 40) — *Composantes méridiennes des transferts océaniques et atmosphériques* (d'après J. Merle).

40. Les deux courbes de transfert méridien de l'énergie par l'atmosphère et par l'océan ne se superposent pas, mais se relaient. Je les reproduis ici d'après J. Merle. Les transferts d'énergie par l'atmosphère sont maximaux entre les 30° et 60° latitude Nord. Les transferts océaniques sont maximaux dès le 20° latitude Nord pour tomber très vite et s'annuler au delà du 60° latitude Nord.

41. A Tahïti toutefois le cyclone « Veena » du 12 avril 1983 endommagea plus ou moins gravement près de 6 000 immeubles. Mais rien dans cette séquence de cyclones concentrés en une seule saison qui rappelle les pertes en hommes de 1878, 1903 et 1906 (517 morts en 1903 en comptant les équipages des navires). Gain considérable rendu évidemment possible par les progrès de la prévision.

42. Le S.O.I. est calculé sur des pressions moyennes mensuelles, corrigées mois par mois comme il a été dit dans le texte. La différence « pression Tahïti-pression Darwin » est dans la plupart des traitements moyennée sur cinq mois consécutifs (« moyennes mobiles »).

Chapitre 6

43. Très schématiquement, et en se bornant à une description purement géométrique, on peut dire que trois groupes d'hypothèses ont été avancées : (i). une variation en latitude des différents flux entre lesquels se décompose la circulation générale ; (ii). le caractère plus ou moins sinueux de celle-ci, les « méandres » pouvant dégénérer en des tronçons de circulation « méridienne » tranchant avec la circulation « zonale » ; (iii). un déplacement, enfin, du « pôle de circulation » autour duquel se fait la rotation du flux d'ouest et qui n'a aucune (?) raison de se trouver localisé au pôle géographique.

44. Ce n'est pas le lieu de s'attarder ici sur les voyages des Normands en Amérique du Nord — l'énigmatique *Vinland.* Leur certitude est acquise, et les spécialistes admettent qu'ils ont été vraisemblablement effectués par des itinéraires très septentrionaux (Terre de Baffin ?). Mise au point déjà ancienne, mais très accessible : A. Adams, 1967. On peut toutefois retenir des vieilles sagas qu'elles placent ces voyages très tôt après la découverte du Groënland lui-même comme si les navigateurs avaient profité de conditions climatiques et nautiques tout à fait exceptionnelles.

45. L'historien du Proche et de l'Extrême-Orient est, en matière de sources, plus favorisé que celui de nos pays. Pour le Nil les hauteurs des hautes eaux et des étiages sont connues (avec des lacunes) depuis 822. Et en Chine, ce sont de véritables séries pluviométriques qui ont pu être reconstituées depuis 1470.

46. Je dois encore au minimum préciser qu'un arbre est (ou a été) un « individu » biologique qui a connu des périodes de croissance, de maturité, de sénilité. Même s'il avait vécu au cours d'un climat parfaitement régulier, ses « cernes » ne seraient pas égaux entre eux. Le dendroclimatologue « corrige » en conséquence les données brutes qu'il traite. Je donne cette précision pour montrer sur un cas « simple » que toutes ces techniques de « datations absolues » (je n'ai pas parlé de celles qui reposent sur les faibles radioactivités) sont d'un maniement toujours délicat.

47. Le souvenir de cette vieille colonisation, toute embellie de mystère, devait rester un sujet de fierté jusqu'à nos jours pour tous les Scandinaves.
Plusieurs tentatives furent faites pour retrouver des survivants (et leur porter la parole de Luther, une fois les Scandinaves convertis à celle-ci !). Le Groënland devait être ainsi redécouvert par un pasteur, Hans Hegede, parti en 1721 avec sa femme et ses quatre enfants...

Il ne se doutait pas qu'il allait devenir le créateur du Groënland moderne. Sur place, il trouva les Inuits (eskimos) et s'en fit l'apôtre, consacrant sa vie à des populations jusque-là totalement inconnues des Européens.

48. La *phénologie* est l'étude des *dates* auxquelles surviennent (φαίνομαν, se montrer) des phénomènes biologiques cycliques : floraison d'une espèce végétale donnée, déplacements des oiseaux migrateurs, etc. Les mêmes méthodes d'étude peuvent être appliquées à des phénomènes physiques, tels que le gel. Voir ce qui avait été indiqué ci-dessus (chap. 4) « phénomènes précoces, phénomènes tardifs ».

49. On voit d'emblée l'intérêt qu'il y aurait à appliquer ces méthodes, non plus à des plantes cultivées et commercialisées, mais par exemple à des plantes ornementales. Malheureusement, c'est depuis 1874 seulement que l'on dispose pour Paris-Parc Saint-Maur de dates de floraison du marronnier, de l'accacia et de quelques autres. Là encore, le Japon nous avait précédé, et de plus de dix siècles : l'Empereur donnait en effet une réception dans un parc, à Kyoto, dès que les cerisiers y étaient en fleurs: les dates nous en sont connues depuis le début du *neuvième* siècle (chez nous, les petits-fils de Charlemagne !) (Arakawa H., 1955).

50. Se reporter notamment dans l'ouvrage de Le Roy Ladurie, 1983, t. I, fig. 6, p. 66-67, (1e édition ; p. 50-51). On y notera en particulier qu'en 1675 les vendanges eurent lieu presque partout en France en *novembre* seulement. Cette année 1675 n'est pas pour nous une inconnue : nous y avons vu (chap. 1, p. 20) la châsse de Sainte-Geneviève être menée en procession à travers Paris pour y obtenir l'arrêt des pluies, et c'est la même année qu'en juillet Madame de Sévigné avait écrit à sa fille sa crainte que « le procédé du Soleil et des saisons ne fut changé ».

51. Il faut bien préciser que la phénologie a pour objet l'étude des *dates d'apparition* d'un phénomène. Mathématiquement, les dates sont la « variable ». Des documents plus nombreux font état, soit du volume d'une récolte (céréales), soit des prix de celle-ci. Certains historiens ont tenté d'établir directement des relations production/climat, ou prix/climat, beaucoup plus difficiles à cerner en raison de la multiplicité des facteurs en jeu. Sur le plan méthodologique, ces recherches doivent être soigneusement distinguées de la phénologie.

52. « J'ai pris pour principe que l'historien devait d'abord collecter des données documentaires... sur le passé purement physique du climat. Quant à l'étude des conséquences humaines, elles ne devraient intervenir que dans une seconde phase de la recherche... tout-à-fait distincte de la première, et nullement indispensable à celle-ci » (Le Roy Ladurie, 1983, t. 1, p. 145).

53. La Chine, l'U.R.S.S., puis les U.S.A. viennent en tête des états pour ce « potentiel hydroélectrique équipable ». Si l'on considère les *bassins fluviaux*, le Zaïre et le Brahmapoutre possèdent à eux deux le huitième du potentiel mondial (un projet chinois envisage de « couper » la boucle du Brahmapoutre par un tunnel sous l'extrémité orientale de l'Himalaya).

Chapitre 7

54. La glaciologie est une branche de la « physique du globe » devenue en fait une science autonome. L'intiateur en a été en France Louis Lliboutry qui créa un laboratoire à Grenoble (C.N.R.S.). L'ensemble de l'eau solide à la surface du globe est appelée parfois *cryos-*

phère : la plus grande partie en est constituée, en volume, par les deux inlandsis de l'Antarctique et du Groënland,

55. Telle qu'elle a été conçue par A. Cailleux à l'issue de sa participation à la première des « Expéditions polaires françaises » (P.A. Victor), la théorie de l'*autocatalyse d'altitude* suppose : (i). l'existence, sur l'emplacement du futur inlandsis, d'un socle rocheux *bordé de reliefs*, (ii). l'apparition d'un ensemble de circonstances climatiques (précipitations et températures) favorables à l'englacement, et dont l'action se fasse d'abord sentir sur ces reliefs périphériques. Les glaciers apparus sur les montagnes (type « alpin ») s'étalent sur le plateau intérieur (type « alaskien ») et deviennent coalescents. Faute d'un exutoire suffisant, la glace emprisonnée sur le plateau devient convexe et finit par y former un dôme d'une altitude suffisante pour constituer un nouveau noyau d'alimentation. « Par sa localisation et les conditions de son accroissement, l'inlandsis serait essentiellement une forme de piémont » (Cailleux A., 1952, p. 14).

56. A certaines périodes du Quaternaire, l'Océan arctique s'est trouvé libre de glaces. H. Flönh estime que dans de telles conditions l'équateur météorologique se situait en moyenne aux environs de 9° —10° latitude Nord, soit 4° plus au nord que sa position moyenne actuelle. D'où un déplacement des zones tropicales humides au détriment, par exemple, de ce qui est aujourd'hui le *Noroeste* brésilien.

57. Sur le plan théorique, le processus d'autorégulation peut être conçu selon deux types : (i). ou bien il *élimine* les perturbations éventuelles susceptibles de modifier l'état initial ; (ii). ou bien il introduit des *perturbations compensatrices* contrebalançant (quelquefois avec un certain temps de retard) l'effet des perturbations primaires, mais sans supprimer celles-ci. Distinction bien établie par J.-L. Le Moigne (1977, p. 156). Cette seconde modalité implique l'existence d'une « mémoire ». L. Lliboutry l'a clairement démontré dans le cas des glaciers dont les auto-oscillations exigent (1965, p. 911) : (i). des rétroactions positives renforçant, dans un premier temps, les oscillations aléatoires du système. (ii). une, ou plusieurs, rétroactions négatives assurant ensuite le retour à l'équilibre, avec le déphasage lié à la mémoire.

58. Nous sommes maintenant en possession d'éléments suffisants pour définir très sommairement les différents termes en usage chez les « systémistes ».

On définit d'abord avec netteté les *frontières* du système étudié. A l'extérieur de celles-ci, les *entrées*, qui vont conditionner le système à l'amont, et les *sorties* qui, pour nous, représenteront les résultats visibles sur la planète du fonctionnement du système (on dit quelquefois « intrants » et « extrants »).

A l'intérieur du système, on use d'un schéma où des *lignes de flux* représentent le parcours, entre les diverses équations du système, soit de matière (ou d'énergie), soit d'information.

Le lecteur intéressé se rapportera à des ouvrages spécialisés : production anglo-saxonne abondante, peu de traductions, dont : J.-W. Forrester, *Principe des systèmes*, Lyon, 1980. Ma figure 9 s'inspire fortement des concepts et des graphismes mis au point par cet auteur. L'analyse gagne en finesse par rapport au graphisme, plus sommaire, de la figure 8.

59. « L'alternance de deux types de circulation introduirait l'histoire elle-même une unité plus générale encore. En effet, dans cette perspective, les « variations d'une semaine à l'autre » paraissent bien être de même nature que les oscillations géologiques, climatiques, séculaires. Entre ces épisodes de durée diverse, il y a une différence d'échelle, d'amplitude, de fréquence, mais *pas de différence de nature* » (Le Roy Ladurie, 1967, p. 282 ; je cite à dessein la *première édition*).

60. L'altitude actuelle du Tchad oscille autour de 282 m. Des morphologues avaient cru,

jadis, reconnaître les vestiges d'un ancien rivage à la cote 320 m, ce qui aurait conduit à donner au *Paléotchad* des allures de véritable mer intérieure. Des recherches géophysiques récentes (O.R.S.T.O.M., Niamey) ont démontré l'existence d'une « néotectonique » active qui interdit cette interprétation et conduit à penser que le Tchad, lors de sa dernière extension, n'a pas dû avoir une profondeur dépassant la douzaine de mètres (Durand A., « Oscillations of Lake Chad over the past 50 000 years. New data and new hypothesis » *Paleography, Paleoclimatology, Paleoecology*, Amsterdam, 39, 1982, p. 57-63).

61. « La dessication des contrées arides tropicales s'accentue... lorsque le volume de glace stocké dans les régions polaires augmente. Or, nous sommes actuellement dans une période de refroidissement qui a commencé il y a 5 000 ans » (Labeyrie J., 1985, p. 121). Ce refroidissement aurait ainsi suivi le « millénaire ensoleillé » de Le Roy Ladurie.

62. En A : *Coupe schématique d'un glacier et de son socle.* En fonction des variations du climat la « ligne d'équilibre » oscille entre les altitudes A et C. Une position intermédiaire peut être occupée, soit au cours d'un *abaissement* de la ligne d'équilibre de C et A (« péjoration » climatique), soit au cours de son *relèvement* de A vers C (« amélioration »).

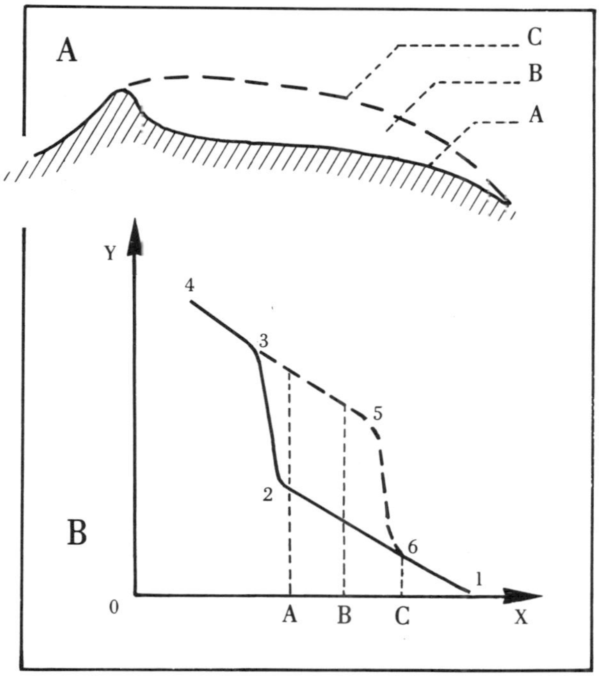

Fig. 13. — *Site de glaciation comportant deux états possibles d'équilibre* (d'après L. Lliboutry).

En B : En abscisses, altitude de la ligne d'équilibre ; en ordonnées, ampleur de la glaciation (mesurée, par exemple, par la surface englacée).

Trait plein : fonction y = f(z) en phase d'*avancée* du glacier.

Tireté : fonction y' = g(z) en phase de *recul* du glacier.

On voit qu'à l'altitude intermédiaire B de la ligne d'équilibre correspondent deux états très différents du glacier selon que l'on se trouve en phase de « péjoration » ou d'« amélioration » climatique.

63. Le mois d'août le plus arrosé a été celui de 1846 avec 121 mm, soit quelques 60 % de plus que la normale. Mais le plus dramatique fut probablement l'existence d'un *répit* qui se produisit en 1847 (38 mm de pluie). Cet été sec, survenant après une séquence de deux étés pourris, provoqua chez les paysans un sursaut qui se manifesta par une extension des emblavures. On laboura des terres qui n'avaient jamais porté de blé jusque-là pour pouvoir rembourser de maigres emprunts, ou se mettre à l'abri pour le futur... Les récoltes de 1848 et 1849 furent désastreuses... Ce phénomène psychologique de « détente » au cours d'une crise longue est assez fréquent dans les économies à structures simples. Cette détente (ou ce répit) entraîne une rétroaction négative qui n'a pas été portée sur le diagramme.

64. On estime actuellement, par exemple, que les nappes de la Crau, dont l'importance économique est considérable, sont rechargées pour moitié par des processus naturels (infiltrations dans les lits du Rhône et de la Durance) et pour moitié par les colatures de l'irrigation traditionnelle effectuée en amont. Deux dangers menacent ces nappes : le développement par les agriculteurs, en amont, de l'irrigation par aspersion. Le développement de l'urbanisation, au détriment de banlieues proches où l'irrigation « à l'ancienne » était en général restée la règle ; Avignon : surface bâtie en 1942 : 725 ha ; en 1970 : 1 250 ha (d'après Jean M. et Toni C. *in « Journées de l'Hydraulique », Paris, 1974, Communication* III. 8).

Chapitre 8

65. C'est ce que les économistes appellent « la formation brute du capital fixe » (F.B.C.F. d'un pays). Cet exemple me paraît bien montrer comment notre comptabilité nationale ignore la spécificité des phénomènes naturels.

66. Dans le cas de ces « glacières » (comme des petits glaciers subaériens) on peut exprimer graphiquement la relation « volume de la glace/conditions favorables à la fusion ». La courbe (fig. 14) admet deux *points critiques* (les « points critiques » sont les points d'une courbe où les tangentes à celle-ci deviennent parallèles à l'axe des ordonnées).

En période de *réchauffement* (ce mot étant employé ici pour désigner l'ensemble des conditions favorables à la fusion), le volume de la glace diminue jusqu'à un seuil A d'abscisse a. Si le réchauffement continuait, il provoquerait une déroute de la masse glaciaire (la « catastrophe ») jusqu'à un point de même abscisse a, mais situé sur la branche *inférieure* de la courbe.

Dans l'hypothèse d'un *refroidissement* le volume de la glace viendrait à croître. Lentement, d'abord, jusqu'au point critique B d'abscisse b. Au-delà se produirait un gonflement brutal. Mais un volume donné de glace étant plus long à se reconstituer qu'à disparaître, cet accroissement se ferait selon le segment BC. (graphisme inspiré de Thom. R., *Paraboles et catastrophes*, Flammarion, Paris, 1983).

67. L'un des critères pratiques proposés par les agronomes entre beaucoup d'autres. Dans l'exemple cité au chapitre 4 (p. 64) j'avais retenu le seuil de 10 mm tombés en moins de 10 jours. Un excellent exemple du « suivi » des pluies est présenté par J.-Y. Marchal (*Hérodote*, n° 24, 1982, p. 77-82) pour Ouahigouya (Burkina Faso) et l'année 1970 : le total pluviométrique aurait été, à la limite, suffisant *si la répartition en avait été optimale.*

68. La *déficience d'évaporation* est la différence entre l'évaporation potentielle et l'évaporation réelle (E.T.R.) qui se fait grâce aux pluies immmédiatement précédentes et aux dépens aussi de la réserve en eau du sol (R.U.). Celle-ci s'épuise en fonction du temps, selon des lois dans le détail desquelles je ne puis entrer. La valeur E = E.T.P. — E.T.R. représente la quantité d'eau que les plantes « voudraient bien » évapotranspirer (que l'on me pardonne ce langage anthropomorphique !) pour satisfaire aux besoins de leur croissance,

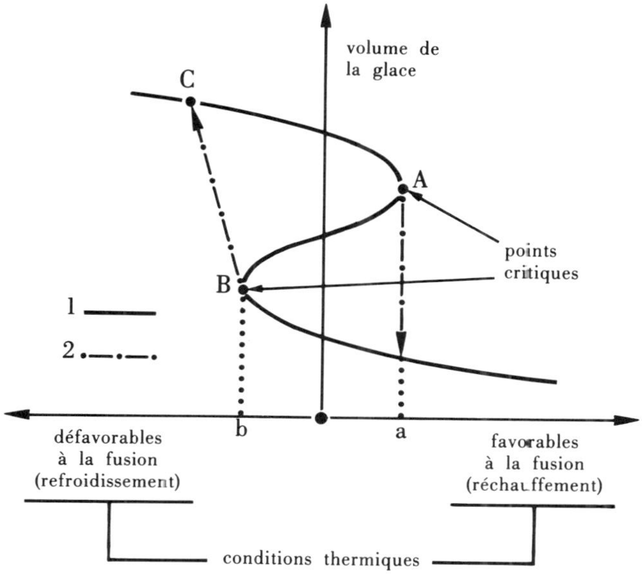

Fig. 14. (note 66) — « *Fonction* » *et* « *catastrophe* » *: un schéma simplifié de relation.*
(1) Relation théorique avec ses deux points critiques.
(2) Relation physique effective.

mais ce qu'elles ne peuvent faire en raison des limites hydriques imposées par leur environnement physique.

69. J. Mounier a été l'un des promoteurs de cette présentation du bilan hydrique en termes fréquentiels. Première représentation graphique *in* Mounier J., 1977, p. 71.
D'autre part, et sur une suggestion du même auteur, les coupures de la *Carte climatique détaillée de la France* (Orphrys éd.) parues depuis 1978 comportent en général un carton exprimant la variabilité interannuelle du bilan hydrique sous la forme d'un damier dont chaque case — correspondant aux mois des années successives — se trouve coloriée selon son degré de sécheresse ou d'humidité.

70. Il serait très tentant d'étudier les fréquences des sécheresses, en n'utilisant que les seules données des pluviomètres. Les séries en sont en effet beaucoup plus longues que celles nécessaires au calcul d'E.T.P. La chose a été réalisée par J. Mounier (1977) pour la Bretagne. Un traitement approprié de la série de Feins (déjà évoquée dans le texte) révèle que 5 années (sur 117) ont présenté des séquences de quatre mois « secs », soit une durée de retour de l'ordre du quart de siècle, tandis que l'occurrence de trois mois secs consécutifs (aux conséquences économiques moins sévères, mais non négligeables) était d'ordre décennal.

71. Nous connissons déjà la série des totaux pluviométriques annuels à Calcutta 1871-1980. La valeur déficiente *exceptionnelle* peut y être fixée au mètre (fréquence séculaire). Mais la « barre » des déficiences annuelles que je qualifierais de *rares* devrait être élevée à 1 200 mm. Si, prises isolément, 9 années (sur 110) offrent en effet des totaux inférieurs, une fois seulement au cours de la série les précipitations sont restées *deux années de suite* en dessous de ce seuil (1891 : 1 168 mm ; 1892 : 1 186 mm).

72. Les prêts en cas de sinistre sont normalement accordés pour 4 ans au taux de 7 %. La durée en est portée à 7 ans et le taux réduit à 6 % *lorsque l'agriculteur a déjà été sinistré l'année précédente* (décret n° 79-824). Peut-être le seul cas où notre réglementation prenne en compte systématiquement le caractère éventuellement répétitif d'intempéries atmosphériques.
On relève toutefois que, postérieurement à ce décret, des conditions plus avantageuses encore ont été proposées sans qu'il y ait eu récurrence du sinistre (sécheresse du Sud-Ouest en octobre 1985).

Chapitre 9

73. Ce terme de *scienza nuova* devait être repris en... 1980 par Edgar Morin, en sous-titre, dans une importante contribution donnée par cet auteur au débat alors ouvert au sujet de l'ordre et du désordre, du déterminisme et de l'« imprécatibilité » (*Débats*, n° 6, p. 116). Grave débat où baigne toute la science contemporaine (et où l'« aléatoire » climatique peut d'ailleurs, à mon sens, apporter une contribution).
Remarquons au passage que ce débat aurait été impensable pour les contemporains de Michelet — dont le temps a été celui d'un scientisme triomphaliste, et tout « laplacien ».

74. Le besoin de « classification » est peut-être davantage encore ressenti en climatologie qu'en toute autre science. Il correspond à *deux* objectifs dont la convergence n'apparaît pas à première vue. On classe des *régions* selon les rythmes qu'y prennent pluies ou températures au fil des saisons. Selon la plus ou moins grande irrégularité que présentent ces météores. Selon leur vulnérabilité aux « catastrophes ». Bref, selon leurs *climats*. Mais on classe aussi des *états de l'atmosphère* selon une date (ou entre deux dates). C'est cette « taxinomie » chronologique qui est examinée ici.

75. Il existe d'autres critères de regroupement que la minimisation de la dispersion. On peut citer l'ajustement à une fonction : c'était le cas des températures en montagne qui diminuent quand l'altitude s'accroît, mais selon (au moins) deux lois distinctes, aux adrets et aux ubacs (cf. chap. 5). On peut aussi faire des regroupements par similitude de structures. Le terme d'*entropie* sert à désigner l'absence de tout ordre, par conjonction d'une dispersion maximale avec l'absence de toute loi, de toute logique interne décelable.
Classer voudra donc dire « regrouper des objets en créant le maximum d'homogénéité (ou d'ordre, donc le minimum d'entropie) à l'intérieur de chacun des groupes résultant du classement et à l'inverse le maximum d'hétérogénéité (ou de désordre, ou d'entropie) dans l'ensemble que l'on constituerait, à l'échelle supérieure, en considérant cette fois chaque groupe comme une entité ».

76. Un historien a prétendu, non sans humour, que l'hiver 1708-1709 avait... sauvé la France ! De nombreux paysans affamés auraient choisi de s'engager dans l'armée et ce renfort d'effectifs aurait facilité la victoire de Denain trois ans plus tard. Belle « boucle » de rétroaction négative !

77. Une formule plus complexe permet de lier la dérive observée sur l'ensemble d'une série à la suite des tendances calculées sur des périodes *strictement consécutives*. Elle exclut tout hiatus, ou tout recouvrement entre les périodes.
On se libérerait de cette contrainte d'« exhaustivité » en adoptant une logique rejetant le principe du « tiers exclus » (c'est le cas dans la théorie des *ensembles flous*). Mais si des ensembles flous spatiaux ont été mis en œuvre par des économistes ou des géographes (Rolland-May, 1981) la théorie n'a pas été appliquée jusqu'ici à ma connaissance à la succession dans le temps des différentes valeurs d'une variable (ou états d'un système). La voie tentera-t-elle un historien d'avant-garde ?

78. « Si nous connaissions exactement les lois de la nature et la situation de l'Univers à l'instant initial, nous pourrions exactement prédire la situation de ce même Univers à un instant ultérieur. Mais, *lors même que les lois naturelles n'auraient plus de secret pour nous, nous ne pourrions connaître la situation initiale qu'approximativement* ». Texte d'autant plus remarquable qu'Henri Poincaré prend ensuite la météorologie elle-même pour exemple : l'un des rares « penseurs » à y avoir songé !

79. Exemple de la différence de nature qui existe entre un *modèle déterministe* et un *modèle statistique* : l'évolution (et la disparition) d'un manteau neigeux en montagne en fonction des conditions atmosphériques ambiantes. Dans le modèle déterministe les variables d'état ont été choisies de façon à permettre une simulation par *enchaînement de processus connus à l'avance* (bilan radiatif à la surface, transfert de chaleur, changements d'état, etc.) (Obled Ch., Rosse B., *Cahiers de l'O.R.S.T.O.M.*, série Hydrologie, 1975 — voir aussi : Kaiser Br., *in B.A.C.F.*, n° 475 (1979)). Dans le modèle statistique, on établit des relations purement empiriques entre le manteau neigeux et quatre paramètres météorologiques disponibles (température mini et maxi de l'air, durée d'insolation, radiation globale) (Risser V., 1979, thèse de Troisième cycle Grenoble ; Risser V., Martin S., *Journal of Climatology*, 1984). Cette seconde méthode, à laquelle on pourrait reprocher son empirisme, a le mérite de conserver sa légitimité même quand les paramètres météorologiques ne sont pas mesurés sur le point même où est observée la fusion de la neige. De plus, elle conduit à hiérarchiser les facteurs en jeu.

80. Nous savons par les analyses des « carottes » de glace forées dans l'Antarctique que la teneur de l'atmosphère en CO_2 n'était que de quelque 200 ppm (partie par million) lors du dernier maximum glaciaire. Il s'est élevé à 270 ppm lors de la déglaciation, valeur qui à des fluctuations naturelles près s'est maintenue jusqu'à la fin de la période pré-industrielle. Teneurs ultérieures : 315 ppm vers 1950, 350 ppm en 1980. On s'approche du *doublement* de ce taux depuis la dernière glaciation ; certains scénarios avancent 500 ppm pour 2050. Or, en l'état actuel des choses, un nouveau doublement pourrait intervenir en *moins d'un siècle et demi.*

81. Exemple très suggestif donné par J.-P. Marchand : la localisation des stations météorologiques irlandaises répond actuellement à d'autres exigences que celles du réseau « colonial » établi par les Anglais. En France, la station de Feins (la « longue série » qui nous a servi de référence pour la sécheresse de 1976) trouve son origine dans le creusement du canal d'Ille et Rance dont on sait que les premières études remontent... au blocus continental. Toujours en France, les Alpes et les Pyrénées doivent à leur équipement en « houille blanche» de posséder une information pluviométrique plus dense et plus homogène que le restant du pays, etc.

82. On doit, à propos de la prévision, évoquer cette distinction faite par les Anglo-saxons entre le *forecast* et le *nowcast.* Le premier terme s'applique à la prévision traditionnelle dont on s'efforce d'allonger l'échéance pour une même fiabilité. Le second à une prévision plus rigoureuse et fine de l'avenir immédiat (4 à 6 heures), qui prend tout son sens en cas d'avertissements à émettre concernant un danger (cyclone, etc.). Le *nowcast* doit comporter une maille spatiale plus fine et être exploitable en temps quasi-réel. Les difficultés concrètes viennent souvent du côté de la diffusion des avis de danger.

Chapitre 10

83. Il s'est trouvé d'autres administrations ayant effectué un « virage » de ce type. C'est le cas du service bien connu de la *Restauration des Terrains en montagne* (R.T.M.). Conçu au siècle dernier avec comme objectif la lutte totale contre l'érosion, il a vu ses activités

réduites à un domaine plus restreint : contribuer à la sécurité des *seules activités humaines* en montagne. Changement radical dans le mode de penser de l'une de nos plus vieilles administrations (Besson L., Les risques naturels, *Rev. de géogr. alpine* 1985/3, pp. 321-334).

84. Tomieu P., « L'enseignement de la météorologie », *La Météorologie*, 1960, pp. 433-441. Mais on doit noter *qu'aucun enseignant* ne serait actuellement en état de fournir à des lycéens une initiation aux Sciences du climat. Le physicien et l'économiste, qualifiés sur un point ou l'autre, n'ont pas les vues générales qui permettraient une synthèse. Quant au géographe, dont le profil théorique conviendraient mieux à l'objectif cherché, son intervention reste très aléatoire : sept sur dix des heures d'enseignement de géographie sont assurées par un personnel dont la formation *géographique* est pratiquement inexistante. Souvent par des historiens qui ont le réflexe paradoxal de reléguer la géographie aux seuls phénomènes « physiques ».

85. On se rappelle que je me suis attaché plus haut (chap. 8, p. 161) aux « calamités agricoles ». Or la loi définit celles-ci comme « une variation anormale d'intensité d'UN agent atmosphérique lorsque les moyens techniques, etc. ». Le législateur n'a pas pris en compte la « concomittance » possible de circonstances qui, prises isolément, n'auraient pas été calamiteuses, mais dont la conjonction mériterait ce qualificatif. Dans un domaine voisin, on ignore trop souvent que la toxicité d'un *mélange* est le plus souvent supérieure à la somme de la toxicité de ses éléments. Cet esprit d'analyse poussé à l'excès qui nous poursuit du lycée à la faculté conduit à de véritables carences conceptuelles.

86. Les objectifs de la Direction de la Météorologie Nationale sont en France, d'après les textes en vigueur, au nombre de six :

1. La connaissance de l'atmosphère.
2. L'exploitation statistique des mesures (climatologie).
3. La prévision du temps.
4. La mise à disposition des renseignements nécessaires aux usagers (presque toujours aujourd'hui à titre onéreux).
5. La formation des personnels civils et militaires spécialisés en météorologie, ainsi que leur perfectionnement.
6. La participation, *avec les autres services intéressés du ministère des Transports*, aux Conférences internationales et à la préparation des textes réglementaires.

Aucun texte ne fait allusion à un quelconque monopole *de jure* dont jouirait la Direction de la Météorologie, sauf bien entendu là où peuvent se trouver impliqués des engagements au niveau gouvernemental, tant vis-à-vis d'autres pays que d'Organisations internationales de droit public.

D'autre part, ces « objectifs » ne font pas état d'une quelconque collaboration statutaire avec des services de l'État relevant d'autres ministères que celui dont relève la Météorologie elle-même.

Or, ceux-ci sont foisons — et le plus souvent des plus utiles. Dépendent ainsi : de l'Institut National de la Recherche agronomique (I.N.R.A.) un *Service d'études des facteurs climatiques de l'Environnement* (S.T.E.F.C.E.) à Montfavet (Vaucluse) ; du Centre d'Études du Machinisme agricole, du Génie Rural des Eaux et des forêts (C.E.M.A.C.R.E.F.) diverses sections, dont une de *nivologie* toute voisine du Centre d'étude de la neige (Météo. nat.) de Saint-Martin d'Hères ; de la Direction de l'Hydraulique Agricole les S.R.A.E., déjà cités. etc.

87. Le lecteur aimera sans doute disposer d'une mise au point sommaire concernant l'état de la prévision en France.

Outre, la mise en œuvre des traitements effectués par le C.E.P.M.M.T. (voir ci-dessus, p. 219), deux « modèles » propres à notre service sont exploités : l'un, hémisphérique, à maille large (environ 150 km — *Émeraude*), l'autre à maille plus fine (environ 35 km — *Péridot*). On sait que les météorologues ont coutume de définir la fiabilité des modèles de prévision par l'écart type des erreurs portant sur l'altitude de la surface 500 mb. De 1977 à 1985 cette valeur s'est trouvée réduite de plus de moitié.

88. Peut-on ajouter que certains de nos collègues de R.F.A. ont pris conscience de la relative faiblesse liée à une décentralisation excessive ? Dans une interview accordée le 3 août 1982, H. Flohn affirme : « il existe actuellement douze départements de météorologie (en R.F.A.) et je pense qu'il serait préférable qu'il n'en existe que quatre ou cinq, comptant chacun quatre ou cinq professeurs » (*Bull. de l'O.M.M.*, vol. 32/3 (1983), p. 205-219). C'est de cette même source que sont extraites les informations biographiques relatives à H.F. dont le texte fait état.

89. Ressources de la Direction de la Météorologie en 1985 : budget : 713 M.F. (1981 : 463 M.F.) ; hors budget : 35 M.F. Soit en tout : 748 M.F.

On doit savoir qu'une partie des obligations internationales de la Météorologie est prise en charge par les Relations Extérieures. Les chiffres ci-dessus ne prennent pas en compte d'autre part les rémunérations des « administratifs », imputées au budget d'une Section commune du ministère.

Le taux d'augmentation des ressources budgétaires de 1981 à 1985 — 11,4 %/an — est certes supérieur à celui de nombreux autres services publics. Mais il faut le commenter avec circonspection. Au début du septennat, un effort de rattrapage était à faire : la loi des finances rectificative de juillet 1981 augmenta ainsi de 55 unités les effectifs des ingénieurs et techniciens. Mais le nombre total des agents, après être passé par un maximum en 1984 (3 631) tend à décroître légèrement. L'insuffisance de la croissance, en crédits et surtout en hommes, faisait écrire en 1986 au Directeur J. Labrousse « l'amélioration de notre savoir-faire... s'est poursuivie en 1985 en dépit des contraintes en personnel et en crédits auxquelles — comme bien d'autres administrations — nous avons dû faire face (*Rapport d'activité* 1985, p. 1). Et il y est question, deux pages plus loin, « des choix souvent épineux qu'il a fallu opérer dans l'ordre des priorités ».

Une grave difficulté conjoncturelle s'était d'autre part présentée du fait de l'abandon, auquel la Météorologie Nationale a été contrainte d'un projet remontant à 1972 et visant à transférer des services de la région parisienne à Toulouse-Le Mirail. Abandon fort inopportun car l'une des quatre tranches prévues était déjà construite, ce qui est revenu à « couper en deux » notre Météorologie Nationale (l'École, et une partie des services de recherche étant implantées à Toulouse).

90. Six autres « Programmes » sont en cours à l'O.M.M. pour la période 1988-1991.

1. Un *Programme de Recherche et de Développement* (prévisions à toutes échéances, météorologie tropicale, environnement, physique des nuages et modifications artificielles du temps. Les relations « océan/atmosphère », dont l'importance a été soulignée dans cet ouvrage, s'y inscrivent). — 2. Un *Programmme des Applications météorologiques* (trois branches : agricoles, aéronautiques et maritimes). — 3. Un *Programme d'hydrologie et de mise en œuvre des ressources en eau* — 4. Un *Programme d'Enseignement et de formation professionnelle* — 5. Un *Programme de coopération technique* (qui tire sa spécificité de ses liens avec le « Programme des Nations-Unie pour le Développement ») — 6. Un *Programme* tout récent qui s'attache à certains *problèmes « régionaux »*, dont par exemple l'Antarctique. Ainsi ce continent, pour lequel des problèmes d'« applications » ne se posent pratiquement pas, se voit-il reconnaître une place éminente sur le plan des grands équilibres planétaires.

90 bis. La répartition des contributions de chaque état membre est faite, pour moitié, selon un barême établi par l'O.N.U., pour moitié selon un barême que l'O.M.M. fixe elle-même à chacun de ses Congrès.

Cette « participation aux frais » est, comme dans tous les organismes internationaux, très hétérométrique et dissymétrique. Les États-Unis y contribuent à eux seuls pour près de 25 %. Mais *la moitié des membres* — 80 sur 160 — *ne fournissent à eux tous que 2,5 % du financement !* Les plus petites contributions tombent à quelque *deux dix-millièmes* du budget.

91. Je n'ignore pas que certains lecteurs trouveront encore maigre ce nombre des « États souverains », membres de l'O.N.U. et de ses *Agences*. Ni Lithuanie, ni Arménie, ni Kurdis-

tan. Ni Pays Basques. Cela sera sans doute l'un des plus difficiles problèmes posés à l'*imagination* des législateurs du prochain millénaire que de concilier l'établissement de vastes unités territoriales nécessaires à la gestion, au moindre coût, des ressources naturelles de la planète entière avec la restauration de certaines formes de souveraineté légitimement induites de cultures millénaires. C'est le concept même de « souveraineté nationale », tel qu'il s'est forgé au cours du XIXe siècle qui se trouve pris comme dans une tenaille entre ces deux exigences...

92. Ces navires étaient au nombre de 13 en 1946. Leur nombre a été successivement réduit à 9 en 1954, puis à 4 en 1975. Le coût de cette présence a été pour la France, en 1984, de 14,5 M.F.F. La décision de retrait (1984) a pris effet au 31-12-1985. Elle a été suivie de décisions similaires prises par le Danemark et les Pays-Bas.

Le « relais » doit être pris par l'utilisation de bouées météorologiques (fixes ou dérivantes), par une meilleure exploitation d'observations effectuées à bord de navires marchands. Et, bien sûr, par les progrès de la météorologie spatiale. Mais l'historien y verra un aspect technique du problème : « l'homme ou le robot ? »

BIBLIOGRAPHIE

ANGOT A., Études sur les vendanges en France, *Annales du Bureau Central Météorologique de France,* 1883.

BETHEMONT J., *De l'eau et des Hommes,* Paris, Bordas, 1977.

BOKO M., *Climats et Communautés rurales au Bénin,* Thèse Lettres Dijon, 1988.

CAILLEUX A., Premiers enseignements glaciologiques des Expéditions polaires françaises 1948, *Rev. de géomorpho. dynamique,* 1952, 1, p. 1-19.

CALVIÈDES C.N., Natural Hazards in South America, in Search of a Method and a Theory, *Geo. Journal,* Wiesbaden, 1982, p. 101-109.

CHADULE (Groupe), *Initiction aux méthodes statistiques en Géographie,* Masson, 2e éd., 1987.

CHARRE J., Les contraintes climatiques de l'organisation de l'espace, *Trvx Inst. géogr. de Reims* n° 45-46, 1981, p. 1-19.

CRESPIN Y., Modélisation d'un Système dynamique : la contrainte climatique en milieu viti-vinicole, *Bull. Assoc. Géogr. franç.,* 1986/5, p. 381-391.

DAUPHINE A., Les connexités pluviométriques en Méditerranée, *Espace géogr.,* 1984/2, p. 113-124.

DETTWILLER J., Chronologie de quelques évènements météorologiques en France et ailleurs, Météor. Nat. *Monographies, nouvelle série,* n° 1, 1982.

DOLLFUS O., Brèves remarques sur le déterminisme et la géographie, *Espace géogr.* 1985/2, p. 116-120.

DOUGUEDROIT A., L'évolution des hypothèses de recherche et des méthodes quantitatives : exemple du gradient thermique en altitude, *Bull. Assoc. Géogr. franç.* n° 468-469, 1980, p. 147-150.

DOUGUEDROIT A., de SAINTIGNON M.-F., Les gradients de températures et de précipitations en montagne, *Rev. de géogr. alpine,* 1984/2-3, p. 225-240. Cf. *ibid,* 1970/3, p. 453-472.

DUCHAUSSOY H., Les bans de vendanges de la région parisienne, *La Météorologie,* 1934.

DURAND-DASTES F., *Systèmes de l'utilisation de l'eau dans le Monde,* Paris, SEDES, 1977.

DURAND-DASTES F., Un aspect du risque climatique en Inde, *Hérodote,* n° 24, 1982, p. 95-122.

DURAND-DASTES F., Les mécanismes des sécheresses, *Hérodote*, n° 39, 1985, p. 111-142.

DURAND-DASTES F., A propos de déterminisme. La complexité des options possibles, *Espace géogr.*, 1985/2, p. 105-108.

ESTIENNE P., GODARD A., *Climatologie,* Paris, Colin (Coll. U), 5e éd., 1985.

FLOHN H., Notre avenir climatique : un océan arctique libre de glaces ? *La Météorologie,* n° 16, 1979, p. 35-54.

FOUCHER M., Esquisse d'une géographie humaine des risques naturels, *Hérodote,* n° 24, 1982, p. 40-67.

GALLOY E., MARTIN S., LEBRETON A., Analyse des séquences de jours secs consécutifs, Application à 31 postes du réseau météorologique français, *La Météorologie,* n° 28, 1982, p. 5-24.

GARNIER M., Contribution de la phénologie à l'étude des variations climatiques, *La Météorologie,* 1955, p. 291-300.

GARNIER R., Relations entre anomalies climatiques. Téléconnexions, *La Météorologie,* n° 27, 1981, p. 49-59.

GHIRARDI R., VERGER F., Géographie des lancements de satellites, *Mappemonde,* 1987/2, p. 15-21.

GUILCHER A., *Précis d'hydrologie marine et continentale,* Paris, Masson, 2e éd., 1979.

HUFTY A., *Introduction à la Climatologie,* Paris, P.U.F., 1976.

HUMBOLDT A., Des lignes isothermes de la distribution de la chaleur sur le globe, *Mém. de phys. et de chimie de la Société d'Arcueil,* 1817, p. 464-601.

KAHNEMAN J., TVERSKY A., La psychologie des préférences, *Pour la Science,* n° 52, 1982, p. 54-60.

LABEYRIE J., *L'homme et le climat,* Paris, Denoël, 1985.

LAMB H.-H., *Climate, Present, Past and Future,* Londres et New York, Methuen, 2 vol. t. I : 1972 ; t. II : 1977.

LAMB H.-H., *Climate History and the Modern World,* Londres et New York, Methuen, 1982.

LAMBERT R., VIGNEAU J.-P., Les inondations catastrophiques de juillet 1977 en Gascogne, *Ann. de géogr.,* n° 497, 1981, p. 1-54.

LAURENT R., *Les vignerons de la Côte-d'Or au XIXe siècle,* Dijon, 1958.

LE MOIGNE J.-L., *La théorie du Système Général,* Paris, P.U.F., 1977.

LE ROY LADURIE Emm., *Histoire du Climat depuis l'an Mil,* Paris, Flammarion, (i). 1967 — (ii). 2e éd. deux tomes : 1983.

LLIBOUTRY L., *Traité de glaciologie,* Paris, Masson, tome I : 1964, tome II : 1965.

LORIUS C., DUPLESSY J.-C., Les grands changements climatiques, *La Recherche,* n° 83, 1977, p. 947-965.

MANLEY G., Central England Temperatures : monthly means 1659 to 1973, *Quaterly Meteorological...* 1974, p. 389-405.

MARCHAND J.-P., Les contraintes physiques et la géographie contemporaine, *Espace géogr.,* 1980/3, p. 232-240.
Premier texte proposant une définition des « contraintes physiques » dans le cadre des concepts de la géographie contemporaine.
Cf. ci-dessus : Charre J., 1981.

MARCHAND J.-P., *Contraintes climatiques et espace géographique. Le cas irlandais,* Caen, Paradigme, 1985, (édition réduite d'une thèse d'état, Rennes, 1983).

MARCHAND J.-P., LETONDOUX L., BAUQUIN P., Les calamités agricoles d'origine atmosphérique, *Rev. de géogr. de Lyon,* 1986, n° 1-2, p. 319-328.

MARCHAND J.-P., Contraintes physiques et géographie régionale, *Espace géogr.,* 1986/4, p. 278-282.

MARTIN P. de, Le temps de 1670 à 1695 à travers les lettres de Madame de Sévigné, *La Météorologie,* n° 21, 1972, p. 67-78.

MARTIN S., MOUNIER J., MARCHAND J.-P., Variations pluviométriques pendant la dernière période séculaire en Europe Occidentale, *La Houille Blanche,* 1981, n° 7-8, p. 581-587.

MERLE J., Océan et climat, Les fonctions thermiques de l'océan dans la dynamique du climat, *La Météorologie,* n° 22, 1980, p. 85-96.

MOREAU G., Notations météorologiques extraites du « Journal d'un Bourgeois de Paris », *La Météorologie,* 1952/1, p. 27-36.

MOUNIER J., Aspects et fréquences de la sécheresse en Bretagne. Essai de définition de la sécheresse en Europe océanique, *Rev. de géogr. de Lyon,* 1977/2, p. 167-176.

O.M.M./WMO — *Word Climate Conference... On Climate and Mankind,* Genève, 1979.

PAGNEY P., NIEUWOLT S. (sous la direction de), *Études de climatologie tropicale,* Paris, Masson, 1986.

PAUL P., La décroissance de la température avec l'altitude dans les Vosges et la Forêt Noire, *Rev. de géogr. de Strasbourg,* n° 4, 1977, p. 55-67.

PEGUY Ch.-P., *Précis de Climatologie,* Paris, Masson, 2e éd., 1971.

PEGUY Ch.-P., Ordre et désordre des climats. (i). *Espace géogr.,* 1979/1, p. 5-14. — (ii). *La Météorologie,* n° 19, (1979), p. 93-104.

PEGUY Ch.-P., MARCHAND J.-P., Climatologie et Culture, *Espace géogr.,* 1982/3, p. 185-195.

PEGUY Ch.-P., Climat, société et politique, *Bull. assoc. géogr. franç.,* 1986/5, p. 363-367.

PETIT-RENAUD G., Les anomalies thermiques du climat aux moyennes et hautes latitudes de l'hémisphère nord, *Bull. assoc. géogr. franç.,* n° 494, 1983, p. 131-143.

PFISTER C., *Agrarkonjunctur und Witterungsverlauf im Westlichen Schweizer Mittelland 1755-1797,* Geogr. Institut der Universität Bern, Berne 1975.

PINNA M., *Climatologia,* Turin, UTET, 1977.

PINNA M., Quelques considérations sur les variations climatiques et leurs incidences, *Eaux et Climats. Mélanges géogr. offerts en hommage à Charles-Pierre Péguy,* Grenoble 1981, p. 433-444.

PINNA M., La Storia del Clima, *Memorie della Società geogr. Ital.,* vol. XXXVI, Rome, 1984.

PLANHOL X. de, L'ancien commerce de la neige en Corse. Neige d'Ajaccio et neige de Bastia, *Méditerranée,* 1966/1, p. 5-22.

RACINE J., Climat et politique en Union indienne, *Hérodote* n° 39, (1985), p. 5-59.

ROGNON P., Quelques crises climatiques des douze derniers millénaires, *Bull. assoc. géogr. franç.,* n° 494 (1983), p. 145-150.

RUELLE D., Déterminisme et prédicibilité, *Pour la Science,* n° 82, 1984, p. 58-67.

SAINTIGNON M.-F. de, La sécheresse d'octobre 1969 dans les Alpes françaises, *Rev. de géogr. alpine,* 1970/2, p. 367-377.

SANSON J., PARDE M., La sécheresse des années 1942-1949, *Rev. géogr. alpine,* 1950/2, p. 369-403.

TIREL J.-C., Problèmes économiques *in L'eau et la production agricole,* Paris, INRA, 1978, p. 167-180.

TITOW J., Le climat à travers les rôles de comptabilité de l'évêché de Winchester (1350-1450), *Annales E.S.C.,* 1970, p. 312-319 (données antérieures, reprises d'un article anglais, dans les graphiques).

TRICART J., Tentative de corrélation des périodes pluviales africaines et des périodes glaciaires, *C.R. sommaires Soc. Géol. de France,* 1956, p. 164-167.

TRICART J., La relation coût/bénéfice et la gestion des ressources naturelles, *Trvx Inst. géogr. de Reims,* n° 45-46, 1981, p. 45-56.

UNESCO/O.M.M., *Actes du Colloque de Rome sur les changements de climat,* 1961, Paris, Unesco, 1963.

VIVIAN R., *Les glaciers des Alpes Occidentales,* Grenoble, 1975.

VRIES J. de, Histoire du climat et économie : des faits nouveaux, une interprétation différente, *Annales E.S.C.,* 1977, p. 198-226.

WYRTKI K., El Niño, *La Recherche,* n° 106 1979, p. 1212-1220.

INDEX DES MATIÈRES ET DES CONCEPTS

Les chiffres en italiques renvoient aux notes de la fin de l'ouvrage.

INDEX DES NOMS DE LIEUX

MASSON, Éditeur
120, bd Saint-Germain
75280 Paris Cedex 06
Dépôt légal : novembre 1988

Corlet, Imprimeur, S.A.
14110 Condé-sur-Noireau
Dépôt légal : octobre 1988
N° d'Imprimeur : 4783